科学新悦读文丛

在悖论中前行

物理学史话

汪振东 著

人民邮电出版社
北京

图书在版编目（CIP）数据

在悖论中前行 ： 物理学史话 / 汪振东著. -- 北京 ：
人民邮电出版社，2018.6
（科学新悦读文丛）
ISBN 978-7-115-48076-7

Ⅰ. ①在… Ⅱ. ①汪… Ⅲ. ①物理学史 Ⅳ.
①04-09

中国版本图书馆CIP数据核字(2018)第050396号

◆ 著　　　　汪振东
责任编辑　刘　朋
责任印制　陈　犇

◆ 人民邮电出版社出版发行　　北京市丰台区成寿寺路 11 号
邮编　100164　　电子邮件　315@ptpress.com.cn
网址　http://www.ptpress.com.cn
北京捷迅佳彩印刷有限公司印刷

◆ 开本：880 × 1230　1/32
印张：9.75　　　　2018 年 6 月第 1 版
字数：208 千字　　　　2025 年 1 月北京第 22 次印刷

定价：49.00 元

读者服务热线：(010)81055410　印装质量热线：(010)81055316
反盗版热线：(010)81055315
广告经营许可证：京东市监广登字 20170147 号

内容提要

从亚里士多德到牛顿再到爱因斯坦，从行星运动三大定律到经典力学再到相对论和量子力学……这些伟大的人物不断探索物质世界的规律，一次又一次革新人类对世界的认知，由此我们才得以不断接近事物的本质。然而，物理学的每一次进步都需要人类付出巨大的努力。本书以时间为主线，通过一段段生动的故事展现物理学的发展历程，以历史的眼光看待这些正确的理论以及已被抛弃的错误理论对物理学的发展所起的作用。同时，书中也介绍了一些物理学家之间的恩怨纠葛，力图还原历史人物的真实面貌。

本书可供对物理学感兴趣的读者阅读。

前　言

这是一本简述物理学发展历史的故事书。

物理学知识浩瀚如海，倘若面面俱到地平铺直叙，则会导致有头没尾，所以本书避重就轻地介绍了物理学史上一些重要的理论及其诞生过程。要写过程，又必须以历史人物的视角去看待当时物理学中存在的问题，于是“问题”成为本书的主要线索。本书基本上是按照“分析问题——解决问题——带来新问题”这一循环性思路写作而成的。在这些问题中，有的被历史证明是错误的，如“地心说”“圆惯性”等。如何理解错误的理论，是我写作时遇到的最大困难，却是本书有趣的部分之一。

只写问题仿佛又太单调，所以在书中增加些历史人物的故事是在所难免的。每个历史人物都是传奇，每个传奇都是一部书，为避免将本书的头写得像颈、颈写得像肩、肩写得像腰、腰写得像水桶，本书剔除了和主旨无关的故事。不可否认，每个人都会从生活中汲取灵感，这些生活故事被保留了下来，如笛卡儿因观察蜘蛛结网而发明了坐标系。书中保留下来的这些故事也多见于野史传说，不作历史考究。

本书总共分为八大部分，以演义的方式叙述了物理学的发展

过程。

第一部分介绍经典力学。从古希腊的地心说写起，首先介绍了地心说成型的原因以及后人的完善过程，再由地心说存在的问题引入哥白尼的日心说以及开普勒的行星三大运行定律。为了诠释日心说，伽利略提出“惯性”概念，惯性思想后由笛卡儿完善并最终被牛顿力学所统一。

第二部分介绍电磁学。首先从静电力学的发展历史写到“动物电流”假说，再由“动物电流”假说写到具有革命意义的发明——电堆。电堆的发明导致奥斯特发现电流磁效应，由此引出安培，再由安培引出法拉第。法拉第在实验中所总结的电磁效应最终被麦克斯韦方程组所统一。当时人们总想将电磁学纳入牛顿力学的范畴，导致牛顿的超距理论与场理论产生冲突。最终，赫兹的实验证明了场理论的正确性。

第三部分介绍热力学与统计力学。从人类对火与温度的认知谈起，介绍了“燃素”与“热质”被否定的过程，进而介绍了热力学的发展历史，以及在微观上解释热现象所导致的统计力学。

第四部分介绍光学。分析了波粒之争的成因、人们对光谱的认识和光速的测量，再由光与以太的关系引出第五部分相对论。

第五部分介绍相对论。首先介绍了寻找以太却没有找到的“零结果”实验，由该实验引出洛伦兹等人的贡献，再由此引出狭义相对论。狭义相对论的局限性让爱因斯坦感到不满意，从而导致广义相对论的诞生。

第六部分介绍量子力学。首先介绍人类对微观世界的认知以及原子论的诞生过程，再由电子的发现引出人们对原子模型的假设。

为解释原子模型与经典电磁学之间的悖论，玻尔在普朗克与爱因斯坦的量子理论基础上提出了量子化模型，由量子化模型的种种局限与悖论引出了电子自旋、矩阵力学和波动力学。矩阵力学最终导致不确定原理的诞生，而对波动力学中 ψ 函数的解释导致量子力学与决定论产生冲突，从而导致物理学中一场经典的大辩论。

第七部分介绍宇宙学。从广义相对论之后人们对宇宙模型的思考写起，引出稳恒态宇宙与大爆炸理论。二者交织发展、相互辩证，最终以大爆炸理论暂时胜出而告终。最后介绍了宇宙大爆炸之逆过程——黑洞产生的条件以及广义相对论与量子力学的冲突。

第八部分概述性地介绍了量子场论以及弦理论。由经典理论与量子理论的冲突引出量子场论，进而介绍大统一理论目前所处的困境，简单介绍了弦理论的诞生背景与前景。

我本想写一本不带有任何数学公式的物理学科普书，但事与愿违，最终书中还是提到了几个重要的数学公式。有些问题若用公式表达会变得简洁明了，有些问题非公式不能表达，后者如热力学部分的卡诺热机效率公式。好在这些公式都不复杂，应该不会影响本书内容的流畅性。为了便于表述，本书中插入了不少图片。这些图片多为示意图，并非按比例绘制，只求扼要展示问题主旨。纵然如此，仍不能将很多问题表述清楚，故敬请读者朋友注意本书中的修饰性词语，如“也许”“几乎”“大约”等。

本书力求语言生动幽默，尽量贴近当下生活，如用象声词“Duang”表示“瞬间”。另外，本书采用了一些通俗流行语言来表述某一段历史和历史人物，只为增加可读性，并非对任何事、任何人不敬和亵渎。本书中有多处对白，这些对白非外文直译，只求意近。

如有用词不当或者词不达意之处，敬请指正。

我原想写一本不含作者主观意识的科普书，但没能忍住，修改时虽做了不少删减，但到底还有部分被保留了下来，而保留下来的亦不知所云。不过管窥蠡测，只为抛砖引玉，倘有画蛇添足之处，请读者朋友跳过这些地方；倘有一两处对读者朋友有所裨益，则不枉往日的笔耕辛勤。

谨以此书献给“物理，我们曾经爱过”的人们。

目　录

第一部分

经典力学

第一回　从古希腊说起

很久很久以前，有一支游牧民族离开多瑙河畔迁徙到爱琴海旁边，并在那里定居。到了公元前 800 年左右（公元前 779 年周幽王烽火戏诸侯），他们占据整个今天的希腊半岛，并建立起大大小小的城邦。他们自称希腊人，史称古希腊人。

在吸取爱琴海文明之后，古希腊人褪去了游牧时的野蛮，变得聪明睿智。他们从不一味地追求穷奢极侈，以万物适度就好。假如一个外人站在古希腊人面前，宣称没有一位希腊人单腿站立的时间比他还久。古希腊人会对此不屑一顾："别吹了，你又不是只鹅。"

相对于这些虚妄的、不切实际的东西，古希腊人更愿意花时间思考哲学、经济学和自然科学，看到什么就想什么，想到什么就说什么。比如瞭望苍穹，他们会把天形容成一个大锅盖，太阳、月亮和星星都在这个大锅盖上升起落下，周而复始；远眺一望无际的大地，他们会把它形容成一个板，板上还有很多柱子，支撑着大锅盖……类似这样的说法有很多，可以说都是人类早期的宇宙观。

那么问题来了，爱思考的小明（古希腊人的名字比较难记，这里姑且以小明代之）问："板上的柱子支撑着大锅盖，板又由谁支撑呢？"

小红回答说："板漂在大海上。"

小明问："那它为什么没有沉下去呢？"

小红说："板下面有很多只乌龟在驮着呢，乌龟在水里游来游去，要是哪只乌龟开了小差，那么它驮的那个地方就会动，就会发生地震。"

可是大海里的水又附着在哪儿呢？其实这种问题没有最终答案，一层层叠加，何时才是个头呢？

爱观察的小明提出了一个非常重要的问题，他问："每当我站在海边眺望归来的海船时，总是先看见桅杆上的旗子，再渐渐地看到下面的人。如果大地是一块平板的话，应该看到整个轮廓渐渐靠近，而不是先看到局部后看到整体啊！所以，大地不是一块平板，而是一块弧形的板，或者干脆是一个球。天也是个球，把大地包起来。"（见图 1–1。）

（a）水平　　（b）弧形或者球形

图 1–1

小明真实的名字应该叫毕达哥拉斯（约公元前 580—约前 500，约比孔子大 30 岁），他可能是人类历史上第一个意识到脚底下的"板"是个"球"的人。为什么大地会是个球呢？因为毕达哥拉斯以及他的弟子皆认为球是最完美的——少一点不足，增一点多余，球面上的每个点也都是平等的。

然而日升月落、斗转星移是怎么回事呢？古希腊人欧多克斯（公元前 408—前 355）在总结前人认识的基础上正式提出了"地心说"，即地球是整个宇宙的中心，也是唯一静止的天体，其他的天体都绕着地球转动，不同的天体组成一个同心球。同心球的球面相当于我国道教神话中的“几重天”，不同的是古希腊的天上住着行星（古希腊人所说的“行星”与今天的行星不同，它的意思相当于会动的天体，地球不在其中），而在道教神话里天上住着神仙，《西游记》中便认为太上老君住在三十三层离恨天。

地心说能轻易地被人们接受，因为人眼看到的确实如此。那么太阳、月亮以及其他行星都是怎么绕地球转动的呢？欧多克斯问他的老师柏拉图（公元前427—前347，约比墨子小50岁），柏拉图肯定地回答：“圆！”因为没有比圆更完美的了——正如球的完美一样。

且不表宇宙，单表地球。话说古希腊城邦的北部兴起一个国家——马其顿王国。到了公元前359年（此年商鞅在秦国实行变法），马其顿国王腓力二世继承大统。他有个御用的医生，该医生有个儿子，名字叫亚里士多德（公元前384—前322，约比孟子大12岁）。亚里士多德对医学有一定的兴趣，但他更向往古希腊人建立的繁荣城邦雅典。18岁时，亚里士多德前往雅典，成为柏拉图的学生。

亚里士多德天赋异禀，很快得到柏拉图的赏识，在柏拉图学园一待就是20年，这20年对亚里士多德的思想产生了决定性的影响。20年后，柏拉图去世，亚里士多德受到排挤，离开了雅典，云游四海。两年后，他受国王腓力二世的邀请，给腓力二世的儿子当老师。

严格地说，古希腊人建立的城邦是有着独立政权的国家，和中国春秋战国时期的情况有些相似，只是他们没有一个合法的“周天子”。在古希腊的众多城邦中，数雅典和斯巴达最有实力，二者经常争夺老大的位置，能吵就吵，吵不赢就打，最终腓力二世出面替他们彻底解决了这个令人头疼的问题——占领他们，从此希腊半岛就成为了马其顿的殖民地。

腓力二世雄心勃勃，希腊半岛只是他计划的一部分，甚至是极小的一部分，他睥睨的可是亚洲大陆。正当他往亚洲大陆进发时，天不遂人愿，腓力二世遇刺身亡。他的儿子，也就是亚里士多德的学生继位，亚里士多德由“太子太傅”升职到了“帝师”。

新国王把亚里士多德带回雅典，这位“帝师”现在有了新的任务：劝说古希腊人服从马其顿新国王的统治。可能是由于政治上的回报，亚里士多德和柏拉图一样，在雅典建立了自己的学园——吕克昂学园，广收门徒，最终形成一个新学派。

作为新学派的领袖，亚里士多德讲课有以下两大特点。

一是亚里士多德处于奴隶主阶级，过惯了衣来伸手饭来张口的日子，对于下里巴人的活儿是不屑去做的。

二是亚里士多德喜欢在学园里边走边讲，走累了就歇歇腿，精神了再继续走。

史学界给这种“君子动口不动手”的学派取了个很好听的名字——逍遥学派，这可比中国武林的逍遥派早了1000多年。亚里士多德自然便是逍遥学派的“祖师爷”。

话说古希腊人还是那么爱思考，比如有个学生（姑且还叫小明吧）跑来问逍遥学派祖师爷几个问题。

第一天

小明问：“最近老听人说地心说，这是真的吗？”

祖师爷说：“是真的，宇宙是个球，球的中心便是地球，整个宇宙都绕着地球运动，所以每天都能看见日升日落、昼夜交替。”

小明问："宇宙又是怎么绕地球运动的呢？"

祖师爷说："宇宙中所有的行星都在做匀速圆周运动。天有九层，不如画个图（见图 1–2）给你看看吧。"

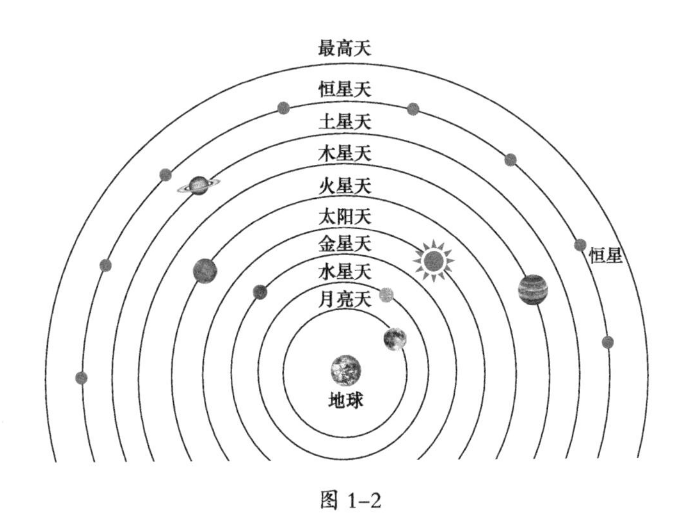

图 1–2

小明问："天是球，地也是个球，当我们站在上面时，为什么球对面的东西不会掉下去呢？"

祖师爷说："每个物体都有一种属性——重力，重力会使得物体最终下落，地球是物体运动的最终归宿。"

小明问："所以抛向空中的石头会下落，对吧？"

祖师爷说："孺子可教，是这个道理。"

小明问："那为什么星星太阳都落不到地球上来呢？"

祖师爷回答："因为它们都是天体，天体和物体是不一样的，所以天体能绕着地球转而不会掉下来。"

小明惊讶地说："哇，原来地球这么厉害啊！"

祖师爷微微一笑，说道："是的，地球是由一种特殊物质构成的，是天体的一部分。所有的天体都是由神创造出来的，它们的运动都是由神推动的，永远做着匀速圆周运动。”

小明问：“圆周我懂，但为什么速度还要均匀呢？”

祖师爷说：“因为匀速和圆周一样都是最完美的，既然天体都是由神创造的，神创造的东西还能有瑕疵吗？”

第二天

小明问：“昨天您说的重力是物质的一种属性，既然物体都有同样的属性，为什么我这根鹅毛笔和手中的石头同时下落时，石头先着地？”

祖师爷说：“那是因为石头重，受到的重力就大，所以下落的速度快，就先着地了。”

小明问：“既然重力是物质的属性，为什么炊烟往天上飘？”

祖师爷说：“那是因为炊烟不仅仅有重力属性，还有一种属性叫‘浮力’，二者相权取其重。当浮力大于重力时，物质便会向上飘。”

第三天

小明问：“当我推一个桌子时，桌子才会动，这是为什么呢？”

祖师爷说：“因为你在推，也就是给了桌子力，力导致桌子运动。”

小明问：“力是什么？又和运动有什么必然联系呢？”

祖师爷说：“力不能独立于物体存在，也不能远离物体产生作用。力是维持物体运动的原因，比如一个物体静止不动，只有受到外力作用时它才会动起来”。

小明问：“当我松开手后，也就不再给桌子以力，但桌子还要往前运动一小会儿，这是怎么回事呢？”

祖师爷想了想说：“那可能是空气迂回导致的。”但是，他意识到似乎这样回答有点不妥，因为空气没有意识，它怎么知道什么时候该推什么时候不该推呢？所以，祖师爷喃喃地说："或者……"

小明问："或者什么？"

祖师爷说："或者是精灵推动的。"

第四天

小明问："昨天您说的是力，前天说的是重力，这二者都让物体的运动状态发生改变，它们之间有什么联系呢？"

祖师爷说："虽然都改变了物体的运动状态，但是性质有明显的区别，不知道你注意了没有，重力是不需要接触的，因为那是物体固有的属性；而力必须接触才能产生作用，它并非物体的固有属性。虽然我暂时不能给力下一个精准的定义，但是你完全可以想象得出它是怎么作用的。"

看官，站在今天的知识角度，我们也许会觉得和亚里士多德聊天就像在玩"斗地主"：当你满心欢喜地用 4 个 2 把他的大王炸掉时，他却出其不意地用 5 个 3 将你的喜悦心情秒杀到谷底。但如果我们真的能够穿越到古希腊时代，你也不会感觉到一副牌里出现 5 个 3 有什么不妥。打牌作弊被逮到了叫"出老千"，逮不着的就只会让人赞叹："你的牌打得也忒好了。"亚里士多德便是把一手牌打得最好的"赌神"之一。

赌神也好，出老千也罢，这丝毫都不影响亚里士多德在物理学界的地位。他的思想是人类智慧发展的一次重要结晶，以至于后文提到若干故事的起源时，都不得不回到亚里士多德及古希腊时代。

公元前 322 年，亚里士多德不幸去世。大部分人说他身染沉疴，病重而逝，也有人推测他是被毒死的，更有人传说他是因为无法解释潮汐现象而跳海自杀的。虽然传说无可稽考，但是我宁愿相信他是用最后一种方式结束自己生命的。智者在思考中死去，不是最美的吗？

第二回　完美地心说

亚里士多德凄凉的晚景和他的那位国王学生的暴毙不无关系，该生名字叫亚历山大（公元前 356—前 323）。历史给予他的最大的评价是：第一位建立横跨亚欧非帝国的国王。

公元前 336 年，腓力二世被刺杀，亚历山大继承王位，同时也继承了父亲的遗愿。公元前 334 年春，亚历山大挥师向东进，踏上了征服世界的旅程。在这漫长的岁月里，他征服了亚洲的波斯、非洲的埃及等诸多国家和部落，整个世界（除了东方、美洲等地）似乎都变成了马其顿的行省和属国。此后，他停下拓展版图的脚步，转而踏上了推行文化的新征途。

亚历山大虽然不是希腊人，但是他很仰慕希腊文化，所以新建的帝国必须置于希腊精神之下。正当他积极推行希腊文化的时候，天妒英才，公元前 323 年亚历山大死于热病，在巴比伦去世，年仅 33 岁。由于来得突然，亚历山大甚至连遗诏都没有留下，仅仅说了句“最强者为王位继承人”。这一含糊的话语最终没能让亚历山大生前的属下安分地把他的后人扶上王位，他们转而各自为政，从此马其顿帝国分裂。当亚历山大去世的消息传到雅典时，雅典人揭竿而起，纷纷反对马其顿人的统治，亚里士多德也在这场分裂中流离失所，最终仓皇逃出雅典，正如前文的末尾所说的。

亚历山大的部将们经过几十年的战争，建立了一系列希腊化国家，其中最大的当属马其顿、塞琉西和托勒密王国。

和古希腊几乎同时，亚平宁半岛上有个国家正在兴起，经过几百年的发展，它终于强大起来。公元前 146 年（司马迁出生），古罗马人开疆拓土，先后吞并了马其顿、希腊半岛、小亚细亚以及塞琉西王朝。此时希腊化的三个大国家中只剩下埃及的托勒密王国，它的首都亚历山大港也成为了希腊化世界重要的文明中心。公元前 30 年，古罗马将领渥大维没有像他的舅舅恺撒大帝那样拜倒在埃及艳后的石榴裙下，而是一举占领了埃及，托勒密王国灭亡，罗马帝国兴起。

在这百余年的社会动荡中，天文学取得了长足的进步。尽管地心说大行其道，但是在称之为公理之前，请允许还有些不同的声音。

古希腊人阿利斯塔克（公元前 315—前 230）是人类历史上第一位真正意义上的天文学家，他用观测代替猜测，独创性地提出了“日心说”。顾名思义，地球已不是宇宙的中心，而太阳似乎更适合。地球不仅绕太阳公转，还会自转，这样昼夜交替才说得通。

大地在动？拜托！像人类这么理智的生物怎么会对此毫无知觉呢？再者，向来只有牛耕地，人间哪闻狗拉犁？理智的人类又怎能相信偌大的地球竟然成为了小小太阳的跟班？阿利斯塔克为了消除人们的误会，采用几何三角关系对天体进行测量。他测出太阳其实比地球大，直径为地球的 6~7 倍。这是人类历史上第一个认为太阳比地球大的人，在当时也是唯一的一个。除了不符合人类的情感外，地动说与一些最基本的常识现象出现矛盾。比如，如果大地真的在动，我们向上抛起一块石头，石头应该落在西边，而不是垂直落下。

即便阿利斯塔克的学说为宗教和当时的人们所不容，但并非一无是处。又过了几十年，古希腊另外一位天文学家喜帕恰斯（约公元前 190—前 125，也被译为伊巴谷）巧妙地避开日心说，转而继承阿利斯塔克观测与计算的方法，后来成为了人类历史上最伟大的天文学家之一。

在阿利斯塔克的基础之上，喜帕恰斯创造了一系列令人眼花缭乱的成果，时至今日很多理论仍为地理与天文学所采用，比如岁差、视差等；而且他还是人类历史上第一位正确得出月地距离的人——地月距离是地球半径的 60 倍左右。

时光荏苒，过了两个多世纪，有个孩子出生在以前的埃及托勒密王国（显然当时是罗马帝国的一个行省了）。他的名字叫克罗狄斯·托勒密（约 90—168）。对于托勒密的生平，史书中介绍得很少，只知道其父母都是希腊人。托勒密自幼聪慧，对自然知识有浓厚的兴趣，年少时就曾到托勒密王国的中心——亚历山大城学习。在亚历山大城，他深入学习了前人尤其是阿利斯塔克和喜帕恰斯的观测和几何计算方法。

虽说喜帕恰斯的理论继承于阿利斯塔克，但是前者并没有否定地心说。应该相信日心说还是地心说？这是一个根本性的问题，托勒密该如何抉择呢？其实他别无选择，在当时环境下就一个正常人而言，两种学说孰优孰劣早就高下立判了。

选择了地心说也有不同的苦恼。按照地心说，所有的天体绕着地球运动，这在最明亮的两个天体——太阳和月亮上得到了很好的验证：月亮确实在绕着地球转；而不管是太阳绕地球转还是地球绕太阳转，在地球上看来都是一样的（相对运动）。但是天空中繁星浩瀚，难免有几个淘气不听话的。比如火星，在地球上看来，它的运动比较杂乱无章，有的时候它顺着圆周往西走，有的时候又逆着圆周往东走，有的时候它还像图 2–1 中所示的这样走。

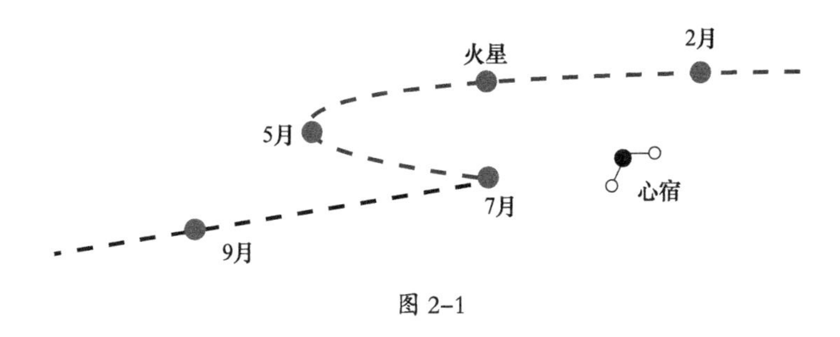

图 2–1

在中国古代，这个现象叫“荧惑守心”。火星看上去荧荧似火，而其行踪诡异，故叫“荧惑”。心者，心宿也，传说中二十八星宿之一，由 3 个星星组成，代表至高无上的皇帝和皇家的一些人。当荧惑守心现象出现时，意味着王朝或者皇帝将要发生灾难。《史记·秦始皇本纪》记载，秦始皇死的头年就出现了荧惑守心现象，人们纷纷猜测秦始皇的死与上天安排不无关系，这也在后世皇帝的心中埋下了一颗地雷，一旦荧惑守心现象再次出现，这个地雷就要炸开了。

荧惑守心现象时有发生，可是皇帝不想死，于是遗祸给丞相，让丞相代他去死。可是丞相也不想死，于是有些皇帝就想法把他弄死。西汉绥和二年（公元前 7 年），汉成帝就是这样弄死了当时的丞相翟方进。丞相的死也分很多种，像文天祥那样的叫惊天地泣鬼神，而像翟方进这样的简直叫作憋屈。

然而，火星不过是众多捣蛋星体中的一个。喜帕恰斯早就认识到了这一点，他创造性地发明了“均轮”与“本轮”学说（由于书籍遗失的缘故，人们对于该学说的提出者尚有疑义）。托勒密将此学说发扬光大，他不仅坚持地心说，而且还坚持不放弃“匀速”这个完美的运动方式（见图 2–2）。

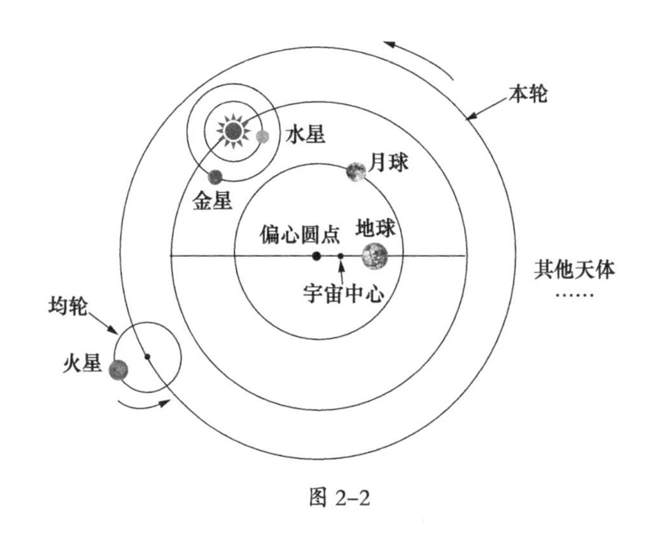

图 2–2

解释：

1. 地球不在宇宙中心，而是偏离宇宙中心一段距离。与地球相对应的点叫“偏心圆点”，天体都绕着这个偏心圆点做圆周运动，但是线速度不是匀速的，而相对于地球的角速度才是匀速的，即匀角速度运行。

如此说来，地球也不是宇宙的正中心，不过这比地动说要好得多，起码当时的人们可以接受。在新的宇宙模型下，太阳与地球的距离会发生变化，托勒密之所以这样做是出于对其他星体的考虑，并非为了解释四季变换，实际上也解释不了，因为太阳不管怎样转，每天都会经过同样的位置，而四季变化并非纯粹由太阳与地球的距离决定。关于四季变换，古希腊人早已注意到这是由太阳直射角度的变化引起的，所以地心说的缔造者欧多克斯认为每层天的同心球有个自转轴，球会带着天体绕自转轴轻微地来回摆动，就像婴儿的摇篮一样。太阳摆动以年为周期，于是四季更迭。后来亚里士多德几乎完全继承了欧多克斯的学说，该学说同样也被托勒密继承了下来。

2. 像火星这样的天体，除了大圈均轮外，还有小圈本轮。火星一直沿着小圈转动，而小圈的圆心又沿着大圈转动，二者的速度不一样。这样就可以解释为什么火星有时会向后运动了。

3. 如果一个小圈不够用，那就增加更多的小圈，直到够用为止。

4. 并非所有的天体都绕地球运动，比如水星、金星是绕太阳运动的。

这是一个两全其美的创造，既维护了地心说，又和观测结果几乎一致，因为当时人们关心的就那么几个星星（主要是太阳系中的几大行星和北极星等）。当时在航海中这几个星星已经差不多够用了，所以托勒密的理论有很大的实用价值，而下一个有实用价值的发明估计当属指南针了。

物以稀为贵。比如美玉，一个叫作举世无双，两个可叫作珠联璧合，多了则和石头没什么分别。为了和观测保持一致，增加了很多的本轮。首先这在美学上就很难说得过去，说不过去的话，那就肯定不是完美的事情了。这也正是该模型最大的缺点——烦琐。托勒密本人也意识到了，所以他特别强调该模型不是理论，而是观测手段，或者说是一种数学处理方法，如果有新的方法，那就最好不过了。然而人生不如意十之八九，活着的时候尚且不能自保，又何况死乎？托勒密将自己的天文学理论全部写到《天文学大成》一书中，这本书在后来的1300多年里成为西方天文学教科书，而其与亚里士多德一脉相承的地心说最终被嫁接成上帝创造万物的理论基础。

第三回　不完美的日心说

以神的名义，天主教会将与神学冲突的学说付之一炬，科学和哲学俨然成了神学的婢女。虽然文艺复兴伊始，很多思想先驱以各式各样的艺术形式抨击黑暗，但是直面神权的还数自然科学，因为自然科学相对于艺术最大的优势在于讲究证据，证据一旦被人们掌握，便会以星火燎原之势摧枯拉朽。高枕无忧的天主教会肯定不会想到吵醒他们的居然是一位虔诚的天主教徒，尽管这位教徒的初衷并非想冒犯上帝，他不过是为了寻找一个简单而又可行的真理。

这位教徒叫尼古拉·哥白尼（1473—1543），出生于波兰的一个富裕家庭，比唐伯虎大三岁。大约在唐伯虎三笑点秋香的年纪，哥白尼只身前往文艺复兴的发源地——意大利，在名校博洛尼亚大学

和帕多瓦大学主修医学和神学。哥白尼是一名非常出色的医生，可以说搞天文只是他的业余爱好，但一不小心地在这条业余的道路上越走越远。

自从托勒密《天文学大成》中的观点成了人们的思维习惯之后，在1300多年里，人类在天文学方面没有任何突破性的进展，唯一能做的就是发现新天体，然后套用托勒密的地心说模型去解释。前文说过，对于一个复杂运动的天体而言，一个不够，那增加更多的均轮，于是“大圈套小圈”，最多套到了80多个，这显然不是普通人的大脑所能想象的。如果托勒密的理论是一套数学方法，我们是不是在用加法费心费力地计算乘法呢?

哥白尼不走寻常路，在他看来既然上帝创造了宇宙，就不会选择用这样冗繁的方式让它运行，所以他要寻找出一个更简洁的模型，借以消除人们对上帝的“误会”。不幸的是，在长达十几年的时间里，观测的数据越多，托勒密的方法就显得越正确。

但是哥白尼坚信上帝是一个简约而不简单的人或神，或许正是因为这份坚信，他能在一堆早就被人们遗忘的古籍中找到阿利斯塔克的日心说。可能此时上帝也给了他几个小小的灵感：如果我们能飞到地球以外的天体上观测别的星球，天体又将怎样运行呢？如果假设能够成真，那么地球势必也是运动的，而不是静止的。

基于这种假设，哥白尼发现地球和很多天体之间的距离在不断改变，唯独和太阳之间的距离没有变化。既然地球作为宇宙的中心会来带烦琐的计算，那么上帝会不会选择用太阳作为宇宙的中心并让它静止呢？哥白尼没有否定托勒密的计算方式，只是用太阳取代了地球，而从观测的数据来看，起码不需要使用那么多的“圈圈”了。

如此简单、如此粗暴却又如此奏效，于是新的宇宙模型（见图 3-1）诞生了。

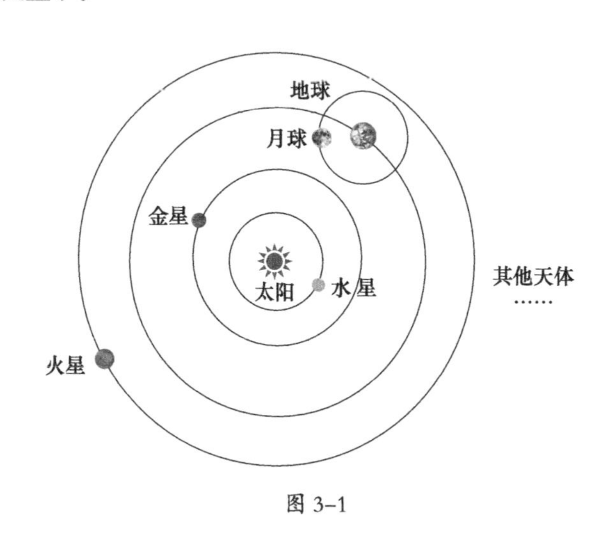

图 3-1

“圈圈”是减少了，但很多现象需要重新解释。首先怎么才能让人们相信一个如地球般的庞然大物会绕着小小的太阳转动？哥白尼认为人类太高看自己了，太阳远比我们甚至阿利斯塔克想象的还要大得多。他还通过观测星座并用几何方法阐述了这一点。

好吧，即便人类曾如此地“自大”过，那么昼夜交替又怎么解释呢？也就是说，如果地球绕着太阳转，那么朝太阳的一面永远是白天，背着太阳的一面永远是黑夜。

实际上关于这个问题阿利斯塔克早已给出了答案——地球自转。哥白尼采用了这一套理论，并进一步提出地球的运动是三种运动形式的组合。

1. 地球绕太阳做匀速圆周运动，每年转一圈。

2. 地球在自转，每天转一圈，这样就能看到日升日落而不必担心永昼极夜了。

3. 地球的自转轴也会倾斜，并不总是与太阳和地球的连线垂直，而是有个夹角，自转轴在这个夹角之间以年为周期来回摆动。在地球（北半球）上看，夏天太阳更靠北，冬天太阳更靠南一点，南半球正好相反。太阳在夏至日直射北回归线，在冬至日直射南回归线，春分和秋分时在赤道正上方，四季变换终于得到了完美的解答。

最后也是最重要的一个问题是：如果地球在自西向东运动，那么空气就会自东向西运动，这样就会形成一股强大而持久的东风，但是东、南、西、北风常刮常有。同样，向空中抛起一块小石头，它应该落到抛出点的西边，而不是垂直落下。

要想让日心说成立，哥白尼就无法回避以上问题，所以他在用毕生心血写就的《天体运行论》的最开始部分便苦心阐述了“土”与“水”的关系。他认为空气中含有“土”和“水”，既然地球上的土地和海洋都可以随着地球运动，那么没有理由不相信空气不随着地球一起运动，而空气运动形成的风正如海水运动形成的波涛一样，波涛看似杂乱无章，但总体上都在随地球一起运动。同样道理，抛起来的小石头也会受到空气中“土”和“水”的影响，最终会落到抛出点的正下方。不过，“土”和“水”伴随地球运动只在地球附近有效，而天空中突然出现的天体（指的是彗星，那时候人们对彗星认识不全）就另当别论了。

在最后一个问题上，哥白尼的解释很牵强。他本人似乎也意识到了这一点，所以他在书中多次用到“似乎”“可能”“也许”等字眼，但是对于宇宙、天体的形状以及天体的运动方式给出了斩钉截铁的回答：形状是球形，运动轨迹是圆，速度是匀速，因为没有什么能比球、圆和匀速更完美了。太阳在宇宙的正中心，所有的星体都绕着太阳以匀速圆周运动进行公转。他继承了古希腊人关于宇宙是个圆球、地球也是个圆球的观点，尽管地球上有高山海洋，但那不过是硕大脸庞上的一个个小小的青春痘罢了，地球整体上还是一个球。

站在今天的知识角度，我们知道太阳并非宇宙的中心，所以哥白尼的日心说也不完美。但这是历史的顺承，理论如同人的成长，不可能从牙牙学语"噌"地一下子就到了大学毕业，势必要经历一段漫长的成长过程，而哥白尼的日心说无疑是自然理论成长过程中的第一个"青春期"。

哥白尼的日心说模型虽基于一定的观测，总体上还是一套处理宇宙运动的数学方法，但这绝对不像用乘法取代加法那么简单，主要原因就是"地球可以动"，而我们就活在这个可以动的地球上。

小时候，当我第一次听说地球正在转来转去时立刻觉得头脑晕晕乎乎，连路都走不稳，根本无法去学校上课。这种病状持续了很多天，最终让家严在我的屁股上踹了两脚给治好了。

对于新的观点，哥白尼也不知道怎么处理为好。一方面，他担心如果发表的话，很快就会被审查；另一方面，他觉得效法古人（很多古希腊哲学家）也许更有意义——只将自己的观点告诉身边的朋友。洪洞县里真的就没有"好人"了？其实不然，他的一位红衣主教朋友得知消息后，对此书喜爱至极，强烈要求他将其发表。也正是在朋友的鼓励下，哥白尼拖了一个九年又一个九年，直到"第四个九年”他才委托这位红衣主教将写好的《天体运行论》带到德国公开发表。

1543 年 5 月 24 日，哥白尼在病榻上收到了从德国纽伦堡寄来的《天体运行论》样书，他只摸了摸封皮便与世长辞了。在哥白尼的心中，天文学是神圣的，再也没有哪种理论能如此除残涤秽。

第四回　伯乐与千里马

当时人们对于哥白尼的日心说以及地球自转依然有很多的疑问，而且这些疑问正是反对地动学说者打压日心说的入手点，不过反对哥白尼的人不尽然都是神权维护者，比如丹麦的第谷·布拉赫（1546—1601）。

第谷·布拉赫出生于丹麦的一个贵族家庭，自幼便被过继给伯父抚养。他的伯父希望他学习法律、神学和修辞学，以便将来可以谋一份很有前途的职业，更可以光耀门楣。第谷从小性格犟、脾气大，虽然表面上顺从伯父的意愿，但内心一直都挡不住对天空的向往。上大学之后，第谷亲眼观测了一次日偏食，他对天文学家们的准确预报大为惊奇，内心的暗流涌动成了再也刹不住的洪水。于是，他白天佯装学习法律课程，晚上则常常在被窝里研究托勒密的《天文学大成》。过了几年，第谷的伯父去世，他继承了一大笔财产，金钱加上无拘无束让第谷开启了新的人生旅程。1572 年，他观测到了一颗在白天也能看见的新星（后被称为第谷超新星），这让他的名声大震。丹麦国王请他回来做皇家天文学家，并花重金为他建立天文台，第谷也在此留下了很多宝贵的数据。

第谷是一个性情豪爽的人，就像武侠小说中的大侠一样。小说里的大侠总是会得罪一些人，生活中的第谷也是如此，不幸的是他得罪了当时的王子即后来的丹麦国王。新国王报复性地将第谷赶出了丹麦，也摧毁了他的天文台，据说那是花了一吨黄金才修建好的。后来神圣罗马帝国皇帝鲁道夫二世（1552—1612）邀第谷去德国，并在布拉格为他修建了一座新的天文台，可是设备和以前差远了。尽管如此，第谷依然通过观测做出了不可磨灭的贡献。那时候人类还没有发明望远镜，所以第谷被誉为“望远镜发明前最伟大的天文学家”，其成就和喜帕恰斯旗鼓相当。

略微令人遗憾的是，第谷对哥白尼的日心说不感兴趣，有人说他是为了维护神学，我觉得就其性格而言不大说得通，倒是如下两点似乎更合乎逻辑。

1. 哥白尼的日心说并不是一种新学说，早在古希腊时期就有了这种观点，而且这是一条被打入冷宫上千年的学说。其实，哥白尼和阿利斯塔克一样，他的理论并非基于大量的观测事实，所以哥白尼的日心说仍没有完全脱离古希腊人天马行空般的想象。

2. 和自己的观测不符，这点最为关键，因为第谷一直对自己的观测水平深信不疑。

但是第谷的观测数据和托勒密的地心说也有很大的差别，所以他认为谁都“不靠谱”，又谁都“不得罪”地建立了新的宇宙模型（见图 4–1）。

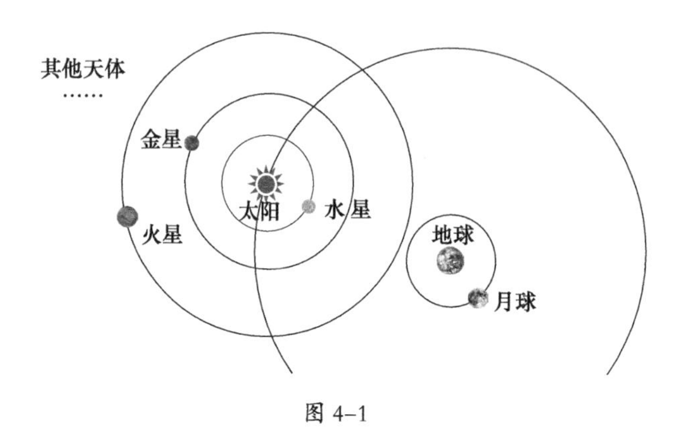

图 4–1

从根本上说，第谷的模型属于地心说范畴。他之所以没有抛弃地心说，主要是因为站在地球上看，地球确实不动；而如果说其他的星体绕太阳转方便，那就让它们方便去好了。这是典型的经验主义，基于不会说谎的数据，但是不说谎不代表不骗人，而第谷的“受骗”则是因为他的数学不过硬，好在一位年轻的天才弥补了他的缺憾。

1596 年，住在德国的第谷收到一位年轻人送的一本书，书名叫《宇宙的神秘》，书的作者正是送书者本人。该书在完全肯定哥白尼的日心说的基础上，根据六大行星（当时人类在太阳系中只发现了 6 颗行星）运动为宇宙勾勒了一幅完美的蓝图。尽管第谷不认为日心说是正确的，但是被年轻人的数学处理方法深深折服，于是第谷便写信郑重邀请这位年轻人作为自己的助手，两位历史上伟大的天文学家终于在 1600 年会晤。

这位年轻人叫约翰尼斯·开普勒（1571—1630），出生于德国的一个非常贫困的家庭。他的父亲是一名雇佣兵，在一次战役中再也没有回来。开普勒由母亲独自抚养。3 岁时，开普勒感染了天花，好在保住了性命，但是身体尤其眼睛严重受损。对于一名依靠眼睛观测的天文学爱好者来说，这绝不是好兆头。

开普勒从小聪明无比，获得奖学金之后进入大学学习。他本想成为一名牧师，可当他看到哥白尼的《天体运行论》后，命运发生了转折。开普勒从一开始就觉得日心说似乎比地心说更合乎逻辑，所以他很快相信这一学说，并写了《宇宙的神秘》一书。

在第谷的身边，开普勒掌握了从未见过的观测数据，两人还共同制定了《鲁道夫星表》，可谓是天作之合，只是在基本问题——日心说还是地心说上各执一词。第谷和开普勒二人经常展开激烈的争论，但是常常都以开普勒的忍让而暂停。这可能只是理念问题，然而在开普勒妻子的眼中，第谷是一位盗窃丈夫的研究成果的人。不断吹来的“枕边风”让开普勒和他的老师决裂，开普勒在多个场合下公开宣称第谷是伪君子，并写了侮辱性的长信给他的老师，然后不辞而别。

开普勒的离去让第谷痛心不已。看到信后，第谷才意识到他们之间存在诸多误会，于是也写了封长信，声情并茂地请开普勒回来，还给他邮寄了盘缠。开普勒惭愧得无地自容，热泪盈眶，提笔写了忏悔信，然后回到老师身边。

再次回来后，开普勒时常表达忏悔之意，而第谷付之一笑：“过去的事情，何必再提呢？”第谷还不计前嫌地把开普勒推荐给国王鲁道夫二世，而且把自己多年以来的观测数据和手稿全部交给开普勒使用。那时师徒二人正在研究火星，所以他对开普勒说：“除了火星所给予你的麻烦之外，其他一切麻烦都没有了。火星我也要交托于你，它是够一个人麻烦的。”

火星，又是火星！这个曾经让人掉过脑袋的行星现在又让人伤透了脑筋。即便承认火星绕太阳转动，第谷的观测数据仍然和开普勒的推算存在误差。这个误差很小，大约等于秒针走 1/50 秒的角度，然而当用秒针指向天体时，任何小角度都变成了大问题。正是这个不起眼的误差彻底改变了人类对整个宇宙的认识。

正当师徒二人为天文学开天辟地时，第谷撒手而去，只留下孤零零的开普勒和一堆堆精准的数据。1601 年，第谷因为汞中毒去世，享年 55 岁。他临终前还不忘提醒自己的爱徒：一定要尊重事实。这句话也让开普勒在困难中坚持了下来，最终成为近代科学的先驱。

噫！韩退之曰：世有伯乐，然后有千里马，千里马常有，而伯乐不常有。然未知伯乐之思也，萧何月下追韩信，刘玄德三顾茅庐，皆非利而无往。第谷非失而自省，非错而先歉，非为利而谄媚，非图名而诓诱，此非浩浩然之君子乎？而又察贤才于前，释诽谤于后，躬身力行，举贤任能，此非伯乐之谓乎？良驹得识，焉能不奔腾千里乎？

毕竟不知良驹如何日行千里，请看下回分解！

第五回　近代物理学的开端

第谷是天才观测家，但数学是他的短板，这一堆堆的数据，算是逢其时而不得其主；开普勒的视力不是很好，却是一位数学高手，二人冥冥中注定的相逢势必要为天文学和物理学翻开新的篇章。

无论是哥白尼的学说还是第谷的天体模型都停留在假想阶段，

或者说它们都只是一种数学方法，不能称为理论——理论必须建立在实际数据基础之上。就目前来说，它们都与观测有细微出入，上回提到的第谷模型中火星的观测误差便是一例。这说明要么第谷的观测数据错误，要么他假想中的圆形轨道出了问题。一个是个人肉眼观察的数据，一个是亘古未变的、未曾被任何人怀疑过的学说，但开普勒偏偏相信前者，因为他深信他的老师不会出现任何差池。

如果我们不打算将开普勒神化的话，那么有理由相信开普勒也曾经历一段迷茫无助的时期，就像船到江心没有桨一样。火星，火星，到底是怎么一回事呢？也许开普勒想飞到火星上一探究竟，可是身无飞翼，最好还是先从地球算起吧。可是我们又怎么站在地球上确定地球在宇宙中的相对位置呢？开普勒运用了简单的几何原理：在一个平面内有两个固定的点，如果要确定第三个点，只需计算第三个点与两个固定点的角度就可以了（见图 5–1）。所以，开普勒需要两个固定的点。

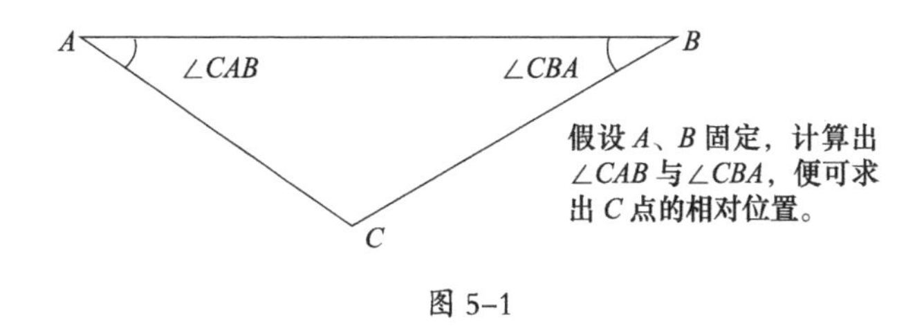

图 5–1

幸运的是我们有一个太阳，既然肯定日心说，那么可视太阳静止不动，所以第一个点很容易确定下来。不幸的是我们只有一个太阳，要知道当时人们的视界还没有超越太阳系，即便超越了太阳系，也无法确定系外星体与太阳的相对位置，所以观测不能好高骛远。开普勒是聪明绝顶的，他意外地选择了火星。

火星？又是火星，火星不是一个非常淘气的天体吗？淘气是相对于地球而言的，而相对于太阳，火星则要规矩得多——它用 687 天（一个火星年）转个来回。其实，开普勒对此已经了如指掌了。在一个火星年内总有一天太阳、地球、火星在一条直线上，称为“火星冲日”。火星冲日可以简单理解为太阳、火星和地球三点在一条直线上，且太阳和火星位于地球的两侧。每当火星冲日现象出现时，太阳下山，火星升起；太阳升起，火星下山。所以，有整个晚上的时间来观测火星。

开普勒以某个火星冲日开始计算，等过一个火星年时，再计算地球的新位置，这样就可以计算地球的相对位置了。只是这样计算需要很多年的数据（平均 1.8 个地球年计算一次），好在第谷已经为开普勒扫清了障碍。

在图 5–2 中，计算出 $\angle E_1SM$ 和 $\angle SE_1M$ 的值，则可确定 E_1 的相对位置。同理，也可以求出 E_n 的相对位置，如此便可得出地球的轨道。如法炮制，便可计算出火星的轨道。

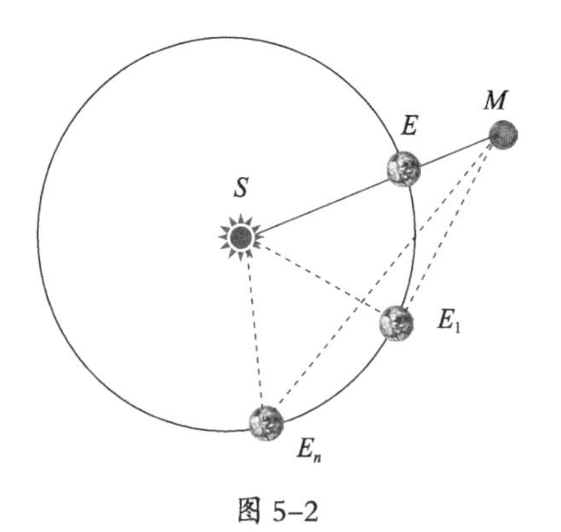

图 5–2

道理很简单，过程很复杂，结果让人意外。无论是火星绕日还是地球绕日，它们的轨道都是椭圆而非正圆。公元 1609 年，开普勒得出他的第一个结论：行星围绕太阳做椭圆形的圆周运动，太阳位于这个椭圆的两个焦点中的一个上。这就是开普勒第一定律，也叫椭圆定律。

这样看来，行星运动轨道不仅不是正圆形，速度也不是匀速的。继日心说之后，这再一次让人对上帝感到失望，因为从古希腊时代开始，圆作为一个完美形态已经深深地烙在人们心里了。

估计开普勒也颇为失望，他继续计算，试图进一步找出行星的运动规律，开始也可能是为了寻找匀角速度的证据。此后不久，开普勒通过计算得出第二条定律：在同样的时间里，行星和太阳的连线扫过的面积是相等的（见图 5-3）。这就是开普勒第二定律，也叫面积定律。

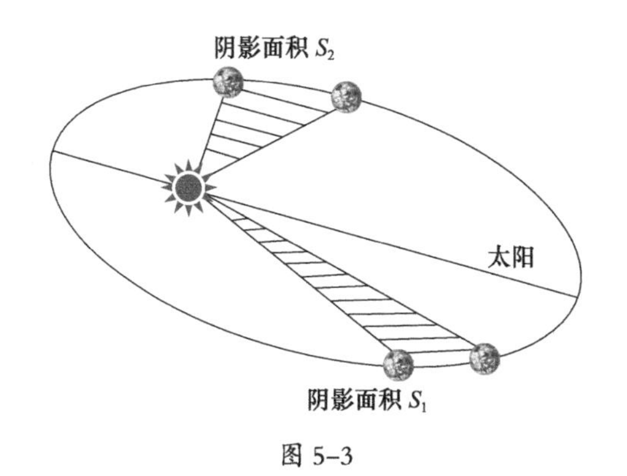

图 5-3

开普勒能轻松地用几何方法计算出图中两个阴影部分的面积，只是不知道他能否计算出笃信地心说的人们心里的阴影面积。不过开普勒对此十分开心，因为面积相等稍稍能够让人们对上帝的完美留一点信心。

理论是空前的，也足以让开普勒本人扬名立万，可惜学术上的成功并没解决开普勒生活上的困境。第谷死后，开普勒虽然被他在生前推荐为德国的皇家数学家，但是工资几乎只是第谷的一半，而且皇帝鲁道夫二世还是时不时地拖欠。尽管如此，开普勒从未终止过科学研究，同时他也写了很多占星术之类的书。这不是因为开普勒闲得无聊，而是因为科学家也要吃饭。开普勒本人也形容占星术“就像子女，如果不为天文学母亲挣一口面包，那母亲就要挨饿了”。只是这饱一餐饥一餐的日子就没好过。

两年后（1611 年），开普勒的日子更加难熬。当时皇帝鲁道夫二世被其弟弟逼迫退位，开普勒结束了皇家数学家的生涯，前往奥地利的一所大学任教。开普勒的生活、地位都在不停地发生变化，唯一不变的就是那张空如白条的工资单。福不双至，祸不单行。第二年，开普勒的夫人去世了，他又娶了一位贫家女子。两任妻子共生了 12 个孩子，但很多都夭折了。1618 年，欧洲“三十年战争”爆发，开普勒离开奥地利，辗转前往意大利的一所大学任教。战争总是让尊师重教成为一句空话。

在艰难世道中，开普勒依然伏案工作，研究不同行星与太阳之间的关系。当时欧洲人爱喝红酒，红酒生意非常好做，酒商们一直都为无法直接测量一个木桶装了多少红酒而苦恼。开普勒又一次发挥他的数学特长，巧妙地用一个带刻度的尺子从木桶中间的小孔插进去，轻松计算出木桶的容积。

木桶也是椭圆形（木桶两端是平的，中间是椭圆形），不知道这样的测量是否给了开普勒灵感和启发，他竟然在天文学上又有了突破性的进展，而且将其用公式表达出来。后人常把这个公式视为近代物理学的开端。所有行星绕太阳一周的时间（T）的平方与它们轨

道长半轴 R 的立方成比例：

$$K=\frac{T_1^{\ 2}}{T_2^{\ 2}}=\frac{R_1^{\ 3}}{R_2^{\ 3}}$$

1619 年出版的《宇宙谐和论》描述了开普勒第三定律，也称为谐和定律。谐和，和谐，是谁让宇宙这么和谐呢？此时开普勒正好看到英国的宫廷御医吉尔伯特写的《论磁》一书，他发现磁力与这种星体间的作用力有几分相似，都不需要接触就可以产生效果，所以他认为太阳发出的某种“磁力”驱使行星绕其转动，这是人类第一次从动力学上解释天体运动，也为后来人指明了一个方向：有问题好好思考，别动不动就把责任推到上帝头上。

开普勒如蝴蝶穿花般地解决了天体的问题，但对生活的问题依旧无能为力。由于为老师第谷申辩（当时有人称第谷学说为异端学说），开普勒得罪了教会。教会将他的书列为禁书，而且还有组织地对他本人和他的住所进行攻击，扬言要处决他。幸好，开普勒再次被任命为德国的皇家数学家，得以躲过此劫，然而他终究躲不过没有薪水的劫难。金钱就像是一位躲着他的老朋友。1630 年 11 月初，在数月没有与“老朋友”碰面的情况下，开普勒打算亲自上门拜望。不幸的是，他还没有见到这位“老朋友”便抱病不起。11 月 15 日，开普勒在一家客栈里去世，身上仅剩 7 分尼（德国货币，相当于现在的几块钱）。开普勒被葬在德国的一所教堂里，可惜在一场战争过后，他的墓碑都找不到了。

墓碑虽然找不到了，但开普勒依然是科学史上的一座丰碑！

开普勒的一生是坎坷不幸的，同时又是幸运的，因为他是骄傲的、光辉灿烂的。他说道：“我沉湎在神圣的狂喜之中。我的书已经完稿，它不被我的同时代人读到就会被我的子孙后代读到，然而这些都是无所谓的事。它也许需要足足等上一百年才会有一个读者，正如上帝等了 6000 年（据说是从诺亚方舟时期开始算起的）才有一个人理解他的作品。”

实际上，远不需要那么多年！

第六回　宇宙的新发现

与开普勒同时期，文艺复兴的发源地意大利也出现了一位天才天文学家和物理学家。

伽利略·伽利雷（1564—1642）比开普勒大 7 岁，出生于一个没落的贵族家庭。1581 年，17 岁的伽利略来到比萨大学主修医学。他可能会是一个不称职的医生，因为他对副业物理学和数学的兴趣远远超过了主业，而且他时常有些小发现和小发明，这些小发明和小发现往往在不经意间改变了历史进程。

1583 年，伽利略在祈祷时看到吊灯在左右晃动。他掐了掐脉搏，发现了物体摆动的等时性原理。几十年后，英国人惠更斯（1629—1695）根据该原理发明了摆钟。人类从上古时代开始就一直为计时努力着，也发明了很多计时工具（如日晷等），但摆钟无疑是最有意义的计时工具之一。

1596 年，为了测量病人的体温，作为医生的伽利略发明了人类历史上第一支温度计。从此人类对热和温度有了新的认识，开启了热力学的篇章，此是后话。

更让伽利略声名鹊起的是他根据古希腊阿基米德（公元前287—前212）的浮力原理发明了一种比重秤，从此被誉为“当代的阿基米德”。阿基米德是古希腊时期伟大的哲学家、百科式科学家，他在数学上的成就是最高的。曾有学者评价说：将人类有史以来最伟大的数学家排个座次，如果前三名中没有阿基米德，那一定是不科学的。我们了解阿基米德是因为中学课本中的浮力，据说当时制作皇冠的金匠经常偷工减料，皇帝为检测皇冠中的黄金比例伤透了脑筋，所以请阿基米德给出一个合适的方案。阿基米德苦思冥想，始终不得其法。有次洗澡时，他一屁股坐到水池里，水对身体的浮力给了他灵感。于是，他激动地穿过广场和人群，跑到宫殿里告诉皇帝他的新发现。皇帝也很激动，听完之后对仆从说：“给他一件袍子……”此时阿基米德才意识到原来自己还光着腚呢！此外，他有一句回响了几千年的名言：“给我一个支点，我就能撬起整个地球。”阿基米德的传奇本就是一部书。

言归正传。话说1585年伽利略的父亲去世，他的家庭收入捉襟见肘，伽利略辍学干起家教营生。好在他的学生是一位王子，所以他很快又进入上流社会并成了大学教授。在空闲时，他专心研究各方面的科学著作，其中少不了统治人类思想达1300年之久的亚里士多德的《物理学》和《天体》。伽利略对亚里士多德的理论进行了深刻的思考，也写了很多论文，最终推动了物理学的发展。

1587年，伽利略收到开普勒赠送的《宇宙的神秘》一书，他很快就被哥白尼的日心说所吸引，并认为在天文学上的成就才会让自己扬名立万，其他的科学都是小巫见大巫。他以无比的热诚投入到了天文学研究当中。

1609年，即开普勒发表椭圆定律一年后，在帕多瓦教书的伽利略在街上溜达，无意间看到了凸透镜。他觉得很好玩，便买了带回家。此时的凸透镜已经不仅仅是个在太阳底下能烧死蚂蚁的玩物了。早在一年前荷兰人就用凸透镜发明了望远镜，只是伽利略还不知道。有一次伽利略到威尼斯去拜望好友，得知威尼斯政府打算购买荷兰人的新发明以进行军备竞赛。伽利略通过好友告诉威尼斯政府不要着急。果不其然，在一个多月后，他将自己研制的新望远镜送给了威尼斯政府，为此他获得了一份终身教授的职位，薪水也翻了3倍。更为关键的是，伽利略发明的望远镜着实比荷兰人的清晰9倍，比肉眼清晰33倍，这足以让伽利略清楚地看到月球表面。于是他写信告诉好友开普勒这一好消息："月球的表面并不是完美的，那些阴影就像地球上的大山河流一样，只是没有水而已，圆圆的是陨石坑；月亮不发光，只是反射太阳光，所以才能看到月亮的'圆缺盈亏'。"

正当人们争相谈论伽利略的神奇工具时，他又发现了木星的4颗卫星，也发现发光的银河原来是由无数颗恒星组成的。他把这些新发现都写信告诉开普勒，并骄傲地说："我想我已经观测到了土星运动的轨道。"当时正忙于研究土星的开普勒兴奋不已，他在回信中问能不能得到伽利略的望远镜。伽利略回答说，他的望远镜都已经送给了贵族们，并打算以后做一些清晰度更高的望远镜，再送给一些朋友。

现在我们已经无法肯定伽利略是否真的打算研制新的望远镜，就算他研制了，也无法肯定他说的"一些朋友"中包括开普勒，但是我们仿佛看到了一个噘着嘴卖萌的小女孩对别人说："看，我有糖，就是不给你。"

事情总有好的一面，开普勒自然不会认为伽利略的托词是真的，所以他不会傻傻地一直等下去。于是，另外一种望远镜（见图 6–1）诞生了。

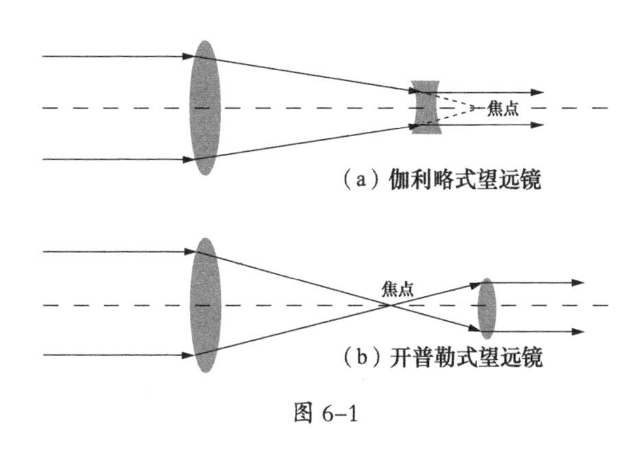

图 6–1

天文学因此进入了望远镜时代，也开启了新篇章。当时的人都称："哥伦布发现了新大陆，伽利略发现了新宇宙。"

此后一到两年里，伽利略利用他的望远镜发现金星和月亮一样有盈亏。伽利略知道这是由金星、地球和太阳的位置关系引起的，他通过大量的观测数据推测金星、地球都是绕着太阳运动的，为哥白尼的日心说提供了坚实的观测基础。

此外，伽利略发现太阳上黑色的小点点不是别的行星的"影子"（即某行星的行星日食），原因很简单：如果是行星的影子，那么影子的速度会很快，而实际上黑点移动的速度慢得多，所以它们只能来自太阳自身的"缺陷"——后来它们被称为"太阳黑子"。这些"缺陷"让人们不禁觉得原来"上帝制造"也有"劣质"产品，而地球也不过是这些产品中的一个，显然这完全不符合亚里士多德的那套地球不动、上天完美的学说。再经过长期的观察，伽利略发现太阳黑子的转动也有周期性，于是他得出太阳也在自转的理论。假设哥白尼的日心说成立，地球则绕着太阳转，如果太阳都自转了，人类又有什么理由相信地球不能自转呢？

伽利略用几块玻璃片发现“天外有天”激发了当时人们对日心说更大的兴趣。当越来越多的人谈论哥白尼的日心说时，教会再一次出手了（1600 年，教会曾烧死宣传日心说的布鲁诺），1616 年他们禁止发行哥白尼的《天体运行论》，严禁任何人在公开场合大谈特谈日心说。这便是“1616 禁令”。

相对于他人，伽利略的处境其实要好得多，尤其是在 1623 年他的一位好友从红衣主教的位置坐上了教皇的位置（乌尔班八世）之后，伽利略觉得机会来了，他跑到罗马为自己的新发现进行游说。教皇本人对伽利略以及他的新发现持欢迎态度，但是负责宣传教育的神父们不干了。但面对如此高深的理论和铁一般的事实，神父们也无可奈何，只好对伽利略的推测和结论下手。他们让伽利略放弃哥白尼的日心说，如果他做不到这一点，至少对地心说不要存在偏见；如果对于日心说非提不可，那么一定要有地心说，而且不能带有主观意见，只能当成历史去阐述。

伽利略与神父们的冲突在于，伽利略认为自然界中运行的天体与《圣经》里的天堂是两码事，而教会则认为是一码事。除了维护自己的地位，我想教会可能是怕信徒们在这样浩渺的宇宙中找不到天堂的位置吧。实际上随着科学的不断发展，教徒们一直都在忧心忡忡地想给上帝安排一个合适的住所。

伽利略是倔强的，也是聪明的。在被禁言的岁月中，他毕全生所学，于 1630 年完成了一本名叫《关于托勒密和哥白尼两大世界体系的对话》（以下简称《对话》）的书。他在《对话》中将自己撇开，虚设三位人物，即沙格列陀、萨尔维阿蒂和辛普利邱。沙、萨二人皆是日心说的支持者，而辛却坚持凡是亚里士多德说的话都是正确的，凡是后人对亚里士多德理论的补充都是有意义的。

《对话》仿照古希腊的很多著作（比如《理想国》）以三人对话的形式展开，分为四天，每天一个主题，就像本书第一回中小明和祖师爷的对话一样。该书洋洋洒洒几百页表达了对亚里士多德体系的思考和批判以及对哥白尼体系的辩护。

要为哥白尼体系辩护，就绕不开一个话题：地球自转为什么没有产生东风或者向上抛起的物体为什么没有落在抛出点的西边？哥白尼含糊其辞的解释多少不能成为地球可以动的理由，但是伽利略用一个现实中常见的例子让人们心服口服。他说，在一艘正在匀速前行的船上，人们向上抛起一块小石头，小石头依然落在抛出点的下方，而不是落在抛出点的后面。为什么会这样呢？伽利略认为小石头和船在水平方向上是相对静止的。

比如一艘船（A）的速度是 60 米 / 分，对面划来另一艘船（B），速度是 70 米 / 分，那么对于 A 船上的人来说，A 船的速度是 0 米 / 分，而 B 船的速度是 130 米 / 分；对于 B 船上的人而言，B 船的速度是 0 米 / 分，而 A 船的速度也是 130 米 / 分，不过方向相反而已。

假设 A 船和 B 船向同一个方向前进，对于 A 船上的人来说 B 船以 10 米 / 分的速度前进，而对于 B 船上的人来说，A 船以 10 米 / 分的速度倒退。这便是“伽利略速度变换原理”。从另一方面说，如果没有参照物，提起速度是没有意义的，因为速度是相对的，而不是绝对的。

伽利略聪明地将小石头的运动看成复合运动：一个是水平方向上的运动，另一个是垂直方向上的运动。在水平方向上，小石头离开船体后依然保持原有的速度；而在垂直方向上，小石头做自由落体运动（此处为了简化，只考虑小石头落下的过程，见图 6-2）。既然是自由落体，小石头肯定会落在桅杆的正下方了。

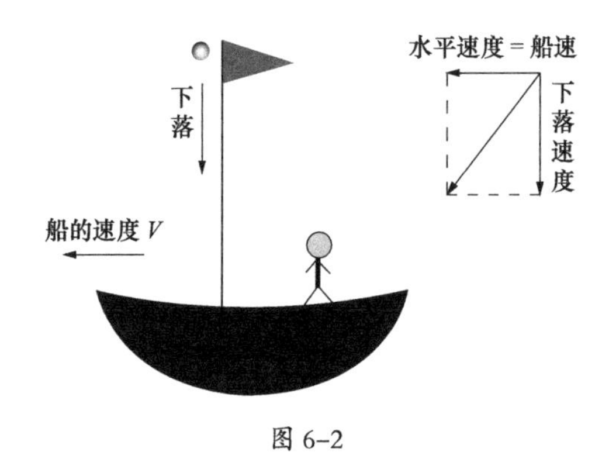

图 6-2

因为重力，垂直方向的自由落体运动很容易理解。但是在水平方向上，小石头的速度从何而来呢？难道正如亚里士多德所说的空气迂回或者精灵推动？伽利略自然不会让历史倒退，为此，他创造性地提出了“惯性”这个概念。惯者，一贯而之也，可以简单理解为：物体（无论运动还是静止）始终想要维持原来的样子，直到外力改变它。小石头在水平方向上本就具有初始速度，这个速度和船速一样。由于水平方向上没有外力（不考虑空气的摩擦力），故而小石头依旧以船速前进。

那么问题来了，运动到底是由惯性维持的还是由外力维持的呢？

力和运动之间到底有什么关系？伽利略认为物体运动由惯性维持，外力只能改变运动状态。比如人推桌子动时，外力改变了桌子的运动状态，当人松开手后，桌子依照惯性继续前进，摩擦力会改变桌子的运动状态直至静止。同样，重力已不再是物体的固有属性，惯性才是。惯性是维持物体运动的原因，在没有外力作用（或者外力平衡）的情况下，一个运动的物体将以恒定的速度朝同一个方向运动下去。如果不出什么意外的话，它会永远持续运动到无限时间和无限距离。

1632 年，在伽利略 5 次到罗马乞求后，《对话》终于获得教会的出版许可。由于此书以对话的形式书写，一改以往枯燥的科学讲解，普通人都可以愉快流畅地阅读，所以《对话》风靡一时。

那时欧洲“三十年战争”仍在继续，这是一场宗教战争，许多诸侯公国借着宗教分别站队，神圣罗马帝国日渐衰微。罗马教皇也渐渐感到自己的权威在很多国家丧失殆尽，可下面的人告诉他“即使在罗马，您老人家的余额也有待充值”。一句话惊醒了梦中人。

伽利略的处境可想而知，教会改口称伽利略违反了 1616 年的禁令，并对伽利略进行严厉的审判，最终以问题严重、亟待审查为由禁止了《对话》的再版再售，顺带一劳永逸地把伽利略给判了个终身监禁。颇为讽刺的是，当人们知道了审判结果后，《对话》早就被抢购一空。防民之口甚于防川，这个道理其实大家都懂，只是在既得利益面前，谁都显得那么脆弱。就像刚穿上新装的皇帝，他明知自己光着腚，也要杀掉敢说真话的小孩。

就这样，伽利略被软禁在家里。他的晚年非常凄苦，多病缠身的他脑海里依然做着完美的科学实验。由于年轻时观察太阳，强烈的阳光灼伤了他的双眼，最后导致失明。即便如此，他依然坚持完成了另外一本对话体著作《关于两门新科学的对话》。这部书稿在1636年就已完成，由于教会禁止出版他的任何著作，他只好托一位威尼斯的友人将其秘密带出境。这本书的出版彻底改变了物理学，也一举将伽利略推到了“近代物理学之父”的高度。

第七回　一个美丽的实验

在伽利略的第一部对话体著作中，他依然没有办法让辛普利邱先生从对亚里士多德的彻底崇拜中觉醒过来，所以在他的第二部对话体著作《关于两门新科学的对话》中，伽利略借沙、萨二人之口劈头盖脸地问了辛先生这样的问题：

亚里士多德认为自由下落的物体重则快，轻则慢。诚如所言，假设一个物体的下落速度是8，另一个物体的下落速度是4，将二者绑在一起会怎样呢？

1. 一轻一重，轻重中和，所以速度要小于8，大于4。

2. 一轻一重，轻重相加，所以速度要大于8。

这是人类历史上最有名的悖论之一。据说伽利略为了向人们展示他的理论，特意爬到比萨斜塔上，同时丢下两个不同重量的铁球，发现两个铁球同时着地。这便是历史上著名的比萨斜塔实验。历史上对比萨斜塔实验的真实性颇有争议，因为它只记载于伽利略的一位粉丝给他写的传记中，那时伽利略已是晚年，而且双目失明，只能口述往事，所以崇拜者为了增加书的可读性，添点油加点醋也未可知。如果故事是真实的，为什么其他书上鲜有记载？要知道当时伽利略已经是很有名气的人物了。

且不论比萨斜塔实验的真实性，看看另外一个实验（见图 7–1）。虽然伽利略在出版的新书里没有明言，但是从两部《对话》以及早年间的书中，我们可以猜测他没少做过这样的实验：将一个6米多长、3 米多宽的接近光滑（光滑意味着没有摩擦力）的直木槽倾斜固定住，让钢球从木槽顶端沿斜面滑下，并用水钟或者脉搏测量钢球每次下滑的时间，研究它们之间的关系。基本关系概括如下。

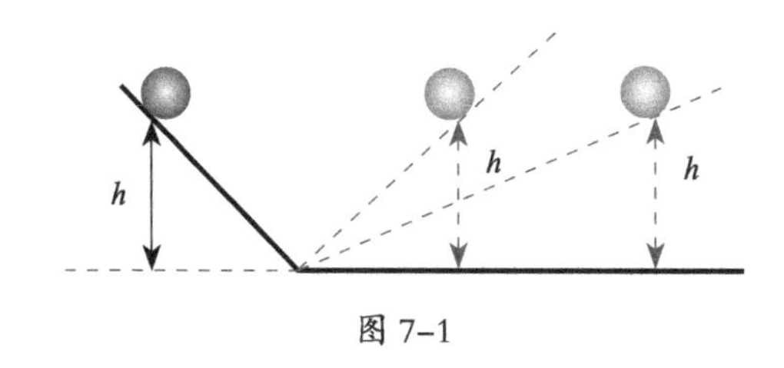

图 7–1

1. h 越大，小球最终在平面上运动的距离也越远，说明 h 越大，小球在斜槽底端的速度越大。

2. 小球在平面上移动的距离几乎与时间成正比，即 $s=vt$（s 表示距离，v 表示速度，t 表示时间）。

3. 小球在斜槽底端的速度与其重量无关。

4. 用斜面代替水平面（图中虚线所示），无论两个斜面怎样倾斜，小球到达的高度与原始高度几乎一致。

第一个问题：实验中小球的速度从何而来呢？伽利略认为是重力，这和亚里士多德不谋而合。不过伽利略认为重力也只是一个表象，因为下落的速度一直在增大，所以根本就没有下落速度 8 可言，速度 8 只能在某个瞬间发生，那么速度又是怎么变化的呢？伽利略提出“加速度”的概念。当物体质量越大时，它受到的重力也越大，但是不同物体的重力加速度是相同的，因为在同等条件下，小球在斜槽底端的速度是一样的。唯有如此，小球的下滑速度与重力无关才能成立。

第二个问题：亚里士多德认为力是维持物体运动的原因，可是当小球到达水平面时，除了相互抵消的重力和水平支撑力，在水平方向上并没有力去维持小球的运动。伽利略提出一个假设：如果木板没有尽头，那么小球也会无止境地运动下去，因为实在没有任何理由让小球停下来。所以，他认为维持物体运动的是惯性而非力。

加速度让物体的速度发生变化，为了说明这种变化，伽利略提出了“匀加速”的概念，即加速度恒定不变。比如当实验中斜面的倾角是直角时，那么小球的运动也可以看成是自由落体运动，重力产生了加速度，小球的运动是均匀的（实际上近似均匀），并推导出了 $s=gt^2/2$（g 表示重力加速度），让人们切身感受到重力加速度的存在。

现在可以简单比较亚里士多德与伽利略的运动学体系。

1. 亚里士多德认为力是维持物体运动的原因，伽利略认为力是改变物体运动的原因。

2. 亚里士多德认为重力越大，下落速度就越大；伽利略认为下落速度与重力的大小无关，因为重力加速度是一样的，加速度是改变物体速度的最终原因。

3. 当物体不再受力或外力平衡时，它仍然有可能往前运动（即维持运动状态）。亚里士多德将其归结为介质迂回推动或者精灵推动，伽利略则将其归结于物体的惯性。

在一点儿也不麻烦上帝的情况下，伽利略通过实验给出了一套比较完备的运动学体系。很多人将这个简单实验列入人类物理学史上十大最美实验之首（按时间算，它是第一个），原因如下。

1. 小心说话。远离了古希腊人把搞不清的问题全部牵扯到上帝身上，转而以实验为基础，通过数学计算和推理，伽利略给出了一套完备的科学方法，并必须基于一个准则下——一切以事实说话。

2. 大胆假设。伽利略突破真实的实验局限，大胆地提出理想化的实验模型，将经验与理性结合起来，开创了人类思维的新模式，为物理学乃至自然科学奠定了思想基础。

伽利略的丰功伟绩如同太阳一般光辉耀眼，但他这个太阳也有小小的黑子。在小球实验中，如果不出意外的话，小球将会永远地沿着直线匀速运动下去，可是意外无处不在，因为在伽利略心中，宇宙是有限的，而且是一个圆球，有限的宇宙怎么能容得下无限伸展的物体呢？所以，伽利略认为木板不会永远平直下去，比如实验中的木板慢慢延长，最后弯着弯着就绕地球走了一圈，那样的话，木板上的小球将会永远地做着圆周运动。即便人类有能力制造一个木板能冲出地球，冲出太阳系，冲到“天尽头”，可是最终冲不过圆圆的宇宙，所以小球最终逃不了圆周运动的命运，所以伽利略认为直线运动是圆周运动的前奏，物体最终都以“圆惯性”方式运动，而地球的自转、公转皆来自于“圆惯性”。

伽利略崇拜真理，尽管他成功地挑战了亚里士多德的理论，但是只对事不对人；而对于哲学家柏拉图，他既对事又对人地崇拜起来，所以“圆是最美的”让伽利略情有独钟，以至于伽利略会对他的同行、亦师亦友的开普勒的椭圆轨道理论视而不见。当然，在那个年代连哥白尼的日心说尚处在猜测阶段，更别说椭圆轨道理论了。

伽利略的“自误”不禁让后人感到画蛇添足般的遗憾，但是我想遗憾也是多余的。假设人类有能力在外太空放置一个小球（即不受外力作用），并让它自转起来，我们完全有理由相信它会一直转下去。对于这种“一日转、终生转”的运动方式，在发现万有引力之前，唯有“圆惯性”才是最完美的解释。

伽利略的成就是伟大的，性格也是高傲的。他曾意气风发，却又时运不济，最终只博了个身后之名。1642 年 1 月 8 日，他与世长辞。据说在头天晚上，他走到阳台上摸着自己心爱的望远镜，就像疲于杀伐的将军抚摸着陪伴自己一生的战马一样，也许他会想如果有翅膀飞到他曾发现的木星上，该是多么美好啊！第二天，他的随从发现他倒在阳台上昏迷不醒。随从忙着找大夫，然而所有的大夫都因为伽利略是囚犯而拒绝给他医治。当天下午，伽利略逝世，享年 78 岁。

300 多年后，人类替伽利略完成了他最后的梦想。1989 年“伽利略号”木星探测器正式升空，并于 1995 年顺利抵达木星轨道。

1992 年，梵蒂冈教廷终于为伽利略平反，并宣称 300 多年前对伽利略的审判是一个“善意的错误”。正义也许会迟到，但终究不会缺席。

再想起他的朋友开普勒，不禁让人潸然泪下。正是：同是天涯沦落人，相逢何必曾相识。

第八回　一个凄美的故事

有一个美丽的传说。

一位已逾知天命之年的老人在路边邂逅了一位 18 岁的公主，他因为才华横溢而被公主的父亲选中当公主的数学老师。日日耳鬓厮磨，公主和老人产生了不伦之恋。国王知道后，一气之下将老人放逐，并禁止他们之间的任何交流。流离失所的老人身染沉疴，寄去的十二封书信如石沉大海，杳无回音。当写第十三封信时，他气绝身亡了，信中只有一个简单的数学公式：$r=a(1-\sin\theta)$。国王看不懂，遂将全国的数学家请来，但无人能解开谜团，于是国王很放心，将这封信交给了闷闷不乐的公主。公主收到信后立刻明白了恋人的意思。她用老人教给她的“坐标系”将这个方程画了出来（见图 8–1）。

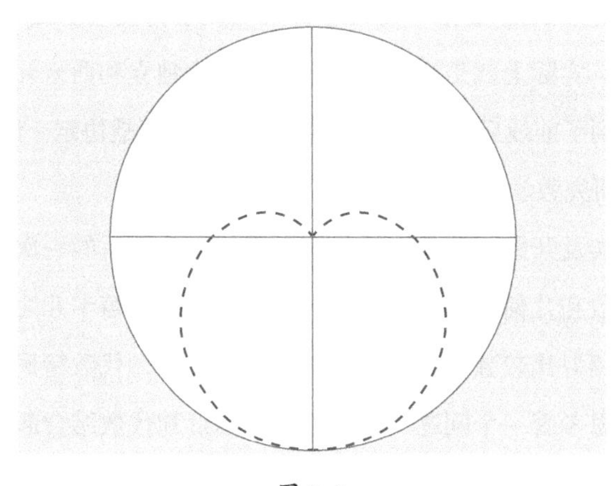

图 8–1

她知道恋人依旧爱着她，只是不知道他们已经阴阳相隔了。

这就是数学史上著名的“心形线”。故事中的公主叫克里斯汀，老人叫勒内·笛卡儿（1596—1650），这个坐标系叫“笛卡儿坐标系”。只是这个故事是后人编的，就像人们宁愿相信伽利略真的爬上了比萨斜塔一样，故事永远都比现实生动。

笛卡儿出生于法国，比伽利略小 32 岁。他是一位伟大的哲学家、数学家、物理学家，但是这人有一点不好——身体不好，这大概是从娘胎就带来的。在他一岁的时候，他的母亲因为肺结核散手人寰，他也差点在某次生病时夭折。好在有父亲的悉心照料，他才顽强地活了下来，随后取名勒内（意为“重生”）。他的父亲后来再婚，他便由外婆带大。笛卡儿的身体一向虚弱，所以上学后老师允许他在床上多躺一会儿，但他并没有真的休息，他的脑海里总是翻腾着奇思怪想。这些想法能把老师甚至父亲惹毛，可能他的父亲因此不怎么喜欢他。父子之间的隔阂让笛卡儿备感孤独，而孤独是独自旅行的最好理由，成年后的笛卡儿总喜欢周游各国。

1616 年，20 岁的笛卡儿带着仆人加入了荷兰军队当一名军官。说是军官，实际上就是雇佣兵。当时荷兰为独立和西班牙开战，但是笛卡儿到了前线后不久，两方签订了暂时的停战协定。闲来没事，他就开始研究数学。

从古埃及开始，东方智慧与西方智慧在战争后的一次次融合让人类在代数和几何上都取得了很大的成功，但在笛卡儿之前，它们仍是两门相对比较独立的学科。几何直观形象，代数精确抽象。笛卡儿反复思考着一个问题，能否把几何图形和代数结合起来，让代数中的每个数在几何上都有意义，同时也让几何中的形与代数中的数一一对应。为此，他废寝忘食，甚至生病时都不忘思考。

据说有天笛卡儿习惯性地躺在床上思考，突然看到角落里有只蜘蛛正在结网，他一下子醒悟过来。他想如果把蜘蛛看成一个点，而把墙角看成 3 个数轴，那么空间中蜘蛛的位置就可以用这 3 个数轴的坐标确定下来；反之，如果确定了一个坐标，那么就可以确定这个点的位置，如图 8-2 所示。这就是最初的笛卡儿坐标系。

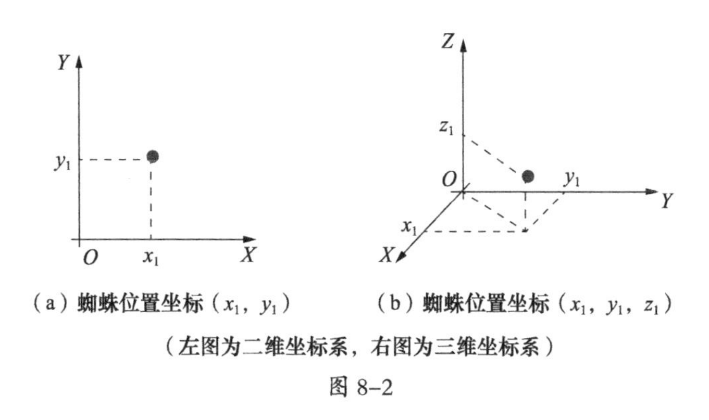

（a）**蜘蛛位置坐标**（x_1，y_1）　（b）**蜘蛛位置坐标**（x_1，y_1，z_1）

（左图为二维坐标系，右图为三维坐标系）

图 8-2

根据笛卡儿坐标系，我们很容易解释一些物理现象。比如蜘蛛是运动的，当蜘蛛网上落了一只苍蝇时，蜘蛛会从中心 A 点跑到苍蝇所在的 B 点，饕餮一餐后回到中心 A 点上。尽管都是在 AB 之间活动，但是意义不同，这该如何在坐标系上表达呢？很简单，画个带个箭头的线段就行了，线段的长度表示大小，箭头表示方向，所以称之为“向量”。箭者，矢也，故而又称之为“矢量”。根据伽利略的运动相对性原理，速度自然有大小有方向，故而速度也是矢量。物理学中的速度和日常生活中的速度不是一个概念，后者在物理学中通常称为“速率”。

从古希腊开始，人类就认为物体运动有两种最基本的方式，其中一种是直线运动，另外一种是完美的圆周运动。这两种方式都被伽利略很好地继承了下来。笛卡儿曾研究过物体的圆周运动，比如拿一根绳子拴住一个小球沿圆周甩动起来，小球就会绕圆心不停地做圆周运动，但在松开绳子的那一瞬间，小球就会沿着圆周的切线方向飞走，也就是说以即时速度做直线运动去了。

这种现象并不奇怪，小球做圆周运动是因为它受到了绳子的牵引，绳子提供了向心力；松手后，小球飞走是因为绳子无法提供向心力。按照伽利略的惯性理论，小球自然会做匀速直线运动。只是有一点很奇怪，既然圆周运动需要向心力，那就不存在所谓的圆惯性。所以笛卡儿认为，在物体不受力的情况下，只有静止或者匀速直线运动这一种运动方式，所以匀速圆周运动并非是完美的，更不是匀速直线运动的归宿。

实际上，对于上述现象，伽利略绝对不会选择性地视而不见，所以他认为圆惯性只存在于天体之间，而与地球上的物体没有关系。但是这明显犯了大忌：如果真是上帝创造了世界，那么他肯定不会厚此薄彼。伽利略失去了将一种理论推广到一切物体上的机会。

笛卡儿则抓住了这个机会，可是既然圆惯性不存在，又该怎么解释天体的运行呢？他认为是“引力”。比如地球绕着太阳运动，那是因为太阳给了地球引力，引力充当地球做圆周运动的向心力。可以说笛卡儿的引力和开普勒的磁力差不多，不过那个时候人们还不急于将引力推广到所有物体，而只认为引力存在于星体之间。天体间的距离如此之远，引力又该如何作用？

在此引入贯穿本书的两个词语：Duang 和 Sou~。这两个象声词的含义就是字面上的含义：Duang 表示无时间性的瞬间，Sou~ 表示有时间性的慢动作。那么引力作用无非有以下两种看法。

1. 接触作用：通过其他物质传递。既然是传递，其作用过程肯定是 Sou~。

2. 超距作用：无需其他媒介，力是被瞬间赋予其上的。既然是瞬间，其作用过程必须是 Duang。

对于天体间引力的运行方式，笛卡儿选择了第一个，那就必须为引力寻找一个传递介质，笛卡儿想到了以太。

以太并不是一个新的概念，也并不是由笛卡儿凭空杜撰的，早在古希腊时代就有。以太在古希腊语中大意指的是青天或者上层的空气。亚里士多德认为构成物质的元素除了水、火、土、气之外，还有一种叫以太的元素。亚里士多德等古希腊的先哲们不仅认为神是存在的，而且认为神也会像人类一样需要呼吸，而神呼吸的“空气”就叫以太。以太弥漫在整个太空中，所以亚里士多德认为“自然厌恶真空”。因为与神相关，所以，以太从一开始就具有一层神秘的色彩；可能是神学界也无须向人们展示神仙的“真人秀”，所以，以太并没有太多研究的必要性和市场。以太一直被尘封在魔盒里，直到笛卡儿把它打开。

笛卡儿认为宇宙中弥漫着以太，太阳把以太扭曲得像个漩涡，地球就处在旋涡中的一个点上，就像搅动水桶里的水形成一个旋涡，而水上漂着的物体就会跟着旋涡转动起来。只是有个问题，如果笛卡儿的理论是正确的，那么天体的运行将不符合开普勒的第二定律和第三定律。不过在笛卡儿所处的时代，应该还没有人意识到这一点。

相对于数学和物理学，笛卡儿的哲学思想则更为重要，体现在他为人们提供了一种“授人以鱼不如授人以渔”的方法上。他在他的名著《谈谈方法》中建立了 4 条规则，我们以伽利略的小球实验试浅析之。

1. 绝不接受我没有确定为真理的东西。大意是在一切没有尘埃落定之前，我拒绝接受任何所谓的真理，即便那些是从伟大的亚里士多德口中得出的。简单地说，要怀疑一切。

2. 把每个研究的难题细分为若干小部分，直到可以圆满解决为止。比如每个物体的运动是如此复杂，但是可以将其细分为几种运动的组合。

3. 按顺序，先易后难，一点点由简单的研究对象上升到复杂对象。比如先研究最简单的水平运动，再考虑复杂的运动，然后把实验中小球的运动形式推广到更复杂的宇宙万物中。

4. 把一切情况完全列举出来。分析问题必须彻底、全面才能得出真理。尽管伽利略得出了惯性，但是也得出了圆惯性，显然这是不够全面的，不够全面就值得怀疑，于是一二三四，再来一次。

笛卡儿倡导理性，“怀疑一切”便建立理性的出发点上。他认为怀疑应具有普遍性，比如在课堂上我们可以怀疑老师所说的，读书时可以怀疑书本上所写的，我们甚至可以怀疑眼前正在发生的一切，因为那很可能是一场梦。什么东西不能怀疑呢？思考，唯有思考，因为怀疑本身就思维活动的一种，当怀疑“我在怀疑”时，就进入了严重的死循环之中。道理大约等同于：

“喂，你在吗？”

“对不起，我不在！”

“哦，那我也不在。”

……

所以，我思故我在。

这是笛卡儿一生中说过的最经典的话，也是他整个哲学体系的出发点。从字面上理解，我思考，所以我存在，但这种解释就像把“How old are you”翻译成“怎么老是你”一样望文生义。笛卡儿不否认每个物体都有其特定的客观本质，问题是该怎么认知到物体的本质呢？思考！思考的主体是什么？“我”！所以“我”必须存在。这话名言大致上是说主体与客体的认知关系，只是它有时被强行扣上了“二元论”“唯心主义”的大帽，于是笛卡儿成了我们第一印象中的“反面”，这或许是一些物理教科书里很少提到他的原因吧。

什么是哲学？可能至今也没人能下个精准的定义，但是谁都不会怀疑哲学是写给人看的，而不是给阿猫阿狗桌子板凳看的。站在这个角度，笛卡儿的思想就非常正确了，因为同一个事物在不同的人看来有不同的认知，就像西方谚语说的“一百个人眼中有一百个哈姆雷特”，那么哪个才是客观上的哈姆雷特呢？可能莎士比亚甚至哈姆雷特自己都糊涂了，所以认知一个事物时就必须把“人”的因素考虑进来，而不能脱离主体遑论客体是多么客观。

笛卡儿的哲学思想具有划时代的意义，一方面摆脱了经院哲学的盲目教条主义，转而推崇理性；另一方面开启了哲学的新思潮，为后来的哲学奠定了良好的基础，所以后人称他为“近代哲学之父”。

这位伟大的人物终于敌不过羸弱的身体，于54岁时去世。他暮年那段“忘年恋”的真相是这样的：1649年冬天，笛卡儿旅游到北欧的瑞典，瑞典年轻的女王（不是公主）很喜欢他的课（哲学课，非数学课），而且上课时间必须是从早上5点就开始。在正常情况下，这个时间笛卡儿正躺在床上思考问题，为此笛卡儿不得不改变自己的生活习惯以迎合女王。第二年，他因严寒感染肺炎去世。

此时，我们仿佛听到一曲悲怆而又壮怀激烈的背景音乐，而在壮怀激烈中，我们又仿佛看到一艘满载星辉的大船正在扬帆远航！

第九回　浅谈微积分

伽利略和笛卡儿去世后，资本主义开始兴起。当人们的思想不断受到启蒙后，罗马教廷在内忧外患中成了重灾区，对自然科学的打压也算是强弩之末了，尤其是那些山高皇帝远的地方，比如远离欧洲大陆的英格兰。在伽利略去世的同一年的圣诞节，上帝又为人类送来了另一位天才科学家，并把他的出生地选择在英格兰。

艾萨克·牛顿出生于1642年的圣诞节（儒略历，加上10天等于格里历，所以也可以说牛顿是在1643年出生的。当时欧洲大陆采用格里历，但是英国仍然采用儒略历）。这位天才的出生并不是顺风顺水，他在娘胎里待到4个月左右时，他的父亲就去世了，到了7个月，他就出生了。如果说是为了赶上圣诞节，那绝对是一个玩笑，因为这冒着天大的危险，牛顿生下来大约才1.35千克，连正常婴儿体重的一半都不到。这个可以放到1夸脱（约1100毫升）杯中的孩子，在所有人看来夭折不过是早晚的事，然而牛顿顽强地活了下来，并且坚强地活到了84岁，在当时的物理学界算是高寿的了。

牛顿的母亲后来再婚，所以年幼的牛顿和他的外婆一起生活。即便到了少年时期，也看不出牛顿有什么特别之处。他的学习成绩平平，只是动手能力很强，时常做一些小物件，比如著名的“牛顿的风车”。牛顿长大后，他的母亲一直希望他安分地做个农民。在这一点上，牛顿肯定让她失望至极。12 岁的牛顿选择上一所皇家中学，由于路途遥远，他借宿在一个老师家里。虽然当时哥白尼、开普勒、伽利略、笛卡儿等人的学说和书籍都已经开始流行，但教科书永远要晚于时代潮流，那时候的中学教的还是亚里士多德和托勒密的那套理论。牛顿借宿的老师家中有颇多藏书，正好弥补了这一缺憾，让牛顿产生了很多奇妙的想法。请原谅我的八卦，似乎我对此时牛顿的个人情感比对他的想法更感兴趣。他在老师家中邂逅了老师的一个女儿，并对她产生了爱慕。这个女孩可能是牛顿一生中唯一爱恋过的女人。

由于生活拮据，失望的母亲一直没有打消让牛顿务农的想法。她让牛顿回来照看农场，可是牛顿放牛牛跑，看猪猪丢，唯一不跑不丢的就是手里的书。牛顿的神父舅舅发现了这一点，他认为外甥是块璞玉，并决定送他去大学里雕琢一番，另一方面也是为了缓解牛顿与其母亲的关系。

19 岁的牛顿告别家乡，前往剑桥大学深造。人生总得有个小目标，只是牛顿的小目标比挣 1 亿元人民币还要大。在大学的 4 年里，他把一生想要干的事情都列在纸上，每一个都是当时最复杂的难题。1664 年牛顿毕业，正当他想大显一番身手时，欧洲爆发的黑死病把他打回了原籍。他待在乡下躲避瘟疫，成了无职待业的闲杂人等。赋闲在家的牛顿并没有闲着，实际上他也没有办法让自己闲下来，说得好听点叫职业精神，不好听的话，我想可能叫“强迫症”。

总之，他的大脑就像浩瀚的星空，灵感就像划过天际的流星，在转瞬即逝间便可将整个星空点燃。1665 年 5 月划过他大脑的那颗流星可以称为“流数术”，即微积分。

微积分，高等数学入门必修科目。一听到这个名字，总是让人想假装四处看风景。实际上，佶屈聱牙并不是微积分的本意，在精神层面上它很平易近人。下面试推演一二。

先用微分求速度大小。什么是速度？顾名思义，速度是描述物体运动快慢的物理量。在测量上，可以先测物体在一段时间（t）内经过的距离（S），那么速度 $v=S/t$。然而这只是物体在 t 时间内的平均速度，即时速度该如何表达呢？在微积分之前，没有答案，除非该速度是匀速的或者匀加速的。

假设有个小车在公路上行驶，根据路况，小车的速度不断发生变化。如图 9–1 所示，可以测量小车在一段时间内的平均速度：$v=\Delta S/\Delta t$。

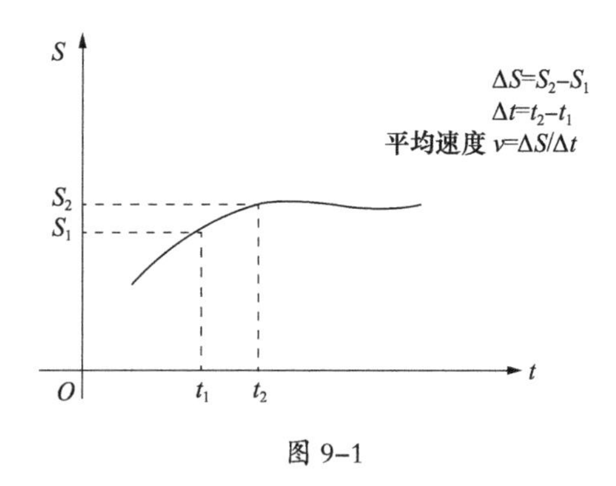

图 9–1

假设Δt逐渐减小，直到接近于零时，记$\Delta t \to 0$，同样$\Delta S \to 0$，那么$\Delta S/\Delta t$就是 t_1（或 t_2）点的即时速度，记为 $v=\mathrm{d}S/\mathrm{d}t$。用现在的知识解释，该式表示曲线上某点的斜率，微分可以简单总结为用于描述变量的变化快慢。

反流数（积分）该怎么解释呢？试用积分规则求一个不规则形状的面积——笛卡儿的心理面积，看看传说中的笛卡儿对公主的爱有多深。

不规则图形的面积不能直接计算，但是可以用规则图形（长方形）去切割。如图 9–2 所示，当 N=1 时，误差很大；当 N=6 时，误差就小得多了；继续切割，N 的数值也越大，到底有多大呢？无穷大，记为 $N\to\infty$，此时就能没有误差地计算出不规则图形的面积了。只是有个问题，当 $N\to\infty$ 时，每个长方形的宽度趋近于 0，也就意味着每个长方形的面积趋近于 0。

在这个实例中，可以简单总结为：点没有长度，但是有长度的线可以看作是由点组成的；线没有面积，但是有面积的面可以看作是由线组成的；面没有体积，但是有体积的体可以看作是由面组成的。一个不多，十个就不少了。不过 N 不能以某个具体数字衡量，它会很大，到底有多大？只能说很大很大，就像没有人能说清爱到底有多深一样。

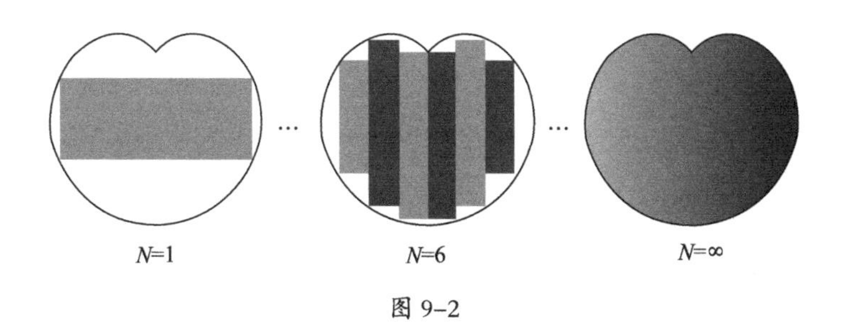

图 9–2

看官，也许你会问：这合规矩吗？比如咱们学习除法时，第一要义便是除数不能为 0，然而在微分中 $\Delta t\to 0$，ΔS 同样也会趋于 0，难道 $0\div 0$ 还有意义吗？同样，在积分中无论怎么切割，永远都是一种近似。

对于一些基本的自然现象或者算术问题，如果我们对此产生怀疑，那么请相信古希腊人肯定也会有同样的疑问。实际上微积分的思想起源很早，比如在古印度、古代中国，它们大部分都来源于圆面积计算，即圆周率计算。中国古代数学家刘徽（约225—295）就采用了“割圆术”，伟大的祖冲之（429—500）更是将圆周率 π 精确到3.1415926和3.1415927之间。不过，似乎只有古希腊人对割圆术的严谨性产生过疑问。他们称上面的Δt为无穷小量，称N为无穷大量（$1/N$为无穷小量）。无穷小量的正确性引发了上千年的讨论，其中就包括古希腊的阿基米德以及后来的开普勒、伽利略和笛卡儿等。

再引入一个古希腊很有名也很有趣的悖论：阿喀琉斯追乌龟。

阿喀琉斯是古希腊神话中的人物，他以善跑著称。公元前5世纪，古希腊哲学家芝诺（公元前490—前425）提出了阿喀琉斯和乌龟赛跑的问题（见图9–3）。

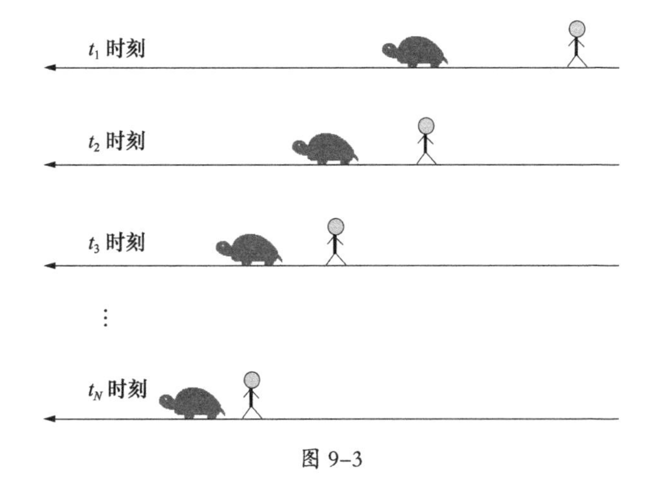

图 9–3

假设乌龟在前方 1000 米处，阿喀琉斯在后，他的速度是乌龟的 10 倍。显而易见，如果阿喀琉斯不在路旁睡觉的话，他将在 1000/9 这个时间点赶上乌龟。然而芝诺认为如果像下面这样计算，阿喀琉斯永远也赶不上乌龟。

第一次计算：当阿喀琉斯跑了 1000 米后，乌龟向前跑了 100 米，乌龟在前。

第二次计算：当阿喀琉斯跑了 100 米后，乌龟向前跑了 10 米，乌龟还在前。

第三次计算：当阿喀琉斯跑了 10 米后，乌龟向前跑了 1 米，乌龟还在前。

第四次计算：当阿喀琉斯跑了 1 米后，乌龟向前跑了 1/10 米，乌龟还在前。

……

第 N 次计算：当阿喀琉斯跑到上次（第 $N-1$ 次）计算时乌龟所在的位置时，乌龟又向前跑了一点距离。由于 N 可以无限计算下去，所以阿喀琉斯永远也赶不上乌龟。

这个悖论的哲学意义远大于物理意义，演变到数学方法上，即连续的量可否用离散的切割方式进行计算？牛顿在总结前人经验的基础之上，认为可以并采取了这样的方案，从而发明了微积分（流数术），极限的概念也应运而生。比如无穷小量 Δt，可以看出其极限是 0，但是比 0 大，却永远小于任何给定的数值，也就不存在所谓的 $0 \div 0$ 了。如果牛顿的命题成立，那么阿喀琉斯追乌龟的问题就迎刃而解了：芝诺给出的阿喀琉斯追乌龟的时间表面上看是“永远”，而实际上，这个“永远”根本就没多远，只是以 1000/9 这个时间点为极限的障眼法而已。

在牛顿成名之后，极限问题一直受到当时很有名望的人（比如英国的红衣大主教）的猜疑和指责。到了1851年左右，德国著名的数学家魏尔斯特拉斯（1815—1897）终于给出了极限的数学定义，微积分也从边应用边怀疑走向了可以严格表达的一门数学方法。

微积分在科学史上有着不可替代的作用，而牛顿在数学方面的成就远不止这些。他还发明了二项式定理、插值法、概率论等。如果将这些作为单选项，其中任何一项便足以让其名留青史。所以，有学者认为假设有人要为人类历史上的数学家排座次，如果前三名中没有牛顿，那也是不科学的。

大约在1665年之后的20年内，德国人莱布尼茨（1646—1716）也声称发明了微积分，他的出发点是对几何的计算，并使用现在通用的“d*x*”和“∫”符号。但是牛顿坚持认为自己是微积分的唯一发明者，并且宣称莱布尼茨剽窃了他的成果，只是换了副面孔而已。大家众说纷纭，莫衷一是，究其原因可能始于莱布尼茨在发明微积分之前曾经到英国访问过，并看到当时已经成名的牛顿的一些手稿，不过手稿中包含微积分与否现在也成了无头公案。即使他看到过，莱布尼茨的出发点是几何计算，而并非源自动力学。总之，牛顿发明微积分是无可争议的，而莱布尼茨是第一个发表微积分的人。按照现在的游戏规则，发明权当属莱布尼茨无疑。此外，就算莱布尼茨是“剽窃”，也不能忽略他对微积分的贡献。

在一场场争吵中，莱布尼茨受到了不少非议和指责。很多英国科学家介入了这场争论，他们本能地站在了牛顿这边，然而辩论不是靠人头取胜的，所以他们倒也没把莱布尼茨怎么样，反而排斥德国乃至欧洲大陆的科学发展……这些都是很多年后的事情，而此时——公元 1665 年，牛顿还是一个思想极其活跃、在乡下避乱的闲杂人等，还有很多故事要讲述。

第十回　力学三大定律

从 1665 年 5 月到 1666 年 11 月，掐指一算约为 18 个月。虽然在这一年半左右的时间里，牛顿没有公开发表任何理论，但是从他的回忆和日记来看，他无疑让人类的认知向前迈了一大步，所以后人把 1666 年称为“牛顿年”或者物理学的“奇迹年”（也有人认为是 1665 年）。在众多理论中，流数术不过是沧海一粟。

那时候，光透过三棱镜会形成彩虹般的颜色已是众人皆知，但是并没有什么实际用途。三棱镜一直都被用在魔术表演上，所以很多人都认为这只是魔术师的一个把戏而已。牛顿认为三棱镜不单是把戏那么简单，因为三棱镜呈现出的颜色和他的一个新思考如出一辙：他曾尝试用一个带小孔的物体挤压自己的眼球，眼前出现了彩虹般的颜色。这个实验差点让他失明，看来天才不仅靠勤奋，还得拼命。

1665 年的夏天，牛顿经常把自己关在封闭的小屋子里，只留一个小孔，太阳光从小孔中直射进来。当阳光透过大的三棱镜时变得五颜六色，但是当其中一种颜色的光再通过另外一个小三棱镜时，没有出现更多的颜色。牛顿得出结论：白光是复合光，是由通过三棱镜的那些单色光组成的。

这个后来被称为“色散”的现象早已经写进了现在小学甚至幼儿园的教材里，然而在那个年代，单凭这个观点写一篇论文就足以获得博士学位了。牛顿实际上已经是当时世界上最前沿的数学家和物理学家了，只是还无人知道而已。

在把玩了三棱镜之后，牛顿又一次发挥了他强大的动手能力。经过反复的思考，牛顿发明了一种新的望远镜（见图 10–1）。这种望远镜居然不需要很多凹面镜，也不需要很多变形的透镜，完全靠的是光的反射，所以称之为反射望远镜。

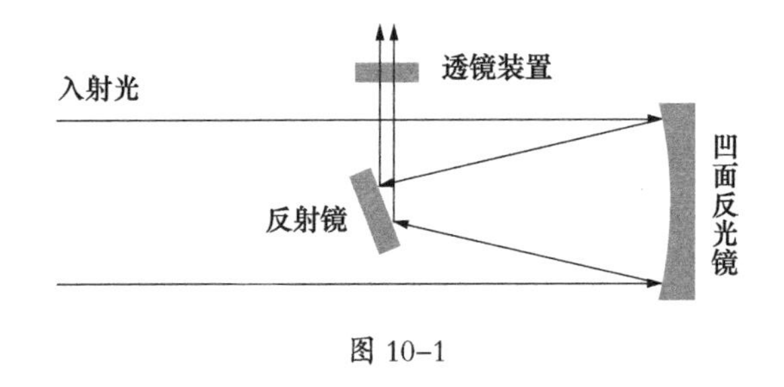

图 10–1

前面说过，伽利略和开普勒都独立发明了望远镜，但是都遇到了同样的问题——体积庞大，所以一般高清望远镜都安置在阁楼上，用于航海的望远镜都要在清晰度和大小上取个折衷，更别说随身携带了。而牛顿恰恰改变了这一点，他的望远镜很小，但很清晰，在效果相同的情况下，体积缩小到原来的 1/10，这成为了航海家们的不二之选。下一个更有用的航海仪器应该叫 GPS 吧。这就像计算机的发展史一样，当初“胖”得连几层楼都装不下，到后来可以抬到家里，如今只需要占据书桌的小小一角。即使这样，人们还嫌它太大了，于是把它设计成可以放在手掌上、装进口袋中了。正是：旧时王谢堂前燕，飞入寻常百姓家。

再回到力学上来，牛顿发明微积分的初衷是解决在动力学问题上遇到的数学障碍。对于动力学，伽利略和笛卡儿等人算是解决了一半以上的问题，但是只是定性分析，这些正是牛顿上大学时列在小纸条上的内容。在乡下避乱的日子里，牛顿每天都强迫自己思考这些问题，我想他肯定也没少重复伽利略的小球实验。1665 年，牛顿得出了著名的力学三大定律。

力学第一运动定律：一切物体在没有受到外力作用的时候，总保持匀速直线运动或静止状态。该定律也称为惯性定律。

且慢！这不是由伽利略提出来后笛卡儿完善的吗？他们二位尚未解决一个致命的问题："外力"是什么？谁也没法说清，人们尚未给"力"下一个定义。

关于基本物理量的定义，自古以来一直很令人头疼，比如最基本的物理量质量，它就像生活中一个烂熟的字，提起笔时却忘记第一笔从哪儿下手。伽利略曾在质量定义上含糊不清，牛顿也曾尝试给出了定义：物质的数量（质量）是物质的度量，等于密度与体积的乘积。但是这样定义也有问题，我们是用质量来定义密度还是用密度定义质量呢？如果都可以，那就是个死循环——先有鸡还是先有蛋？实际上，牛顿口中的密度与如今物理学中的密度不是一回事，也就不存在用质量定义质量的问题。且不管是先有鸡还是先有蛋，牛顿最终还是一锤定音地给了质量计量化的方式："质量按物体的重量来求得，因为它与重量成正比，我经过多次极准确的实验发现了这一点。"

好吧！如果我们不能用文学的语言精准定义，那么选择用物理学的公式来表达是一个很好的途径。笛卡儿曾经提出应该有个物理量，这个物理量是物体的质量与速率的乘积（mv）——现在物理学中“动量”的雏形。几十年后，惠更斯根据小球碰撞实验发现一个很重严重的问题：笛卡儿所提出的物理量会突然减小或者增大，甚至凭空消失，换成物理学语言叫“不守恒”。由于不守恒，动量后来受到了莱布尼茨的极力反对，他认为描述物体最好的量是质量乘以速率的平方（mv^2，现在所说的“动能”为 $\frac{1}{2}mv^2$），并称动量为“死力”，而称他的物理量为“活力”。这场争论也持续了百年之久，此是后话。

且不管争论，牛顿发展了所谓的“死力”，把速率改成了速度。速度是矢量，那么动量也就成了矢量。根据平行四边形准则（伽利略分解速度时用过），动量也就守恒了。

根据惯性定律，既然维持物理运动的是惯性，而力是改变物体运动状态的原因，假设一个质量为 m 的物体以速度 v 运动，在外力 F 作用下，速度 v 发生改变，这种改变和时间 t 有关，所以即时的改变便可描述为 $\mathrm{d}v/\mathrm{d}t$（即加速度 a）。在同等条件下（a 不变），力 F 的大小又与质量 m 成正比，故而 F 可描述为：$F=m\times \mathrm{d}v/\mathrm{d}t$。

力学第二运动定律：在外力作用下，动量为 p 的质点的动量随时间的变化率与外力成正比，方向相同，即 $F=\mathrm{d}p/\mathrm{d}t$，换成中学课本中的表示方式便是 $F=ma$。

力学第三运动定律：作用力和反作用力分别作用在两个物体上，它们的大小相等，方向相反，作用在同一直线上，且同时消失，同时存在，性质相同。

第三定律属于唯象论，即不知道内在原因，但是与大量的实验相符合。用反证法倒是可以简单地证明它，试想作用力与反作用力的大小不一致，该谁大谁小呢？同样，如果方向不在一条直线上、作用时间不相等、性质不相同，又该怎么去差异化二者呢？所以，它们只能相同。第三定律看上去似乎是句“正确的废话”，但蕴含着巨大的哲理。从古希腊以来，人们就在思考力和力之间有什么不同，最终亚里士多德一锤定音地认为力不能孤立于物体而存在，而且只能彼此接触才能相互作用，从而他认为重力和平时的推力、拉力不是一种力，重力是物质的固有属性，不可与其他力同日而语。

但是，如果我们思考如下现象，便会发现亚里士多德的谬误。假设我们向上抛一个小球，它会因为重力做自由落体运动，等它落到地面上时，它受地面的支持力作用而静止。小球对地面的压力和地面对小球的支持力是一对作用力与反作用力，而小球的压力正是来自于小球的重力。所以，在新的力学体系中，重力也是力，它并不比其他的力高人一头，尽管重力可以远距离作用。

实际上，伽利略研究动力学的出发点正是自由落体，也就是重力。可以说，他几乎肯定了重力与其他力具有同样的属性，只是不知天体间的引力该如何决断呢？伽利略并未给出很好的答案。

可以肯定的是，当圆惯性被否定之后，引力似乎是宇宙运行的唯一选择。引力和重力又有很多相似之处，二者都可以远距离作用，那么是否意味着引力和重力一样呢？请看下回分解！

第十一回 苹果的故事

在人类的发展史上，苹果宛如一位天外来客，每当故事变得枯

燥时，它就冷不丁光顾一次，让整个情节又生动有趣起来。在《圣经》里，它是亚当和夏娃偷吃的禁果（书中没有明言，多数人认为是苹果，也有人认为是葡萄等）；在童话里，它把白雪公主药得沉睡不醒；在现代，它又变身电子产品，成为家喻户晓的 iPhone 等。在物理学中，苹果不经意地光顾了牛顿的脑袋，从而发现了新的宇宙定律。

长久以来，人们都在思考一个问题：地球上的力和天上的力是否一样？牛顿发现了力学三定律之后，这个问题也被提上了思考的日程。话说有天他在苹果树下思考，突然间一个苹果掉了下来，不偏不倚地砸在牛顿的脑袋上。就是这个苹果引发了物理学史上最有名的故事，没有之一，但故事有很多版本。

版本一：这是我的启蒙老师讲述的。牛顿被苹果砸中了脑袋之后，知道这是重力之故，他就类推，假如苹果树长到了月球上，还会不会砸中自己的脑袋呢？显然只会落到月球上，于是，他发现了万有引力。小时候自然不会对故事的逻辑性产生怀疑，只是隐隐地担心，如果苹果树长到月球上，吴刚忍得住不砍吗？

版本二：牛顿确实在姐姐家的苹果树下思考，不过苹果并没有砸到他的脑袋上，而是落在地上。牛顿知道这是重力的缘故。他想，绕地球的运动会不会也是同样的力作用的结果？第二天早晨，他看到他的外甥女拿根绳子拴住小球，当绳子甩动时，小球开始绕着手做圆周运动，这和月亮绕地球极为相似。这样看来，地球对月亮的作用力和使苹果落下的力是一种力，所以当时他称引力为“重力”。

版本三：这也是故事最初的来源，出自牛顿的一位朋友之口，据说是牛顿的外甥女亲口告诉他的（或者牛顿亲自告诉他的）。苹果落地确实给了牛顿灵感，不过没有砸在他的头上，他也没有看到外甥女玩什么小球玩具。

其他版本：根本就没有什么苹果，也没有砸中牛顿的脑袋，这只不过是善意的人们想让万有引力的发现更生动，或者恶意的人们想把这个苹果安排成上帝的旨意，在人类将要解开谜团的时候，让上帝他老人家依然保持神秘。

人们都按照自己的目的编织精彩的故事。不管怎样，如果这个故事是真的，我宁愿相信第三个版本，因为在第一个版本里，把苹果树挪到月亮上没有意义，原本就要弄清天上的力与地上的力的区别，现在又把地上的力想象成天上的力，纯属折腾。第二个版本有个硬伤，牛顿怎么会不知道向心力呢？像开普勒、笛卡儿等人怎么会对向心力置若罔闻？况且牛顿利用他发明的微积分得出了向心力的表达式 $F=mv^2/r$（m 为质量，v 为线速度，r 为圆周半径）。

假设第三个版本是真实的，那么让我们还原一下现场，看看牛顿是怎么想的。

1. 苹果落地是因为地球对它的重力作用。此时人们早已经知道，离地球越近，重力越大，重力加速度也越大，这种说法在高山上得到了很好的验证。此外，1645 年法国天文学家布里阿德（1605—1694）提出一个著名的假说：太阳对某一物体的引力和它到太阳的距离的平方成反比（$F \propto 1/r^2$，这里 F 为引力，r 为距离），自此“平方反比”模型进入了物理学。无疑这种假说对牛顿产生了极大的影响。

2. 早在古希腊时代，人们就已经测量过地球半径，也测量过月地距离。月地距离大约是地球半径的 60 倍。如果重力对月球也有效果的话，那么应该符合向心力公式。牛顿通过多次观测、计算后发现，果不其然，地球对月球的重力加速度是地面上的 1/3600 左右。

所以，有理由相信地球的重力对月亮都有效。同样的道理，太阳的“重力”对地球也有效。延续几千年的问题在这一刻有了答案，牛顿用他的大脑告诉人类：天上的力和地上的力在本质上没有区别。从此，牛顿统一了“天上人间”，再次证明了如果真是上帝创造万物，那么他肯定不会厚此薄彼。我觉得牛顿之所以被公认为史上最伟大的物理学家是因为他迈向了寻找“万有理论”的第一步。

然而牛顿还有很多步要走，他还没有弄清楚引力、质量和距离三者之间符合怎样的数学关系，只能大致得出引力与距离的平方成反比，而且这种比例关系只符合圆形轨道，要知道开普勒已经计算出地球绕太阳转动的轨道是椭圆。

终于，祸乱岁凶的日子结束了。1667 年牛顿回到了母校，并在第二年获得了硕士学位。他的才华很快得到赏识，他的老师巴罗为了提携这位后生，决定提前辞去卢卡斯数学教授的职位，以便牛顿能尽快上岗。最终牛顿获得该荣誉职位，而后人都为获得此职位感到无比自豪，比如霍金。

1671 年，牛顿因曾经发明的反射式望远镜引起了英国皇家学会的注意。牛顿也在此时趁热打铁向皇家学会递交了第一篇论文《光与颜色的新理论》，其内容是他在乡下避乱时考虑的关于光的色散问题。且不说他主张的什么“微粒论”（认为光具有微粒性质），单说白光由其他单色光组成就足以让世人受不了了，因为当时的人们单纯地认为白光才是最纯洁的。时任英国皇家学会会长的罗伯特·胡克（1635—1703）便是这一看法的拥护者。

胡克是英国的一位非常伟大的科学家，要不然他就当不了皇家学会的会长。我们了解胡克基本上都是因为弹簧的弹性定律（即胡克定律），实际上他也是一位发明家和理论家。他曾发明、改进显微镜，同时对光也有很深的研究，坚持光的“波动说”（认为光是一种波）。但是，据说胡克的心胸不是很大，为了某项发明权和惠更斯争论了很久。所以于公于私，胡克都不会赞成牛顿关于光的观点。当胡克接到牛顿的论文时，他是这样回答的：“牛顿先生有关折射与颜色的文章我已经读过了，他研究中的优点与体现出的好奇心深深地打动了我，但是从他处理颜色问题的假设看，我还没有看到任何一条不可推翻的论证能向我证明这个理论是牢不可破的！”胡克然后用“毫无意义”给这篇论文做出了评价。

面对胡克的批评，牛顿怒不可遏地回答道：“难道我生下来就是为了讨好你的吗？你认为我反对你还不够资格？那么等你能说出‘我的水平已经不能评价你的文章’的时候再说吧。”

一个初出茅庐的小子居然对大人物这样说话，在同时期的中国（康熙十年），问成十个大不敬之罪是绰绰有余的了。可骂完胡克的牛顿居然还生气了，他表示在一切尘埃落定前不会发表任何论文，也不想成为回答别人提问的机器。和避乱的时候一样，他把自己锁在剑桥大学的一间小屋子里，把灵魂留在自己的精神世界里，宛如一个隐士。后来哈雷（1656—1742）的拜访才打破了他平静的生活，这已经是 12 年后的事情了。

在这 12 年间，外面发生了很多事。1673 年，惠更斯在研究他发明的摆钟时得出一个计算公式；不久以后，法国的一位学者拿着精准的时钟往返于巴黎和赤道时发现钟摆的周期不一样，从而论证了平方反比概念。此时，英国很多物理学家（比如胡克、哈雷等人）都隐隐约约地感到天体引力与距离的平方成反比的正确性，但是无法用数学方法将其应用到椭圆轨道上，为此胡克于1679年还写信给牛顿请求帮助。此时的牛顿早已把天体引力的问题放到了一边，胡克的几封信再次激发了他的兴趣。他通过计算得出引力、椭圆轨道和实际现象之间的协调性，并从基本的力学角度分析得出引力理论的正确性。

不过，此时高傲的牛顿并没有给胡克回信，否则就不会有1684年的故事了。

1684年，哈雷突然来访，问了牛顿一个问题。

他说："要是引力和距离的平方成反比的话，那么行星的轨道是什么样子？"

"椭圆。"牛顿回答道。

哈雷大吃一惊，问："你怎么知道的？"

"我算过啊。"

哈雷便向牛顿索要手稿。

牛顿说："太乱，找不到了，我再算给你看看吧。"

于是牛顿重新计算了一遍给哈雷看。哈雷喜出望外，若干年后，他用这种方法精确预算了一颗彗星——哈雷彗星的回归时间。

在此后的两年里，牛顿用微积分计算出引力和物体的质量、距离之间的关系公式：

$$F=Gm_1m_2/r^2$$

牛顿用它解释了很多复杂的问题，比如潮汐就是海水受到月球的引力导致的。从这个角度来看，该公式并不仅仅存在于天体之间，而是存在于万物之间，它应具有普适性，所以称为万有引力公式。

在哈雷的鼓励下，牛顿写了本改变人类历史进程的著作《自然哲学的数学原理》（以下简称《原理》），时间是1687年。写完后，英国皇家学会没经费将其出版，还是哈雷资助出版的。该书一经面世便引起了非常大的轰动，上流社会人物皆以结识牛顿为荣。应酬多了，这可能是牛顿后来在科学上没有太大进步的原因之一吧。

牛顿的数学是为哲学服务的，所以叫“自然哲学的数学原理”。谈到哲学就必须面对一个恒久的话题——时间和空间。牛顿认为时间就是时间，空间就是空间，不与任何事物产生关系。换言之，不管测量与否、有没有人类甚至有没有地球，时间、空间照样存在，而且一成不变地走下去。可是俗话说，当你有两块表时，你就不知道时间了。这又该怎么解释呢？牛顿认为那只能怪衡量时间的仪器（钟、表）不准确了。同样，空间也是如此。时间和空间之间也没有任何联系，它们都是绝对的，这称为“牛顿绝对时空观”。

牛顿的成功意味着亚里士多德体系最终被取代，但不代表上帝也被赶出了物理学。虽然牛顿将宇宙的第一动力归于万有引力，但是最终又回到上帝身上。有人说这是因为牛顿是一位虔诚的教徒，也有人说这是由牛顿的性格决定的。

第十二回　牛顿与上帝

对于宇宙的第一动力，亚里士多德认为是上帝，牛顿认为是万有引力，但是牛顿没有否定上帝。另外还有几个更主要的问题一直悬而未决，下面列举一二。

第一个问题：引力的作用距离。笛卡儿认为引力是接触性的并引入了以太，而牛顿虽然对以太不置可否（有时明确反对），但是他认为引力作用是超距的，所以引力和以太没有关系。究竟孰是孰非？根据笛卡儿的以太旋涡学说，地球长时间处于以太旋涡中会变成中间（赤道）瘦两头（南北极）尖，就像搓丸子一样；而根据牛顿的万有引力理论，地球中间部位所受的力要大，所以中间要肥，两头更圆，就像揉面团一样。

1735 年，法国国王路易十五命令巴黎科学院测量地球的形状，证实了牛顿的预言，向来高傲的法国人终于向英国人低下了高贵的头颅，引力的超距作用也成为了主流，但是超距作用是怎么回事呢？引力又是如何产生的呢？两个物体又是怎么知道对方存在的呢？比如，太阳怎么知道地球的位置而去吸引它呢？牛顿没有答案，但也没有将此推给上帝，他申明要留给后人思考。现在我们知道对于该问题的成功诠释要归功于 200 年后的爱因斯坦（1879—1955），这也是爱因斯坦能与牛顿相提并论的原因之一。

第二个问题：宇宙坍缩。1692 年，正当《原理》走红时，有位叫本特利的神父给牛顿写信道：当所有的星体相互吸引时，宇宙将会坍缩，最终会被吸到一起，但是宇宙却是平衡的（当时人们认为宇宙是永恒不变的）。这便是历史上著名的本特利悖论。本特利将这个问题延伸到上帝身上，他在信中询问牛顿这是否意味着上帝的存在？每当宇宙因为万有引力而收缩到不可逆时，上帝就轻轻地拨弄一下或者哈一口气，让宇宙恢复到原来的形状。这就像摆钟走慢了，要人为地转动一下法条才让它继续运转。

对上帝虔诚的牛顿回信道：首先他不否认上帝的存在，但是他认为上帝在创造完宇宙之后就不再参与宇宙的运作了，因为上帝已经制定好了规则，宇宙按照上帝的规则运行就可以了。以地球为例，虽然它受到太阳的引力作用，但是同时也受到其他星球的引力作用，从而导致受力平衡。只是这种平衡态非脆弱，稍微扰动一下，就会按几何指数坍缩下去，所以牛顿的平衡解释很牵强，也无法从根本上解释本特利悖论。

第三个问题：自转的初始化。这个曾困扰伽利略的问题在万有引力理论出现之后有了答案：假设地球上有个质点，当地球静止时，万有引力等于质点所受到的重力，当地球运动时，重力则不一定等于万有引力，因为万有引力还要分出一部分作为质点的向心力。只有当质点处于南北极点时，重力才会等于万有引力（见图 12-1）。既然有向心力，为什么人们却感受不到呢？那是因为这个力非常微弱，以至于我们处理问题时都将地球的引力等同于重力。但当这个质点是一股洋流时，向心力就不能完全忽略了，那便是传说中的“洪荒之力”。

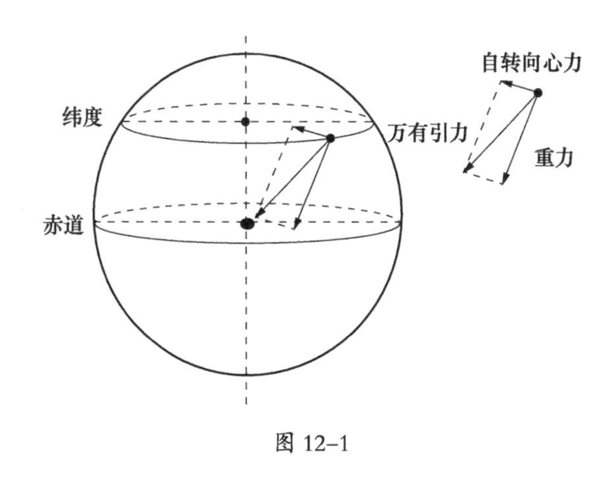

图 12-1

所以，如果我们能在太空中放上一个小球，并给它一个转动的初速度，它就会一直转下去，这和圆惯性无关。问题是谁给了地球自转的初速度呢？牛顿曾将其解释为：“上帝踹了一脚。”这可能是他在百思不得其解后的戏谑之言。认真也好，戏谑也罢，在诸多问题没有水落石出之前，牛顿认为“上帝存在”并不是矫情，而是一种必然。

再说点关于牛顿的故事，牛顿本人的传奇似乎比他的学说还有吸引力。

在一个讲究道德高于能力的社会里，牛顿往往被渲染成“先天下之忧而忧，后天下之乐而乐”的斗士，其终身未婚便是最好的明证。牛顿的心中是否有“天下为先”的思想，我们已经不得而知了。即便有，我想终身未婚也不能成为佐证，因为爱情婚姻不像学术——有能耐一个人就能搞定，结婚谈恋爱的最低配置是起码有个对象。当时，谁家姑娘敢嫁给一个一言不合就冷嘲热讽的自大偏执狂呢？对于牛顿的成就，也许瞬间可以想到100个褒义词来形容，对于他的古怪性格总能在瞬间想到101个贬义词。

当牛顿出版伟大的《原理》的时候，胡克就告诉他：“我才是万有引力的创始人。”（胡克应该在信中提到过引力适用于万物的观点）。牛顿却讽刺他是一个糟糕的数学家（估计胡克不会微积分吧，也不会计算出什么椭圆轨道）。此时哈雷也出来打圆场，让牛顿在《原理》一书的序言中顺带提一下胡克的名字即可。牛顿却把书中凡是和胡克及其理论有关联的地方全部删除了，并告诉胡克：“如果我看得远，那是因为我站在巨人肩膀上的缘故。”

这句看似自谦的话被无数次引用过，在中国也能很好地和传统文化中的温良恭俭让结合起来，但是明显背离了故事的逻辑。这里的巨人应该包括哥白尼、开普勒、伽利略和笛卡儿等，肯定是不包括胡克的。实际上，他是在嘲笑胡克的身材矮小（据说胡克身材十分矮小）。

在牛顿出生的时候，人们都以为他命不久矣，没想到他活到八十多岁。在这八十多年里，他干了很多科学之外的事情，下面列举一些。

1. 他曾主持过货币重铸工作，提出“金本位”思想，为后世经济学做出了卓越的贡献。

2. 晚年的牛顿一直致力于研究炼金术，可能因为他自己都不信，也可能因为他认为当时的人们还不足以理解他的预言，所以他把手稿藏到柜子里，两百年后才被发现，然而这些对于物理学的意义远远小于对历史传记的意义。

3. 1705 年，牛顿被安妮女王册封为爵士（骑士爵位），虽然是最低等级且不可世袭的，但是他是历史上第一位因科学而受封的科学家。

4. 就算牛顿的爵位能世袭，也无法传给下一代，因为他终身未婚。晚年的他被另外一种幻觉折磨着，他认为很多人都在嘲笑他是个处男，于是捕风捉影地攻击他人，莱布尼茨、胡克不过是其中之二，他以前的很多朋友纷纷因此和他绝交。在当上皇家学会的会长之后，牛顿首先对胡克开刀，将胡克所有的画像销毁殆尽，以至于现在都不知道胡克的相貌。对于莱布尼茨，他的一个助手写了有板有眼的檄文加以声讨，现在人们大多认为这篇文章是牛顿本人所写的，只不过请了个托儿发表而已。牛顿对于与他无冤无仇的晚辈的批评也不留余地，所以一位年轻的皇家学会会员哭丧着脸说，也只有哈雷才能和牛顿聊到一起（实际上，牛顿非常尊重哈雷）。

不过一切都已尘归尘、土归土，若干年后的今天，牛顿的坏脾气只是人们茶余饭后的谈资，而每个人都在享受着牛顿带来的实惠。1727 年 3 月 31 日（格兰历），牛顿溘然长逝，他被埋葬在威斯敏斯特教堂。他的墓碑上镌刻着“人们为此欣喜：人类历史上曾出现过如此辉煌的荣耀”。而他生前的另一句名言也值得回味：“我好像一个在海边玩耍的孩子，不时为拾到比通常更光滑的石子或更美丽的贝壳而欢欣鼓舞，而展现在我面前的是完全未探明的真理之海。”

牛顿敬畏的只有未知的宇宙！

第十三回　有趣的天文测量

牛顿的成功让人们看到了宇宙新的运作方式，人们遇到新的问题尤其是在天体和力学方面时，都会首先在牛顿体系中找到答案，比如日食、月食等。当宇宙变得不再神秘时，科学家所做的工作似乎只是“补遗”，比如计算一下地球、太阳等星体的距离、大小和重量。

要想知道一个东西的重量，用秤称是首选。东西小用小秤称，小秤精确；东西大用大秤称，大秤量足。当物体大如一头大象时，砍一棵大树做秤杆肯定是不明智的，用“曹冲称象”法最好不过了。而当这个“东西”是地球时，怎么办呢？好吧，找牛顿，因为人类实在找不到一个和月亮一样大的秤砣了。

再次引入万有引力公式：$F=Gm_1m_2/r^2$。

若已知地球上某个物体的质量，那么也能确定小球所受的地球引力，现在只需要知道地球的半径（因为小球的中心到地面的距离完全可以忽略不计）和万有引力公式前面的那个 G，就可以计算出地球的质量了。

G 不仅不大，而且简直小得可怜。所以，在地球上找不出一个物体因为万有引力而跟着另外一个物体运动的情况，否则宇宙早就不存在了。如此微小，稍有不慎，就会失之毫厘，谬以千里了。一晃牛顿都去世 70 多年了，人们还在为 G 值的测量而犯愁。

话说有个年逾六十的白发老人，他叫亨利·卡文迪许（1731—1810），出生于英国的一个贵族家庭。他生性内敛，有些木讷，不喜欢与人交流，一辈子没有结过婚。人们感觉他的嘴巴只有在吃饭、打哈欠等必要时才会张开。他的朋友曾评价说："没有一个活到 80 岁的人一生讲的话像卡文迪许那样少了。"他和社会上的其他公子哥有些不合群，一心只喜欢看书，却不怎么喜欢收拾书房。

有一天，有位朋友给他介绍一个老人帮他打理书房，卡文迪许欣然接受。日子就这么平淡地过去了。半年后，他的朋友实在忍不住对他说："那位收拾书房的老先生日子过得挺拮据的。"

卡文迪许茫然地看着他说："那我能为他做点什么呢？"

他的朋友说："如果能付点工资，那就最好了。"

卡文迪许恍然大悟，赶紧签了张支票递给他的朋友，说道："多少？两万英镑够不够？"

他的朋友惊呆了。要知道几乎和他们同时代的《傲慢与偏见》的主人公达西一年的收入也不过 5000 英镑，那可是一位拥有庞大庄园的大富豪。纵然小说总有虚构成分，而现实中的《傲慢与偏见》的作者简·奥斯汀小姐的版权收入也只有 100 多英镑。有趣的是，正是这位连两万英镑都多少有点搞不清的老头居然搞清了一个大小只有几百亿分之一的数字，而且用的实验方法简直让人拍案叫绝，在整个科学实验史上都算得上头一份。

当时卡文迪许的教授朋友们也在研究这个问题，他们设计了扭秤，但一直没有得出结果，因为扭秤转动的角度实在小得无法测量。卡文迪许借鉴了扭秤实验，但是工作还是一筹莫展。有一天他在街上闲逛，看见几个小孩用镜子反射阳光做游戏。这个游戏连猫都知道，因为猫经常是游戏中的主角，孩子们手中的镜子轻轻一动，猫就跟着镜子反射的光跳跃。其原理也很简单：放大而已。他突然间想到一个绝妙的办法，这就是著名的扭秤实验（见图 13–1）。

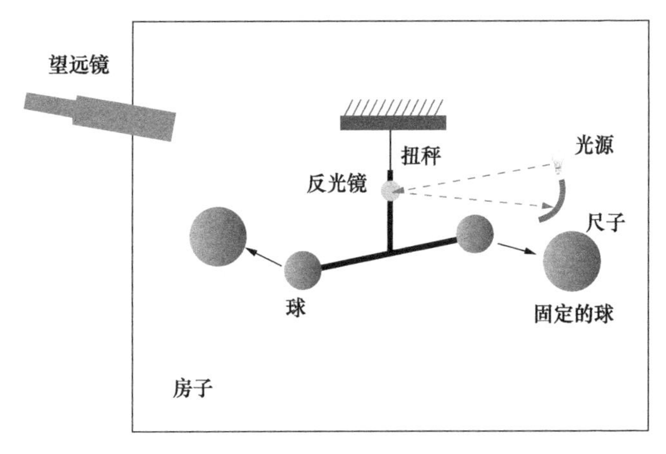

图 13–1

为了完全摒弃外界的干扰，他把实验安排在一个密封的房子里进行，通过望远镜观测标尺的刻度，再通过一系列的角度计算得出：$G=6.67\times10^{-11}$。这个精确的数值在未来 89 年都没有被人超越，与目前的公认值只差百分之一。

要计算地球的质量，还差一个地球的半径，然而这个问题早就不是问题了，因为早在公元前 200 多年人们就已经知道这个数字了。

埃拉托色尼（公元前 275—前 193）出生于今天的利比亚（那个时候处于希腊文化统治之下）。他被称为“地理学之父”，主要是因为他对地理学和测地学做了很多贡献，而且测量出了地球的半径。这是人类第一次测量出地球半径的大小。

当时他住在埃及的亚历山大港，听人说一个叫赛伊尼的城市中有一口很深的井，每年夏至那天的正午，太阳能够一直照射到井底。也就是说，在这一天的正午，太阳位于这口井的正上方，过了这一天，太阳就照不到井底了。这说明夏至那天太阳光线与地面垂直，也就是说可以延伸到地心。而在这一天，亚历山大港正午的太阳并不是垂直照射的。他将一根长柱垂直立于地面，测得夏至那天正午亚历山大港太阳的入射角为 7.2 度（见图 13–2）。于是他肯定：7.2 度正是亚历山大港和赛伊尼两地与地心连线的夹角。根据这个数值和两地间距离的估值，他求得地球的周长为 25 万斯台地亚（相当于 39816 千米）。这个数值已经很精确了。

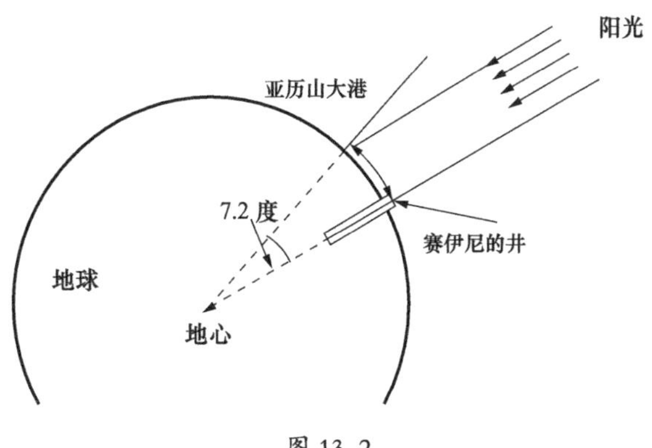

图 13–2

到了近代，人们曾更精确地测量地球半径，卡文迪许利用现成的地球半径值，轻而易举地算出地球的质量为：$M=5.9\times10^{24}$ 千克。

有了地球的质量，再要计算月亮、太阳的质量，就得测算地月、日地的距离。地月距离相对于日地距离近得多，比较容易测量。古希腊的阿利斯塔克曾尝试通过月全食进行测量（见图 13–3）。

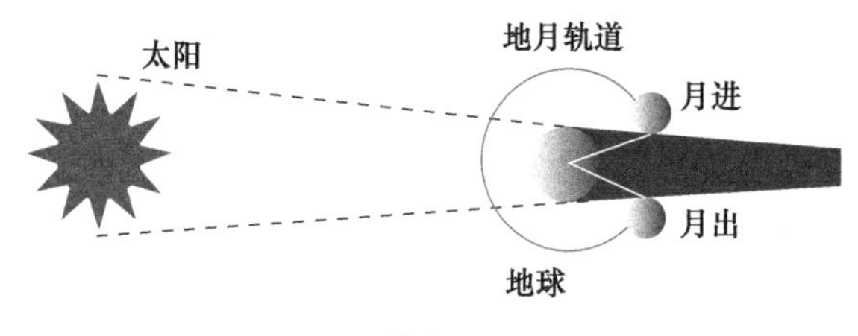

图 13–3

计算出月全食的时间和月亮进入影子的角度，便能测量地月距离，只是阿利斯塔克测量的数值误差很大。人类历史上第一个比较精确地测量地月距离的人是喜帕恰斯，他沿用了阿利斯塔克的方法，只是在两地同时观测，再通过一系列的角度计算得出地月距离是地球半径的 60 倍左右，这与现代测量的结果十分接近。

喜帕恰斯还尝试通过日全食测量日地距离，可惜他完全低估了二者之间的距离，最终只得出日地距离是地月距离的 12 倍（实际上约为 390 倍），与现代测量的结果相去甚远。

在利用电磁波之前，人们主要通过视差法测量天体距离（见图 13–4）。视差法的应用在生活中十分常见，比如睁一只眼闭一只眼看同一个物体，此时会感觉物体在移动。如果能测算出两只眼睛分别看物体的角度，便能测出物体到鼻梁之间的距离了。

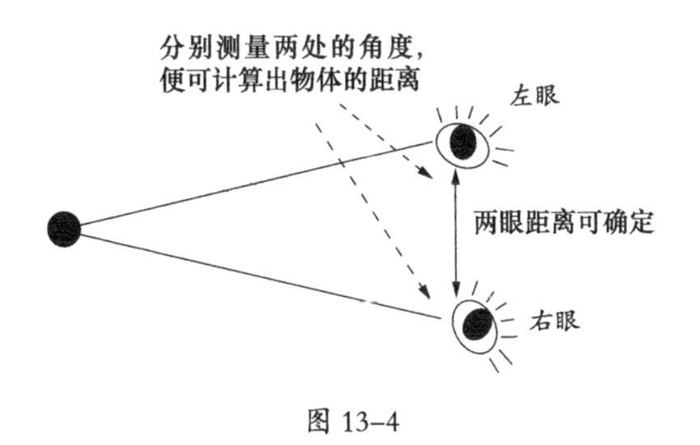

图 13-4

同样，当我们仰望天空时，在地球上的不同地方观测也会有视差，只是当天体离地球太远时，视差会很小，那样直接测量就不准确了。这也是喜帕恰斯等人测量数据不精准的原因所在。

既然不能直接测量，那就间接测量。根据开普勒第三定律，如果测出了地球到某个行星的距离，就能得出日地距离了，如图 13-5 所示。

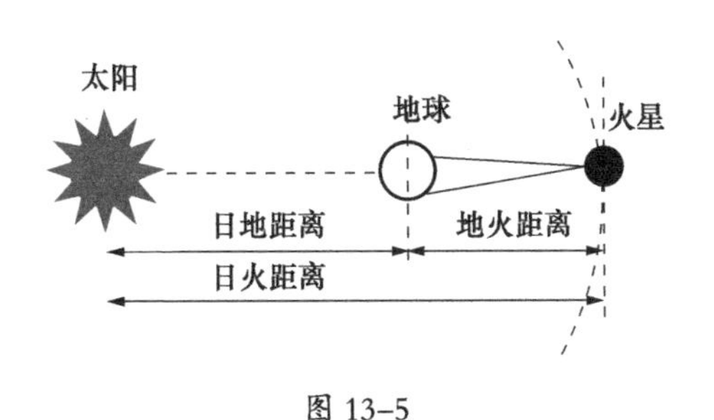

图 13-5

第一个比较精准地测量日地距离的人是意大利天文学家卡西尼（1625—1712）。他利用 1672 年的火星冲（虽然和月食差不多，但是地球的影子完全照不到火星上，所以不存在“火食”一说）在巴黎和南美洲两地分别观测火星，经过一系列的三角计算，得出火星视差，进而求出日地距离约为 1.39 亿千米。卡西尼的成功告诉人类：太阳远比我们甚至哥白尼想象的都大得多。

几乎与此同时，哈雷提出了一个更好的测量日地距离的方案——金星凌日法（见图 13-6）。金星凌日即金星带来的日食，只是金星离地球太远，它“吞”不下太阳，只能在太阳上留下一个小黑斑。但和伽利略发现的太阳黑子不一样，这个小斑点会较快地移动，而黑子只能随太阳自转移动。如果在两地观测小黑斑，会得出不同的运动路径，再计算两条路径的有关时间、角度等，就能计算出金地之间的距离，进而推算出日地距离。

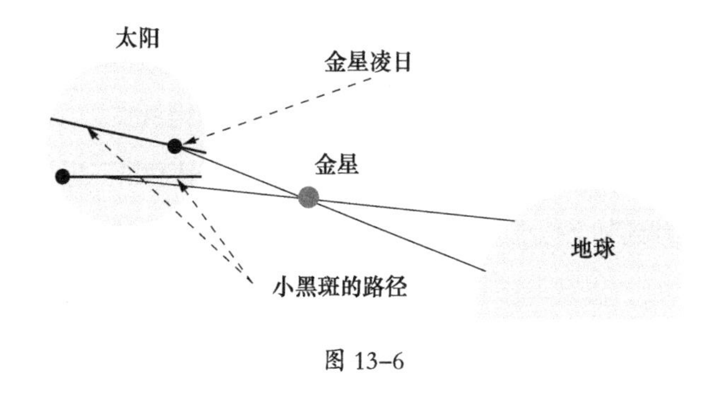

图 13-6

虽然该方法是由 21 岁的哈雷（1677 年）提出的，但是他算了一下，发现下次金星凌日发生时他已经 106 岁了。他断言自己活不了那么久，很遗憾看不到人类这一壮举。果如哈雷所料，在他 106 岁时（1761 年）发生了金星凌日，可是那年金星凌日时的两条黑线路径都接近太阳边缘，无法测量。直到 8 年后，人类终于再次成功地测得日地距离约为 1.49 亿千米，很接近现代的数值。

等等！不是说好了，地球等行星的轨道是椭圆吗？这些数值指的是什么呢？通常情况下说的日地距离、地月距离都是指平均值。天文学的数值动辄巨大，所以地球到太阳的距离差个千儿八百千米是没有任何影响的，反正也没人打算打车到太阳上去。

第二部分

电磁学

第十四回　静电学简史

牛顿之后，在人类已知的力中，磁力和静电力问题尚悬而未决。二者和万有引力倒还有几分相似——都可以远距离作用。那么是否意味着磁力、静电力和万有引力一样呢？静电力是否也具有如万有引力一般的计算公式呢？再往大处说，牛顿的力学体系能否继续支配整个宇宙呢？

故事还得从另外一个扭秤实验说起。

法国物理学家库仑（1736—1806）做过类似于卡文迪许扭秤实验的实验，虽然都是用扭秤来做实验，但是库仑的灵感来源于法国政府悬赏改良航海用的指南针。当时，指南针由于摩擦力的缘故会出现不准确的情况，库仑发现用头发丝把磁针悬挂起来会减小磁针与转盘的摩擦力，这样就会更加精确。他还算出转动角度和扭力成正比，确立了弹性扭转定律，再根据这些比例关系做了静电力的扭秤实验（见图 14–1）。

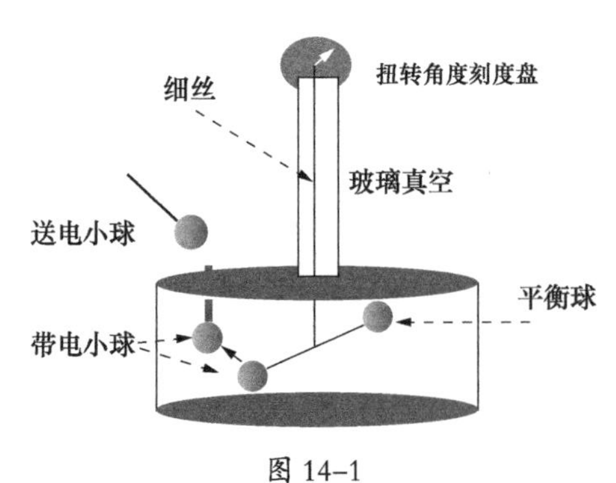

图 14–1

其结果是带电小球之间的吸引力可以用以下公式表示：

$$F=KQ_1Q_2/R^2$$

这哪里是撞衫嘛，简直就是撞脸！因为和万有引力计算公式的形式一样，人们也就不会怀疑静电力的超距作用了，牛顿的力学体系在此仍然有效。

库仑的实验比卡文迪许的实验要轻松一点，毕竟电荷之间的吸引力比万有引力大多了，所以不需要细微的刻度，不过同样设置精巧，库仑需要将实验装置放入真空玻璃罩中。现在看来，在均匀的空气中也能得到同样的答案，但是库仑这样做是有道理的，因为要论证静电力的超距作用就必须排除介质的干扰，空气也在其列。

库仑再开心不过了，能和史上科学巨星牛顿相提并论是多么幸运的事，此时他对电和磁提出一些观点就显得举足轻重了。当他被问到静电和磁场之间有什么瓜葛时，他继承了先人的理论，十分坚定地认为没有瓜葛。这个草率的回答让后人伤透了脑筋。

1785 年，库仑提出著名的库仑定律，静电学被划分成两个时代，即早期的定性时代以及库仑以后的定量时代。

早期有多早？我们还要回到那个什么都有思考源头的古希腊时代。

公元前 600 年左右，古希腊米利都学派的祖师爷泰勒斯（约公元前 624—前 547）曾研究过磁和静电现象。有一天他本打算继续研究磁，一不小心他的丝绸衣服碰到了琥珀，他发现摩擦过的丝绸衣服也能像磁铁一样吸引一些细小的颗粒状物体，于是把这个现象记录了下来。现在琥珀不常见，但是中学教科书中仍然坚持用“丝绸摩擦过的琥珀带负电”来举例是有历史原因的。

转眼已千年。公元1601年，英国女王伊丽莎白一世的老御医威廉·吉尔伯特（1544—1603）重复了泰勒斯的实验，他试图寻找还有哪些可以摩擦起电的物体，最终他将能带电的物体称为“摩擦起电物体”，把摩擦不起电的物体称为“非摩擦起电物体”。

吉尔伯特根据希腊文“ηλεκτορν”（琥珀）创造了英文中的“electric”（电）一词，从此“电”有了专属名词。汉字只能增加词汇，不能增加字，如果增加了，就叫错别字。我们的“電”来源于天上的风雨雷电。

后来，吉尔伯特将电与磁现象写到了《论磁》一书中，不久这本书被开普勒看到了……

过了几十年，大约是牛顿上中学的那几年，德国马德堡市市长冯·格里克（1602—1686）重复了泰勒斯和吉尔伯特的实验，试图发现更多的摩擦起电物体，却意外地发现了电的排斥现象：用带电物体接触金属，金属开始被吸引，过一会儿二者相互排斥。实际上，他已经发现了电传导现象（即电可以从一个物体传递到另一个物体上），只是当时无人注意到。

值得一提的是，该市长还做过一个著名的实验——马德堡半球实验（几匹马同时拉被抽成真空的两个半球），从而证明了大气压的存在。有人说该实验是为了驳斥亚里士多德所提出的“自然厌恶真空”的观点，我觉得未必如此，因为亚里士多德的“真空”是相对于以太而言的。

1720年，英国人斯蒂芬·格雷（1666—1736）正式提出了电传导概念。他将带电的玻璃瓶用木塞封好，没想到木塞也能吸引物体，由此他得出电可以传导的结论。这同时也带来一个新的问题：电能传多远呢？于是他做了好几年的实验，就导电能力来说，他将物体分为导体和绝缘体，其中金属的传导能力最强。既然电可以传导，那么电很可能是一种独立存在的、可以流动的物质，姑且称之为“电流体”或者“电素”，也就是后来人们常说的“电荷”。

1733 年，查尔斯·堵费重复了格雷的实验。他把导体绝缘起来，发现导体也可以摩擦起电。他认为吉尔伯特把物体分为“摩擦起电物体”和“非摩擦起电物体”是不对的，并认为任何物质绝缘起来之后都可摩擦带电。

他在做实验时发现用丝绸摩擦的玻璃棒会和同样的玻璃棒排斥，而同时又和毛皮摩擦过的琥珀相吸引，而在接触时相互抵消（电传导）。他把电流体分为“玻璃电”和“琥珀电”，二者同性相斥，异性相吸。这是后来电荷正负性概念的雏形。

大约在 1745 年，荷兰莱顿大学物理系教授马森布罗克（1692—1761）在做实验的时候不小心把一个带电钉子掉落在玻璃瓶里，他以为钉子上的电很快就会跑光，所以徒手去拿，没想到手被电了一下。他重复这样的实验，发现把带电的物体放到玻璃瓶中就不会跑电了。他利用这个原理制成了人类历史上第一个电容器——莱顿瓶。这个在后来被称为“电容”的东西走进了实验室，从此实验中要用静电时，就不用像喝鲜豆浆一样现喝现磨了。

1746 年左右，英国科学家柯林森把莱顿瓶邮寄给美国的朋友本杰明·富兰克林（1706—1790），后者便是那位曾领导美国独立运动并参与起草《独立宣言》和美国宪法的大人物。

在此之前，富兰克林做了很多实验，他很认同堵费关于“电流体分为两种”的说法，不过他用“正电”和“负电”取代了玻璃电和琥珀电。同时，富兰克林还解释了静电产生的原因：摩擦只是表面原因，其真正原因是电流体从一个物体“流”到另外一个物体上。他将电流体命名为电荷，怎么解释电荷？他用了一个很形象的比喻：电荷似水，水流动起来叫水流，电荷流动起来就叫电流了。

1752年，富兰克林做了一个著名的风筝实验，在雷雨天把风筝放上天，风筝上固定一根尖尖的金属线，然后电通过淋湿的风筝线导入莱顿瓶。当金属线被闪电击中时，莱顿瓶不断产生火花。当用莱顿瓶收集电荷之后，他对电荷进行了一番研究，确定电荷是被玻璃瓶储存起来的，也证明了天上的电和地上的电是一样的。这个实验很危险，当时德国的一位科学家在类似的实验中因电击身亡。

他在研究的时候还为后人留下了一把钥匙：1751年，他发现莱顿瓶会将钢针磁化（即电转化成磁）。正是这把小钥匙开启了电磁学的大门。

关于电流，还有个非常有趣的故事，发生在意大利动物学家兼医生伽伐尼（1737—1798）身上。因他的妻子抱恙在身，要吃青蛙调理，1780年的某一天，伽伐尼把已经杀死的青蛙放在台上，用刀叉碰到了蛙腿，蛙腿居然发生了抽搐和痉挛，就像诈尸一般，同时还有电火花出现。当时他的助手正在不远处的桌子上调试起电机，他想青蛙可能受到了起电机的干扰，可是当他关掉起电机后，再次实验时青蛙依旧如此。此时正是下雨天，他又想到是不是闪电通过空气放电？于是他用铜钩将青蛙挂到花园中的铁栅栏上，青蛙抽搐得更加剧烈，在晴朗的天气里青蛙偶尔也会“复活”。到底电是从哪儿来的呢？伽伐尼百思不得其解。

就这样过去了6年，有一天一艘英国轮船从南美洲带回来了欧洲人闻所未闻的电鳗。这种鱼会放电，电到人之后和莱顿瓶的效果差不多，后来有人用电鳗成功地给莱顿瓶充了电，所以人们更加相信电鳗会发生动物放电现象。消息传到了意大利，伽伐尼坐不住了，原来这世上还有一种电叫“动物电”，存储在动物体内，与生死无关。为了验证自己的想法，他用铜钩和铁钩钩住青蛙，青蛙则动；而把金属钩换成石头、树脂、玻璃时，青蛙都不能动。这很容易解释：金属具有传导能力，这似乎坐实了动物体就是个莱顿瓶、动物电被存储在动物体内的说法。

欲知动物电是何方神圣，请看下回分解！

第十五回　从青蛙腿到持续电流

在物理学中，当一个物理量由定性走向定量时，往往其单位就以给出定量规律或者为此做出巨大贡献的人的名字命名，比如力的单位是牛顿，电荷的单位是库仑。这些高中课本和考试中频繁出现的单位其实在生活中并不常见，但有些单位则有一种与生俱来的亲近感，比如伏特。

伏特简称伏，又叫伏打，是电压的单位，为了纪念改变电力学进程的物理学家亚历山德罗·伏特（1745—1827）而命名。

亚历山德罗·伏特出生于意大利。年少时的伏特简直拥有别人无可比拟的优势：出身高贵，一表人才，风流倜傥，和蔼可亲，学习上又是个中翘楚。若按现在的标准，他完全算得上是一个高富帅的

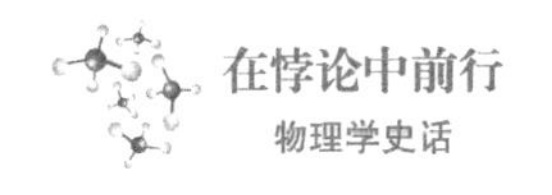

学霸。

由于家庭地位的缘故，16 岁的伏特就开始和当时国际知名的物理学家通信。当然打铁还得自身硬，当他迫切地告诉一些大师他的想法时，有一位启蒙思想家是这样告诉他的：多做实验，少提理论。这也印证了那个时代科学回到以实验为基础的轨道上，少了几分古希腊式的天马行空。实际上，伏特的发明对人类历史的发展起了很重要的作用，比如 1775 年伏特发明了起电盘（见图 15–1）。

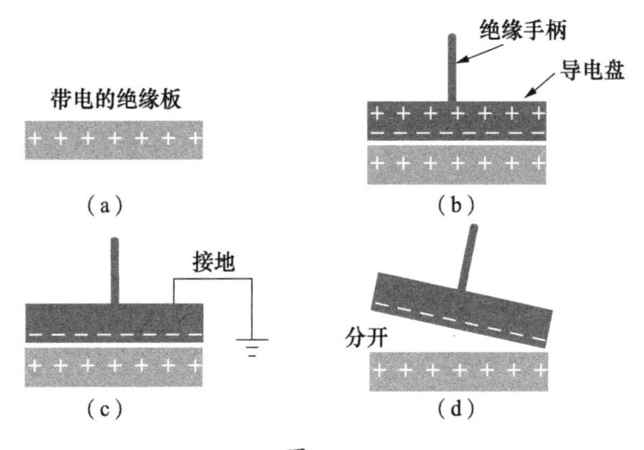

图 15–1

起电盘的使用方法如下。

1. 先摩擦绝缘板，使其带上电荷（正电、负电皆可）。

2. 将导电盘轻轻放在绝缘板上，由于静电感应，导电盘上面带正电，下面带负电。

3. 将导电盘的上面接地，导电盘上将只留下一种电荷。

4. 将导电盘与绝缘板分开，便得到了带电荷的电容器。

由于起电盘的发明，伏特名扬四海，苏黎世物理学会选举他为会员。此后，伏特爱上了旅游，结交社会名仕，归来后一直担任帕维亚大学教授，此时法国人库仑正在忙于研究电荷引力定律。

1791 年生日那天，伏特读到伽伐尼的文章，一开始他也相信伽伐尼关于动物电的论断，因为他做了一个简单的重复性实验：将两枚硬币（铜币和银币）放入舌头上下两侧，觉得有些麻麻涩涩的感觉，但当硬币是同一种金属时，奇怪的事情发生了，舌头的感觉比非同种金属要小得多。于是他也开始拿青蛙做实验，仍然得到了同样的结果：当手中的金属相同（如铜）时，蛙腿肌肉的抽搐不明显，如果换成不同的金属（如铜和铁），蛙腿抽搐得要厉害很多。如果青蛙只是一个莱顿瓶（电容）的话，怎么会有如此大的差别呢？

于是，伏特对动物电产生了怀疑。为了摒弃青蛙的干扰，他用蘸了盐水的湿布取而代之，也得到了同样的电流。于是他断言：电不是来源于动物体，而是来源于手中的金属；电流的本质是金属接触产生的，和动物没有任何关系。他强烈建议用“金属电”这个词语代替“动物电”，那时他还不知道金属电到底是怎么产生的。

伏特曾写信告诉伽伐尼自己的推断，可是伽伐尼则反驳说伏特的论断有些不靠谱，因为伏特无法解释同种金属也会让蛙腿肌肉抽搐这一现象。伏特将此初步解释为金属不纯所导致的，不过他本人也是将信将疑，于是他又回到实验当中。

此后的几年伏特做了无数次实验，得出一组后来称为伏特序列的列表：……铝、锌、锡……铁、铜、银、金……当前面的金属和后面的金属在一起时，就会产生电流；前面的金属与后面的金属相隔越远，电流就越大。于是他灵机一动：如果将这些金属首尾串联，就能使用上持续的电流了（见图 15–2）。这些东西堆在一起时被称为“电堆”，是现在干电池最初的样子。

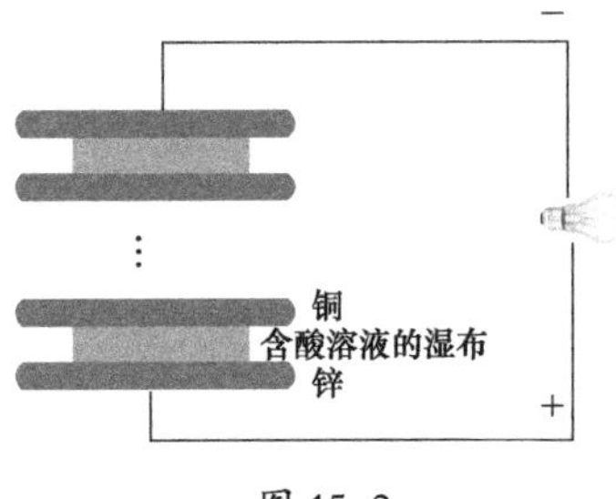

图 15–2

金属之间为什么会有持续的电流产生呢？在电子被发现以前还没有答案，不过伏特认为：电流如水流，水流总往低处（地势）流，那么电流的流动也是因为某种“势”的存在，故而将其命名为电势，电势之间的差称为电势差，也就是我们常说的电压。伏特将结论写成论文发表出来，时间是公元 1800 年，此时法国人拿破仑正带着军队横扫整个欧洲。

在那个年代，对于静电学的研究一直被认为是“聋子的耳朵”——没多大用途，因为电流转瞬即逝，而磨了又蹭的发电过程又过于麻烦，人们对这种“现割麦子下面条”的方式总是感到急不可耐。伏特发明的电堆恰恰改变了这点，所以它无愧于“人类历史上最神奇的发明之一”的称号。

伏特把这个神奇的发明命名为“伽伐尼电堆”，再一次深藏功与名。这似乎和他的政治立场一样，那时候欧洲处在大动荡时期，几番势力轮流上台坐庄，但若问及伏特对当政者的态度，他总是用“伟大、光荣、正确”一带而过。可以说伏特从未想过出名，更没有想靠政治出名，所以晚年的他宁愿在乡间别墅中隐居而不愿出仕。1827 年，伏特在别墅中逝世，享年 82 岁。

苏子曰：搔首赋归欤，自觉功名懒更疏。

第十六回　寻找电与磁的联系

人类发现并研究磁比研究电要早上 1000 多年，但是除了指南针等在航海方面的应用，人们对磁的研究在科学上并没有突破性的进展。库仑发现了库仑定律后，人们更加坚信电是电，磁是磁，它们之间没有任何关系。然而库仑的论断只是猜测而已，没有证据就很难让人信服，第一个不服的便是汉斯·奥斯特（1777—1851）。

奥斯特生于童话王国丹麦的一个药剂师家庭。17 岁的奥斯特考入名校哥本哈根大学。哥本哈根大学人才辈出，在物理学史上也有浓墨重彩的一笔，此是后话。

在获得哥本哈根大学的博士学位后，奥斯特花了 3 年时间在法、德等国家访问，结识了很多科学家。他了解到当时很多物理学家都试图将电和磁联系起来，但是均以失败告终。当所有的实验结果都没有办法推翻库仑的论断时，奥斯特没有放弃。他并不是偏执狂，他这样想也有一定的实验根据。

1. 电能发光，比如摩擦起电、闪电等，所以光和电能联系起来。

2. 富兰克林已经证明静电可以磁化钢针，所以电也能和磁联系起来。

为此奥斯特做过无数次实验，但依旧毫无结果。1806 年，奥斯特回到母校成了一名物理学教授，专门讲授电磁方面的知识。凡事都讲究个缘分，你若相信，千里也在咫尺，你若不信，纵使相逢不相识。

1820年，奥斯特的缘分来了。4月的某一天，他如平常一样给学生们讲关于“电学、伽伐尼电流和磁学”的课程。当他把小磁针垂直靠近导线时，小磁针和往常一样没有偏转。他想了想说：“让我们把小磁针平行放置，看看有什么结果？”结果依然是没有偏转，可是在关掉电源的一瞬间，意外出现了：小磁针发生了轻微的摆动，但很快又恢复到原来的样子。奥斯特异常兴奋，他找到了电磁联系的直接证据。

由于事出偶然，后来这个故事被改编成奥斯特无意间发现了电流的磁效应，但实际上当场有很多人都看见了，只是从未有人如此地相信过所谓的缘分。

对于电与磁的联系，奥斯特并没有及时发表，在余下的3个月内，他做了很多实验，如图16–1所示。

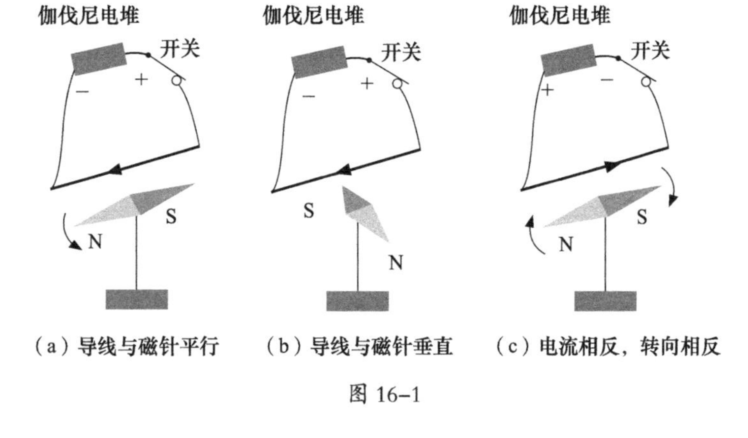

（a）导线与磁针平行　（b）导线与磁针垂直　（c）电流相反，转向相反

图16–1

实验结果如下。

1. 导线与磁针平行时，磁针发生偏转，见图16–1（a）。

2. 导线与磁针垂直时，磁针不发生偏转，见图16–1（b）。

3. 导线与磁针平行，电流相反（或者将磁针挪到导线上方）时，磁针偏转方向相反，见图 16-1（c）。

奥斯特将这类现象解释为“电冲突”。他曾尝试用木板、玻璃等阻隔电冲突，发现此类介质不能完全阻止电冲突，只能改变电冲突的强弱；同时能改变电冲突强弱的还有磁针与导线的距离和电流的大小；当把磁针换成铜线等其他材料时，电冲突就没有了，也就是说电冲突只对磁针有效果。

磁铁仿佛有一种被冒犯的感觉，说来说去，实验中的导线就相当于一个磁铁，而所谓的电冲突也就相当于两个磁铁之间的相互作用。其实，奥斯特无意冒犯磁铁，他指出当电流通过环形导线或者螺旋线圈时，确实就是一个磁铁，而且他还指出了线圈的南北极，只是没有给出一定的规则。

对于电冲突，奥斯特提出了一个非常严重的问题：它的作用力不符合牛顿力学的基本原理。在牛顿力学里，无论是自然力还是万有引力都可以视为作用于物体重心的连线上，是一种“直线力”，而奥斯特发现的是一种“旋转力”（见图 16-2）。旋转力和万有引力一样，都可以远距离作用，假设牛顿的超距理论是正确的，那么旋转力是否也“Duang”地作用其上呢？奥斯特没有给出答案，无疑统治宇宙的牛顿力学受到了小小的质疑。

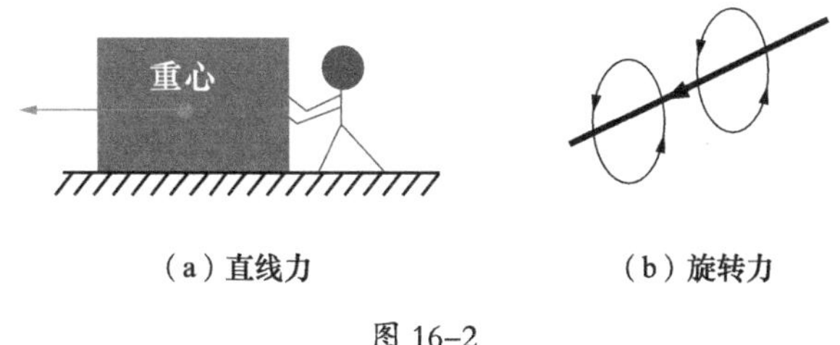

（a）直线力　　（b）旋转力

图 16-2

1820年7月，奥斯特将实验结论撰写成仅仅4页的论文《论磁针的电流撞击实验》，整个欧洲瞬间炸开了锅，人们纷纷讨论电与磁之间的联系，电磁学也从此起航。

奥斯特是一名富有激情的老师，他的课很受学生们欢迎。说起丹麦，我们首先想起的是童话作家安徒生。安徒生和奥斯特生活在同一个时代，而且两人关系相当好。奥斯特发现电流的磁效应之后，声名远播。1821年，16岁的安徒生慕名前来拜望这位热情洋溢的大师，那时奥斯特已经44岁了。安徒生经常是奥斯特家中的座上宾，几乎每周都去拜访。1829年，安徒生考上哥本哈根大学，恰巧奥斯特当时正是主考，奥斯特也很喜欢文学，对安徒生赏识不已，两人经常诗文唱和。安徒生的童话之所以伟大，是因为他不止于讲故事，更多的是一种对社会和人性的思考。他的作品中出现过好几个以奥斯特为原型的人物，其中的《两兄弟》就是为奥斯特兄弟俩量身打造的（小奥斯特是一位法学家）。奥斯特与安徒生的关系可见一斑，也足见奥斯特的人格魅力。

第十七回　电动力学

电流的磁效应被发现以后，引起了物理学界极大的反应，很多科学家都对电和磁产生了浓厚的兴趣，其中就有电流单位以其名字命名的安培（1775—1836）。值得一提的是，在奥斯特发现电流的磁效应以前，安培一直信奉库仑的结论，即电与磁之间没有任何联系。

玛丽·安培出生于法国里昂，从小才华出众，家庭很富有，受到过良好的教育，十几岁便对微积分有很深的理解。到了青年时期，法国正经历着一场大革命风暴，他敬爱的父亲也在这场风暴中由于政治原因被送上断头台，而且还被查抄了家产，从此家道中落。过了几年，安培和心爱的女人结婚，可惜婚姻没持续几年，安培夫人就撒手而去，安培为此伤心不已。

到了 19 世纪，安培的天赋受到拿破仑政府的赏识，1804 年他被聘用到巴黎的某所高校教书并成为大学教授。也差不多在此时，安培认识了社交圈的一位交际花，他坠入情网并向她求婚。只是交际花小姐提出要 7000 法郎的彩礼和一场声势浩大的婚礼。即使不吃不喝，安培也需要五六年才能攒够这笔钱，然而这场婚姻仅仅持续到第二个年头。1806 年，安培的第二任夫人执意恢复自由身，安培为此伤心不已。尽管不久后他被聘为法国帝国大学（相当于教育部）的官员，也曾在数学和化学上取得了惊人的成就，但是依然不能抚平内心的伤痛。面对人去楼空，安培常常饮酒放纵。白天他是衣着光鲜的教授，晚上则成了酒吧的常客。可惜借酒浇愁愁更愁，面对如此失败的人生，安培曾一度尝试自杀，结果还是失败了。不过，人们应该为这次“伟大的失败”感到大大的庆幸。

正所谓浪子回头金不换。1817 年，还处在人生低潮期的安培在家中整理父亲的遗物，看到 15 世纪的一位修道士写的一本书《效法基督》，书中的金玉良言让安培如醍醐灌顶。此后安培如梦初醒，又重新振作起来了。

1820 年，奥斯特的论文让安培受到了极大的震动，他敏锐地觉察到奥斯特的实验意犹未尽，而未知的旋转力正是解释磁现象的关键。为此他做了一个新的实验：将两条导线平行放置，其中一条固定，另外一条悬挂起来，可以自由旋转，通过改变电流的大小和方向、线段的长度，测量导线位置的变化，如图 17–1 所示。

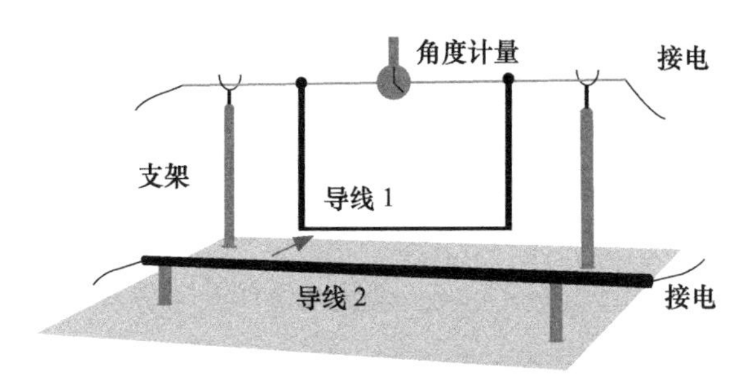

图 17–1

1. 导线 1 可以自由扭转摆动，摆动角度可以用上方的计量表计算。

2. 导线 1 和导线 2 平行。当两条导线都连接电源时，它们相互作用，导线 1 会摆动。

实验结果如下。

1. 电流方向一致时，两条导线相互排斥；电流方向相反时，两条导线相互吸引。

2. 单位长度的导线间的作用力与它们之间的距离的平方成反比，与电流大小的乘积成正比。

此定律称为安培定律。对于上述第二点又是那么似曾相识，牛顿的脸再一次被撞得不轻，如此人们对电磁力的超距作用方式也就无从怀疑了。

好啦，我们仍然活在牛顿力学所统治的宇宙里！

在此后的两年内，安培为电动力学做出了很多贡献，比如提出安培规则（右手螺旋定则），即电流方向与磁场的南北极符合一定的规则。这也是中学物理出题率最高的考点之一。为了简化，他提出用正负号来表示电流方向。此外，他还研究了线圈中的磁场，提出了安培加成定律等。这一系列令人眼花缭乱的成果将安培推到了“电力学之父”的宝座上，而麦克斯韦更是用“电力学中的牛顿”来赞美这位伟大的人物。

既然电产生的磁被证明与磁铁无异，那么电和磁的本质是什么呢？安培认为磁现象的本质是电流。那时人们对微观世界有一定的研究。1821 年，安培就此提出著名的分子电流假说。他认为组成物体的分子都有一种环形的电流，称为元电流。元电流产生磁，一般物体的元电流杂乱无章，所以产生的磁场相互抵消，在宏观上不显示磁性。当外面有强磁作用时，物体的分子电流的方向一致，磁场的方向也一致，从宏观上看物体被磁化了，如图 17–2 所示。

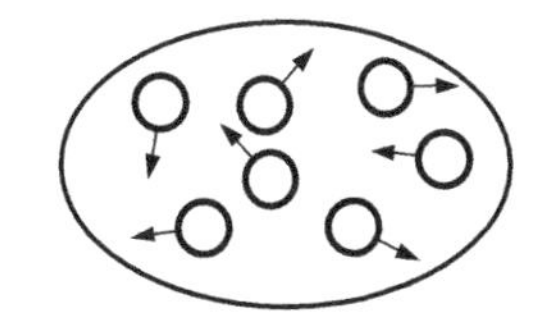

（a）没极化，分子电流杂乱无章

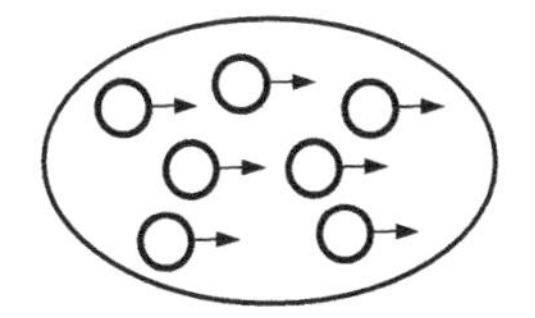

（b）极化后，分子电流取向一致

图 17–2

安培还尝试从万有引力和超距作用的角度解释元电流，但是无果而终，其原因我想是人们无法从实验中得到单独的“元电流分子”，再把它放在实验室中进行测试。从这个侧面可以看出分子电流

假说并不具有很强的说服力，不死心的安培需要用实验来提供证据。1821 年，安培设计了这样的一个实验（见图 17–3）。

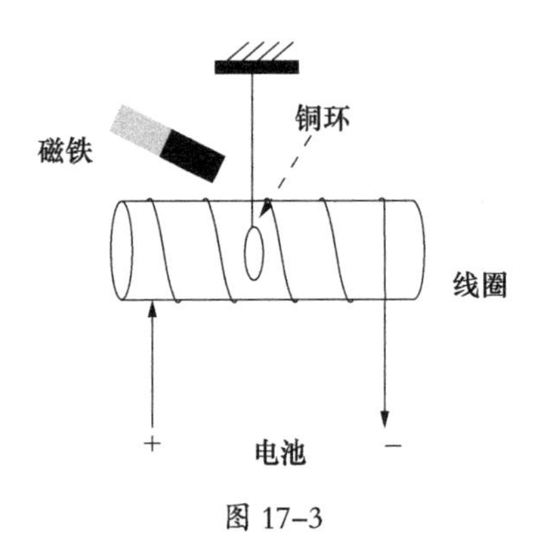

图 17–3

将线圈固定，吊起一个轻质铜环，当线圈中有电流经过时，会产生强磁场。安培认为，如果强磁场能将铜环磁化（分子电流取同样方向），那么靠近一个小磁铁时，铜环会晃动。可是事与愿违，当安培将条形磁铁靠近时，铜环没有变化，所以他认为原因可能在于铜不像铁那么容易被磁化。

1822 年，安培和他的助手重新做了这个实验，将小磁条换成磁性很强的马蹄形磁铁。他认为铜环应该和上次一样不会发生变化，然而他又猜错了，在线圈的电源接通、关闭的瞬间，铜环轻微扭动，很快又恢复原样。此时的安培对分子电流假说深信不疑，正是因为这种“自信”，他没有深刻考虑实验的细节。显然他的情绪影响了整个实验，所以他的助手得出结论：有些物质不能像铁那样容易被永久磁化，而只能短暂地被磁化。安培比他的助手要稍微靠前了一步：这个实验证明磁感应能产生电流，但是这与电动力学没有任何关系。毕竟他认为分子电流更符合动力学体系，于是这个实验也就这样轻描淡写地过去了。

感应电流，也就是磁生电，其实奥斯特在发现电转化成磁的时候动动大脚趾都能想到一个问题：磁能否产生电？当时也有很多人在寻找磁产生电的可能性，无心插柳的安培无疑是最接近答案的人之一，不过最终他们都将这份大礼拱手相让出去了。

1831 年，英国人法拉第接受了这份大礼。当法拉第声称发现了感应电流时，安培才意识到以前的思考是错误的。5 年后他与世长辞，可以说安培的一生充满了传奇，在事业上蒸蒸日上，感情上失魂落魄，一度沉沦，又一度自我觉醒，为电动力学的发展做出了巨大的贡献。在这传奇的背后，他都一直在做一件事——思考。关于安培思考有很多历史小段子，据说他有一天在思考微积分，需要计算，正好前面有个黑板。当他写到一半时，黑板却动了起来，他不自觉地追着黑板跑，一边跑还一边写，直到完全追不上……不明真相的群众早已笑得前仰后合了，原来那块黑板是马车的后车厢。

可惜他的思考方式带着几分固执与任性。1820 年前的安培固执地认为库仑说的“电和磁没有关系”是对的，幸好奥斯特及时改变了他的想法，从而开创了电动力学的新篇章。1822 年他又任性地寻找分子电流，正因为有这个先入为主的“偏见”，他的实验成了证明偏见的工具，从而对很多现象视而不见，或者无心相见。如果说安培是物理学殿堂里的一位舞蹈大师，那么这位大师却在做最后一个动作时闪了他那华丽丽的腰。

1836 年，这位物理学的舞蹈大师正打算徒步去讲课，却倒在了路上，死时他手里仍然攥着《效法基督》。

第十八回　电磁感应

话说自从牛顿与莱布尼茨争微积分的发明权之后，在科学上，英国和欧洲大陆出现了很大的裂痕。英国人似乎有些闭门造车，从而导致在这100多年里英国人在科学上鲜有成就。迈克尔·法拉第（1791—1867）的出现改变了这种状况，荣誉的小红花又将插满日不落帝国的科学家们的光荣榜。

法拉第出生于英国的一个贫困家庭。严格来说，他只有小学二年级的学历。“自古将相出寒门”不过是当权者安慰读书人的一句话而已，自古出自寒门的将相实在是少之又少，中国古代可能也就宋朝多一些吧。幸好法拉第生长的环境是宽松的。

为了减轻家庭负担，年仅13岁的法拉第辍学当报童。1803年，法拉第找到了一份工作，到某书商家当学徒。这里的书籍堆积如山，法拉第就像一个小书虫，对于知识，他总有嚼不完的劲头。

20岁时，他去听当时赫赫有名的大化学家汉弗莱·戴维（1778—1829）的讲座，回来后给戴维写信说，想当他的助手。戴维慧眼识珠，从此法拉第踏上了科学研究的道路。尽管后来出于嫉妒，戴维一直打压着法拉第，但当记者问及弥留之际的戴维他一生中最满意的发现时，他不无骄傲地说：“法拉第。”究竟法拉第有怎样的惊人之举让爱之弥深、恨之弥切的戴维如此推崇呢？

在奥斯特发现的电流磁效应中，变化的电流产生磁场，会让小磁针旋转。反之，如果固定小磁针，导线也会旋转。法拉第根据这种“电磁旋转”效应，发明了世界上第一台直流电动机（见图 18–1）。

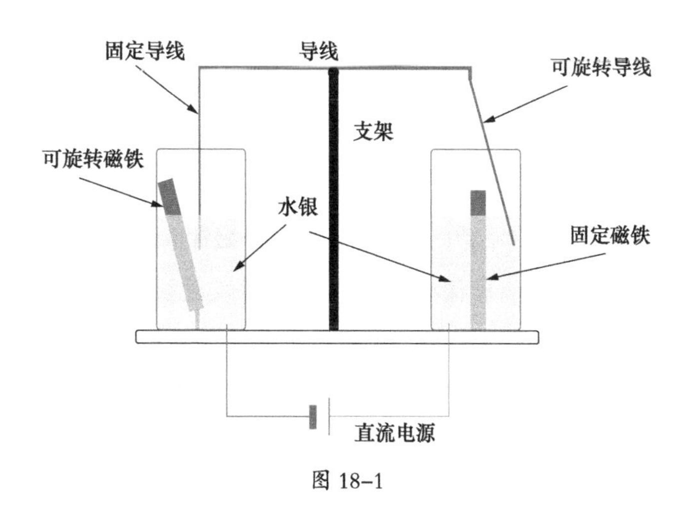

图 18–1

当电源接通后，电源与水银、导线形成回路，产生电流。由于电磁作用，左边的磁铁会转动，右边的导线也会转动。电池的电能转换成磁铁的动能，这便可视为电动机。现在的电动机依然采用电磁旋转原理，但是把磁铁换成电磁铁，简单的导线换成复杂的线圈，直流电也变成交流电。

当时很多科学家在寻找磁的电效应（磁生电）。实际上，这个现象在很多人的实验中都出现过，但是最终都擦肩而过，比如前文说的法国人安培。还有另外一位法国科学家阿拉果（1786—1853），他于 1824 年就曾做过一个铜盘实验（见图 18–2）。

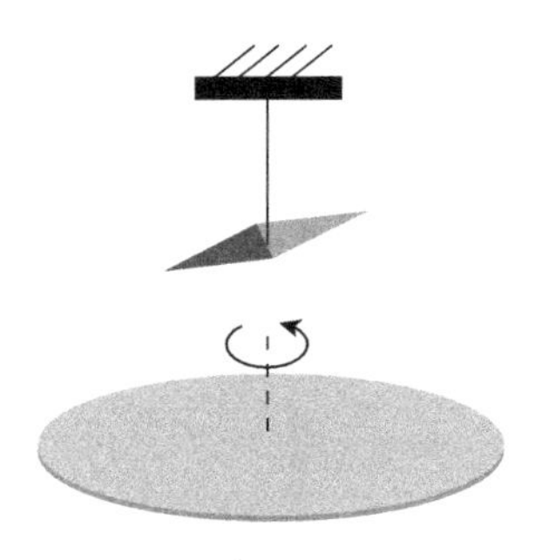

图 18–2

铜盘不动，磁针不动；当铜盘转动时，小磁针也渐渐地跟着转动，但是略微有些滞后，就像拉弹簧一样。这个实验很简单，只是阿拉果无法解释这一现象。

1825 年，当法拉第得知安培的实验后，他敏锐地意识到磁生电的答案就在这里面，不过他重复安培的实验后一无所获，甚至连安培的助手说的小小转动都没有。这又是为什么呢？原来安培的助手错将实验中的铜环写成了铜盘。可是为什么阿拉果的铜盘又能带动小磁针偏转呢？法拉第做了无数类似的实验，都失败了。

1831 年 8 月，法拉第设计了一个新的实验（见图 18–3），原理很简单，实际上也不复杂。在一个铁环两边分别绕上一个线圈，一边接电源，另外一边接一个检测电流的小磁针。当开关合上或者断开时，磁针发生偏转，振荡后又回到原来的位置。

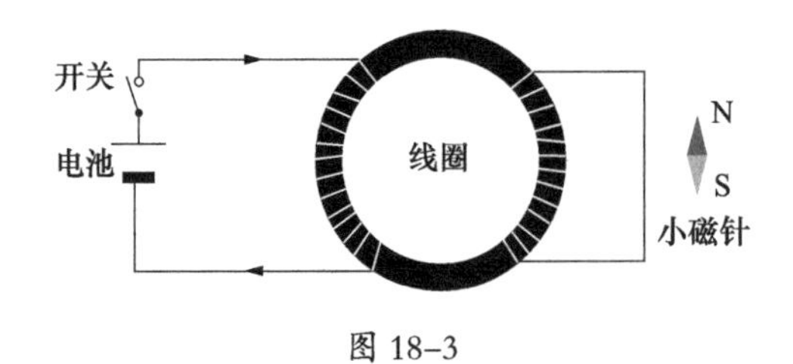

图 18–3

法拉第兴奋异常，他认为这必是人们苦苦寻找的感应电流。感应电流极其短暂，以至于很多人没有观测到。与发现电生磁不同，奥斯特是为数不多的坚持认为电与磁有关联的人，而奥斯特之后，很多科学家一拥而上寻找磁生电。实际上早在1825年瑞士科学家科拉顿就做过类似的实验，只是他为了完全摒弃电源那部分线圈对小磁针的影响，将小磁针和线圈放置到另外一间屋子里。当他从另外一间屋子跑过来时，小磁针早已恢复如初了。科拉顿遗憾地与物理学中的这一重大发现失之交臂。

可以说法拉第的发现带有一定的幸运成分，但是他后面的理论绝对是天才之作。首先他通过大量实验得出产生感应电流的情况可分成5类：变化的电流、变化的磁场、运动中的恒定电流、运动的磁和在磁场中运动的导体。他将这些电磁现象正式命名为“电磁感应”。那又该如何解释电磁感应呢？法拉第又提出了两个新概念“电紧张态”和“磁力线”。

电紧张态类似于惯性，我们以闭合回路线圈为例。正是因为线圈具有某种“惯性”，所以它总想保持原来的样子。当线圈中的磁变化时，线圈便会处于电紧张态，也就产生了感应电流。感应电流又会在线圈中产生磁场，新产生的磁场会阻碍外部磁场的变化，永远都想让线圈处于平衡状态。

磁力线这个概念是法拉第受日常生活中的一个小现象启发而给出的：将一些铁屑放到白纸板上，纸板下面放一块磁铁，于是铁屑规则地分布开来，如图18-4（a）所示，其等效磁力线如图18-4（b）所示。

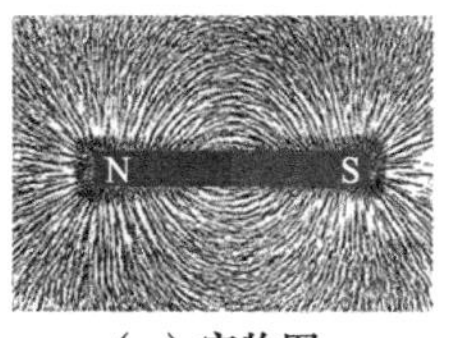

（a）实物图

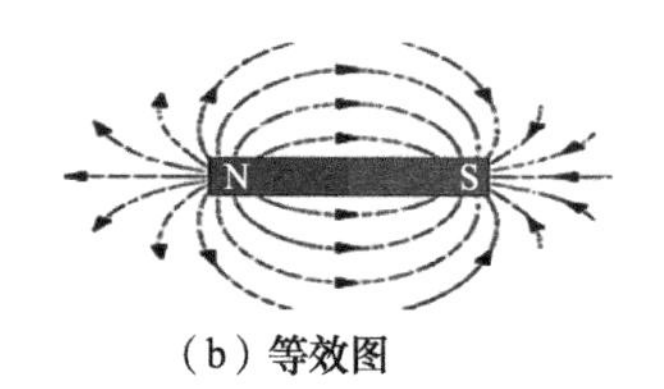

（b）等效图

图 18-4

电紧张态概念似乎比较模糊，至少不如磁力线清晰，后来法拉第申明应该放弃电紧张态这一说法。

第二年，法拉第通过实验证实了感应电流和导体的导电能力成正比。如果我们把“导电能力”表述为“电阻”的话，上面那句话就是我们再熟悉不过的欧姆定律了，所以感应电流和伏特电堆里产生的电流具有同一种性质。既然电流相同，那么产生感应电流的电动势也是存在的，法拉第提出了“感应电动势”的概念，并得出重要结论：感应电流是由感应电动势产生的。二者的关系与电动势和电流的关系一样，感应电动势是因，感应电流是果。比如变化的磁场中不一定有感应电流（还需要闭合回路），但是感应电动势都会存在，这就像水从山上流下来，不管有水没水，山势依然存在。

在法拉第的大量实验和研究成果的基础之上，爱沙尼亚人楞次（1804—1865）总结出了楞次定律，该定律可以简单表述为“来拒去留”。比如在一个回路中磁场增强时，回路感应电流产生的感应磁场的方向和外部磁场的方向相反，就像拒绝外部磁场进入回路一样；当外部磁场减弱时，感应磁场的方向与外部磁场的方向相同，就像要把外部磁场留在那里一样，这种变化和惯性如出一辙。

为了量化，德国人威廉·韦伯（1804—1891）提出了“磁通量”的概念。磁通量可以简单理解为通过单位面积的磁力线的强度，这里的强度是指磁力线的条数和密度。

利用以上规律和概念，我们可以总结出感应电流产生的条件：穿过闭合回路的磁通量发生变化。如此便可解释安培的实验了：由于铜环中的磁通量发生了变化，所以会产生感应电流。当法拉第将其改为铜盘时，其实也有感应电流产生，只是铜盘的转动惯量（描述物体绕轴转动的惯性的量）太大，铜盘不容易转动。阿拉果实验中的铜盘在磁场中运动，铜盘切割磁力线，产生的感应电流又感应出磁场，磁与磁针相互作用，所以小磁针会滞后性地跟着扭动起来。

在百忙之余，法拉第又做了一个载入史册的发明，如图 18-5 所示。

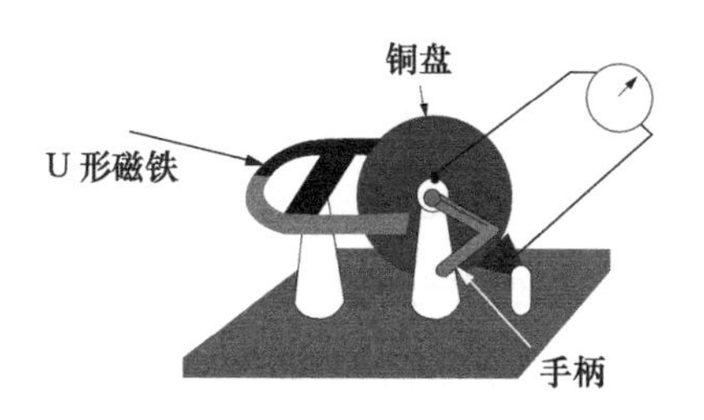

图 18-5

摇动手柄，铜盘转动，从铜盘边缘到圆心相当于一个导体，导体在磁场中运动便能产生感应电流，也就是说可以“发电”了，从此人类拥有了第一部发电机，时间是 1831 年。那一年的圣诞节，法拉第在朋友们面前演示新发明，有一位贵夫人讥笑道：“这玩意能有啥用？”“那么，夫人！”法拉第回答道，“新生的婴儿又有什么用呢？”新生儿，新生儿，新生的老虎不如猫。历史上很多发明在早期都曾饱受世人的冷嘲热讽，比如跑不过马车的火车。

在法拉第时代，物理和化学似乎还是两门不相干的学科，研究物理的人像工匠，而研究化学的人像医生。法拉第用实验让两个行业相通起来，建立连接的便是“电解”。从 1831 年到 1834 年，法拉第通过大量的实验总结出法拉第电解定律。当电流通过电解质时，两极产生化学反应的过程即为电解，比如直流电电解水，阳极产生氧，阴极产生氢。那时候，人们对微观粒子的认识尚处于猜测阶段，科学家们为原子是否存在纷纷站队，即便相信原子存在，也在原子能否进一步分割问题上产生分歧。法拉第对原子不可分的说法产生了质疑，其原因便是电解时产生带电的粒子，法拉第将其命名“离子”。离子到底是工匠的活还是医生的事呢？似乎都可以。1843 年，法拉第做了著名的冰桶实验，从而证明了电荷守恒。

再回到物理问题上来。1845 年，法拉第证明了磁光效应：光通过磁场后会发生偏转，如图 18-6 所示。那个年代光已经被认为是一种波，而且人们已经比较精准地测量出了光速。法拉第通过实验证明电、磁、光之间有着千丝万缕的联系。

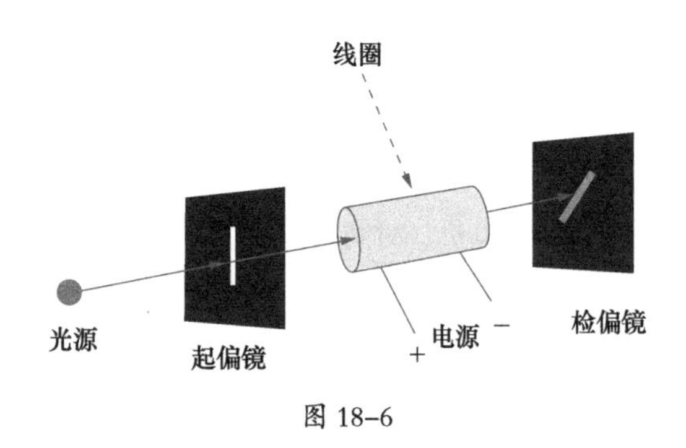

图 18-6

经过 20 年的推敲，磁力线理论终见成型。1852 年，法拉第发表论文《关于磁力的物理线》，首先他就认为磁力线是一种物理性的存在，理由很简单，即光、电、磁三者之间有着说不清道不明的联系。既然有光线，那么磁力线为什么就不能存在呢？可是磁力线该如何存在？为此法拉第正式提出“场”的概念，磁周围有磁场，电周围有电场。他还将磁力线推广到物理“力线”上，他认为力线的概念适用于所有物理事物。只是有个问题，光有速度，那么磁力线或者力线的作用应该也是有时间性的，超距作用就不适用于电和磁，当年库仑和安培将宇宙继续拉入牛顿力学体系之下是有待商榷的。

场让牛顿力学的统治地位受了严峻的挑战！

法拉第的一生是光辉的，从少年失学到自学成才，再到站在科学的巅峰，一切都如奇迹一般。如果把法拉第的成就换算成金钱，有传记作者认为他当时的身价就达到了 15 万英镑，也有人曾说超过全球的股票价值。当然，不知道这句话的根据是什么。金钱最大的好处是能将一个人的成功量化给他人看，但成功不能和金钱画等号。法拉第一生从未为金钱折腰，他的日子过得很清苦。有一年新上任的首相大约觉得科学家们的工资低得实在不像话了，打算给科学家们发点“补贴”。钱发下之后，首相大人要召见科学家代表。德高望重的法拉第自然是不二人选，他再三推脱不过，只能应允。不料新首相言辞傲慢，导致法拉第把钱给送了回去。工作人员几次三番劝说法拉第，但他还是不肯收下，直到首相公开道歉，法拉第才肯罢休。首相大人可能明白了自己拗不过倔强的法拉第，不过估计首相大人永远都不会明白，政治家常有，而法拉第永远只有一个。

对于名誉，法拉第亦是如此。有一年，他从报纸上得知自己将被册封爵位，他付之一笑，说这是没有的事。等维多利亚女王真的打算给他册封时，他拒绝了："我以生为平民为荣，并不想变成贵族。"后来，皇家学会请他当会长，他也拒绝了。

此后他接连受到了很多高官厚禄的封赏，但不干实事的名誉官爵都被他一一拒绝了。他对妻子这样说："我父亲是个铁匠的助手，兄弟是个手艺人。曾几何时，为了读书，我当了书店的学徒。我的名字叫迈克尔·法拉第，将来刻在我的墓碑上的也唯有这一名字而已！"

不得不说，法拉第是科学界德才兼备的大人物，而这背后有他父亲的教诲。虽然家境贫寒，但是他的父亲一直教育他做一个正直的人。这里面也有他妻子的支持，法拉第曾在科学研究上遇到过挫折，这些挫折被别有用心的贵族们无情放大，他们嘲笑法拉第出身卑微（戴维没少干这事）。当法拉第意志消沉时，他的夫人坚定地告诉他："我宁愿你像一个因单纯而受伤的孩子，也不要像一个因受伤而对别人处处设防的小人！"

孩子！孩子是天真的，孩子们的想法是烂漫的。法拉第始终不忘初心，或许这是他成为"电磁学之父"的原因吧！

第十九回　电磁学的大统一

牛顿曾说："如果我看得远，是因为我站在巨人肩上的缘故。"如果牛顿站在巨人的左肩上，那么站在巨人右肩上的肯定是詹姆斯·麦克斯韦（1831—1879）了。

麦克斯韦生于苏格兰的爱丁堡，他出生那年正值法拉第发明发电机。他从小聪慧过人，16 岁时考上爱丁堡大学，主修物理和数学，19 岁时进入了著名的剑桥大学。在大学期间，他曾阅读过法拉第的许多著作，深深地被他的物理学思想所折服，尤其是法拉第的力线概念，但是他也看出力线概念的不足——缺少精准的数学表述，所以麦克斯韦决心用数学方法将其准确地表达出来。

1856 年，麦克斯韦发表题为《论法拉第力线》的论文。在论文的开头，他简单地回顾和分析了电磁学的发展历程与目前的现状，指出很多让人类困惑不清的地方，而解决困惑的办法就是物理类比。其实这种方法我们一直在用，比如将苍穹类比为锅盖，电流类比为水流。不过麦克斯韦的类比有更深一层的含义：两个类比的物理对象或者定律都有数学形式上的相似性。关于力线，麦克斯韦将其类比为流体中的流线。顾名思义，流体就是能流动的物体，如空气、水等。在麦克斯韦之前，力学的一个分支——流体力学已经完美地建立起来了。在现成的理论之上，麦克斯韦建立力线的几何模型。法拉第很欣赏麦克斯韦的论文，在写给他的信中不吝赞美之词，不过他二人尚未谋面。1860 年，麦克斯韦拜访法拉第，不巧当时法拉第和夫人度假去了。等法拉第回来后，麦克斯韦再次去拜访。两人一见如故，惺惺相惜，这次会面堪称科学史上最伟大的会晤之一。

见到麦克斯韦时，法拉第很惊讶，因为他完全没有想到论文的作者居然如此年轻。他笑着说：“我不认为我的学说一定是真理，但你是真正理解它的人。”

麦克斯韦恭谦地说：“还请先生斧正。”

法拉第沉吟数秒后说：“你不应只停留在数学解释上，而应该有进一步突破。”

是的，应该突破。

两年后（1862 年），麦克斯韦发表论文《论物理的力线》，提出“分子涡旋”和“位移电流”两个非常重要的假说。当时有人为了解释法拉第的磁光效应提出了一种叫“以太涡旋”的假说，认为光在磁场中偏转是由于以太振动与磁分子（安培认为分子电流产生磁分子）振动所致。在光被认为是一种波之后，以太就成了光传播的介质。同理，磁之间的相互作用也是通过以太发生的。麦克斯韦借鉴了涡旋的想法，将磁之间的相互作用看成旋转性的，并把传递磁作用的磁以太想象成分子涡旋。那么，分子涡旋之间该怎样相互影响呢？麦克斯韦又将其类比为齿轮（见图 19–1）。我们知道两个相邻的齿轮的转动方向是相反的，如果想让它们的转动方向相同，则必须加入一个叫惰轮的小齿轮。所以，相邻的分子涡旋之间也应该有一个小粒子让它们保持同样的旋转方向，这种粒子就是用于传递电的电以太。但是电与磁还有一点不同，变化的电流能产生磁场，但是变化的磁场未必能产生电流，因为产生电流的另一个条件是闭合回路。麦克斯韦认为即使没有电流也会有电场存在，他称之为感应电场。电磁感应被后人总结为：变化的磁场产生电场，变化的电场产生磁场。考虑一个电场正在变化的电容，它的内部是没有电流的，那么磁场从何而来呢？位移电流正是为此而设的，它存在于任何变化的电场之中。

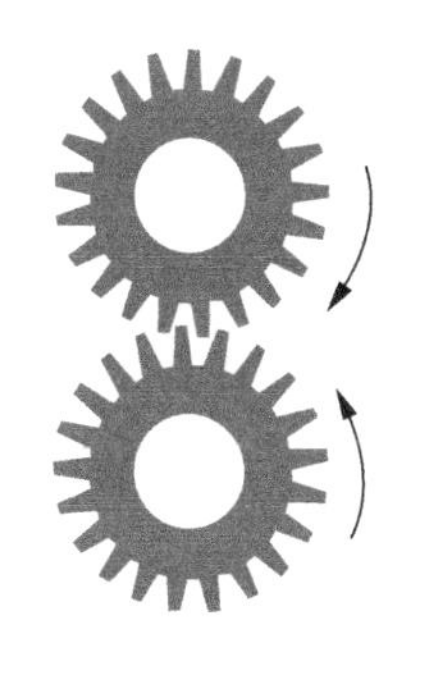

（a）方向相反

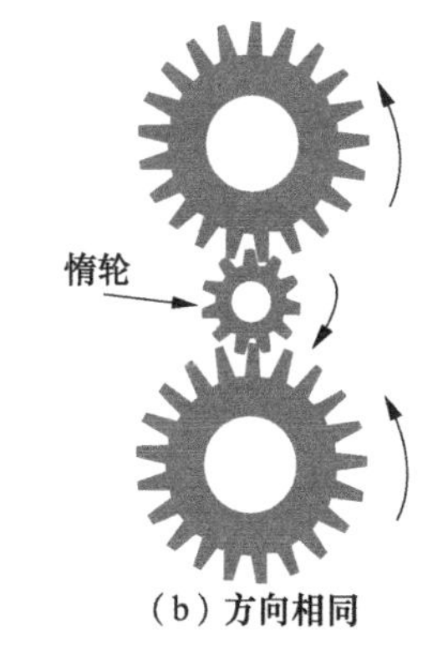

（b）方向相同

图 19–1

《论物理的力线》虽说可以解释很多电磁现象，但是它所基于的假说依然饱受质疑，麦克斯韦本人也意识到仅仅从力学角度去解释复杂的电磁现象是不可能的，而应从宏观的角度去分析问题，于是“电磁场”正式登上历史舞台。

在“场”以前，牛顿的超距理论稳如磐石，即便在电磁学里也不例外。前文说过，超距作用无视介质与时间，这显然与《论物理的力线》中的假设相违背，所以麦克斯韦认为电磁的相互作用是通过周围空间的介质发生的。1864 年，麦克斯韦递交了论文《电磁场的动力学理论》，正式提出电磁场的概念。

磁生电，电又生磁，磁再生电，电复生磁……麦克斯韦提出，正是由于电场与磁场的不停转换，电磁场才得以形成。再用光和热的传递方式进行类比，麦克斯韦直接预言有一种叫电磁波的东西存在，电磁场的作用就是靠电磁波传递的。然后，他又发挥数学优势，最终确立了电磁场方程。最后，麦克斯韦通过数学推导出电磁波的速度公式：

$$v=\frac{1}{\sqrt{\varepsilon\mu}}$$（ε 为电容率，μ 为磁导率）

在真空中，电容率和磁导率是两个常数。将这两个常数代入公式中，神奇的现象发生了：电磁波的速度约等于 3×10^{8} 米 / 秒，这和当时测得的光速非常接近。所以，麦克斯大胆预言光是电磁波，最终他将光、电、磁全部放到了统一的方程式之下。只是有个小问题，根据伽利略的速度相对性原理，提到速度就必须有参考系，而真空中的光速恒定不变，这又是相对于哪个参考系而言的呢？麦克斯韦想到了静止的以太，所以对以太的测量势在必行，此是后话。

至此，牛顿力学的统治地位开始动摇！

1865 年，麦克斯韦急流勇退，辞职回到故乡，花了三四年的时间写了本名为《电磁学通论》的书。该书于 1871 年出版，此时麦克斯韦也再次出山去筹建卡文迪许实验室。后人评价该书完全可以与牛顿的《自然哲学的数学原理》媲美。可惜的是，在麦克斯韦生前，他的电磁理论并没有让人们感到鼓舞。究其原因可能是因为麦克斯韦的假说太多，从而导致他的理论不容易被世人理解，其中包括当时世界上一流的科学家，比如亥姆霍兹（1821—1894）。亥姆霍兹拒绝相信麦克斯韦的理论，并称此时的电磁学已经进入了“无路的荒漠”，他坚信的仍然是牛顿的超距理论。尽管后来他不愿意研究麦克斯韦的理论，但是他在柏林科学院设立了一个奖项，用于奖励那些用实验驳斥麦克斯韦理论的人。

和法拉第一样，麦克斯韦也有贤内助，不幸的是他的夫人中道而别。在照顾妻子的日子里，麦克斯韦几乎耗尽了自己的生命。

1878年，麦克斯韦身患癌症，但是仍然坚持不懈地走上讲台宣讲电磁理论，尽管下面只坐着两个听众。当他孱弱的声音在空旷的教室中回荡时，是多么凄凉！这一如他生前的写照，虽然他的才华在生前得到了一定的认可，但并不算充分，起码在当时人们的心中，他和当时赫赫有名的法拉第还有好几条街的距离，也许当时的人们从未将他们两人相提并论过。1879年，麦克斯韦去世，享年49岁。那一年，一个叫阿尔伯特·爱因斯坦的小宝宝在德国出生。

后人曾评价说法拉第偏重实验，数学功底欠佳；而麦克斯韦的数学极好，正好弥补了法拉第的缺憾，两人如天作之合，尽管他们从未在一起做过实验和研究。实际上，麦克斯韦所处的年代正是数学人才辈出的年代，研究物理的数学家也不胜枚举，但是麦克斯韦是那个时代将数学和物理结合得最好的科学家。在综合安培、法拉第、楞次等物理学家的实验成果和高斯、拉普拉斯（数学家、哲学家，1749—1827）等人的数学成果之后，麦克斯韦奇迹般地创造了上帝的“Home键”，以至于后来人纷纷以此为楷模，想要建立大一统的万有理论，比如爱因斯坦。

第二十回　波

什么是波？

明代的野史记载了一个很有趣的故事。话说王安石在编纂《字说》时说：“坡者，土之皮也。”苏东坡听到后立刻反唇相讥：“滑者，水之骨也。”我想这个故事肯定是后人杜撰的，因为王安石笔下的“坡”绝不会暗指苏东坡，而苏东坡口中的“滑”字也形容不了王安石的为人。在明清士人眼中，王安石是一个“与民争利”的小人，但是讽刺归讽刺，这两个字并没有任何关系，所以连基本的逻辑都说不通。

如果王苏二人真有这样的对话，我想故事情节应该是这样的。王安石称：“波者，水之皮也。”苏东坡对此解释不满意，反问道：“波是水之皮，难道滑是水之骨？”这不仅合乎逻辑，嬉笑怒骂也变成了学术探讨。

且不管“滑”字，单说“波”字的解法却是一语中的。“波”的基本字意本就是水面的起伏运动，如波涛、波浪，指的就是水之“皮”上的那点事儿。

除了水波还有哪些波呢？其实波的形式有很多种，假如我们手握住绳子的一端，不停地上下抖动，就形成了波，如图 20–1 所示。

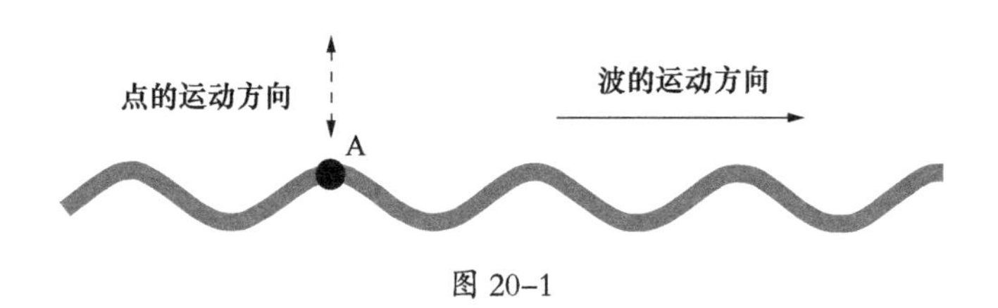

图 20–1

上图给人的感觉是绳子不停地向前方运动，但是实际上绳子上的每个质点（如 A 点）始终做上下运动。这种质点运动方向与波运动方向垂直的波称为横波。

和横波对应的是纵波，生活中最常见的纵波是拉伸或收缩的弹簧，如图 20–2 所示。

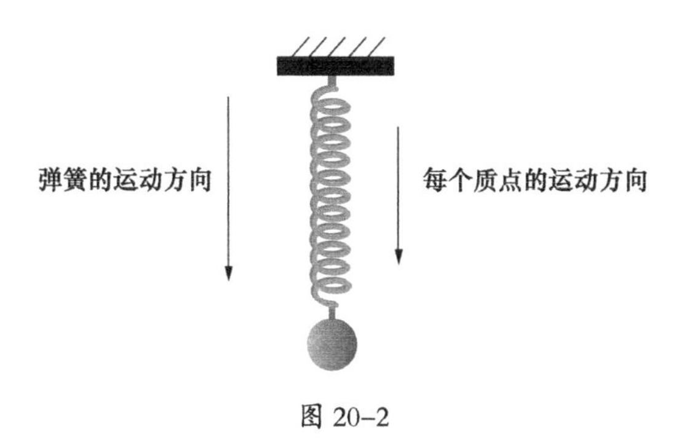

图 20–2

图中弹簧上的每个质点都在向下运动，与波的传播方向一致。

说了这么多，我们只看到了水、绳子、弹簧，波在哪儿呢？其实，波不是实物，而是一种运动形式。物体运动就有能量，所以波是一种传输能量的方式。

波是怎样传递能量的呢？我们以声波为例，声波从声源发出后，通过空气传输到人的耳朵里，耳膜就会随着声波振动，再通过神经系统传送到大脑中，人们就能分辨出声音了。假设有人在说悄悄话，那么第三者是很难听到的，因为声音太小，也就是能量太小。然而即使能量足够大，人耳也未必能听得到，因为还有频率限制。频者，重复也；率者，次数也；频率者，重复之次数也。假设一人一天吃三顿饭，频率可以计算为 3 顿 / 天，再换算到秒为 3/86400 顿 / 秒，采用国际单位即为 3/86400 赫兹（赫兹是频率的单位，1 秒 1 次即为 1 赫兹）。

假设有只可爱的猫，有时在一点声音也没有的情况下，它也会喵喵地叫个不停。实际上并不是没有声音，只是这个声波的频率超出人耳的接受范围，所以人耳听不到，但是在猫耳的接受范围内。那么问题来了，为什么猫能听到，人却听不到？这里面得要“共振”。

所谓共振，从字面上理解为：让一部分物体先振动起来，然后带动其他物体振动，进而达到共同振动的目的。但是，共振还需要其他的条件。比如荡秋千，秋千的摆动和推秋千的人施的力都具有周期性，只有当推动的频率和秋千摆动的频率成一定比例关系时，秋千才会越摆越高。也就是说推力要顺应秋千的摆动，否则秋千就会慢慢停止下来。

在声学中，共振又叫“共鸣”。当声音进入耳朵时，鼓膜随之振动（不一定是共振），然后鼓膜带着 3 块听小骨振动，听小骨又带着耳蜗振动。耳蜗就像一个蜗牛（要不然就不叫耳蜗了），它上面的每一小段都对应不同的共振频率，所以能感知某个频率范围内的声波。

除了共振，波还有哪些性质呢?

1. 衍射。假设有人躲在一块大石头后面，但是他依然能听到石头前面传来的声音，这是因为声波能绕过障碍物继续传播。

2. 干涉。当两列波相遇时，会发生你影响我、我也影响你的干涉现象。干涉的结果会随波的相遇点、振幅、频率、波速等因素的不同而变化。物理学中最常见的干涉实验是双缝干涉实验，同时这也是检验某个物体是否具有波动性的最好标准之一。

还有个有趣的干涉现象，当两列频率、振幅、波速一致但方向相反的波相遇时，可能会产生驻波。以横波为例，当驻波产生时，波只做上下运动，感觉它像驻足停留了一样，故而称之为驻波。理想化的驻波有个很大的特点——能量不损失，能量在波的内部以两种或两种以上的形式相互转化。如图 20-3 所示，能量在动能和势能之间相互转化。

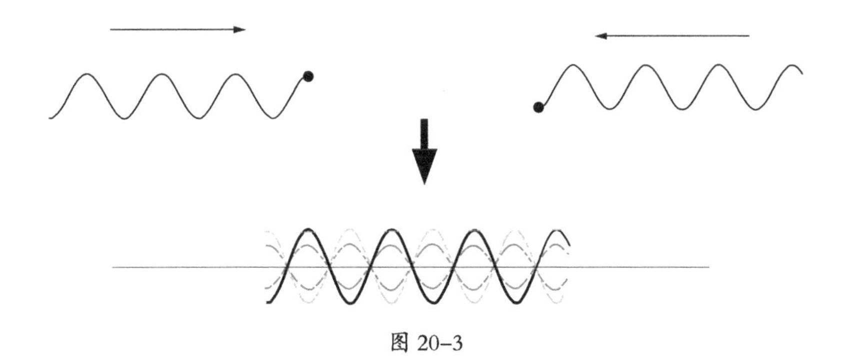

图 20–3

水波、绳波、弹簧波、声波都是由机械振动引起的，所以称之为机械波。麦克斯韦预言电磁波是存在的，电磁波又是什么样子呢？其实电磁波也是波，具有波的基本性质，也是能量的传递方式。是波就需要介质，那时物理学界一致认为波的传递介质是以太。可是从盘古开天辟地以来就没人见过以太，所以寻找电磁波是一件费心费力的事（姑且不论可见光）。不过麦克斯韦为后人提供了小小的线索，每当天空中电闪雷鸣时，地面上的小磁针会发生扰动，所以他认为电火花能激发电磁波。

如果电磁波真的存在，那么法拉第和麦克斯韦所谓的力线与场又是何物呢？

磁力线的概念是法拉第根据小铁屑在磁场中的分布抽象出来的，后来他又将磁力线类比为光线，进而发展成力线，但是现在的物理学认为力线并不是真实存在的某种物体或者能量，就像作业本上的一个大红叉，老师只是用这种方式告诉学生做错了，而对与错不是由大红叉决定的。尽管力线被认为是一种抽象虚拟的东西，但是用力线描述场有独到之处。试想一下，如果没有光线箭头，我们学习几何光学时该从何处入手呢？

场是真实存在的，可它是什么？也许只能意会不能言传，也许就是字面上的意思，就像我们日常生活中的菜市场一样。菜市场是一个空间区域，是买菜者和卖菜者的交易场所。同样，电磁场就是电与磁相互作用的场所。宇宙中的场无处不在，若问宇宙中电磁场最初是如何形成的，我想回答这个问题可能要追溯到宇宙初始那一刻（假设宇宙起源于大爆炸），因为唯有那一刻一切物质都会被格式化。至于后来怎样，我想这可能正如菜市场，其实世上本没有菜市场，买菜卖菜的人多了也就形成了菜市场！

第二十一回　寻找电磁波

麦克斯韦死后的第十一年，德国人海因里希·赫兹（1857—1894）找到了电磁波。赫兹出生于德国的一个犹太家庭，他从小就有很高的动手天赋。上大学后，他是物理学大师基尔霍夫（1822—1887）和亥姆霍兹的学生。1885 年，赫兹到一个偏远地区担任某所大学的物理学教授。这是一个很小的学校，以致连政府给的教育经费都少得可怜。和法拉第一样，赫兹秉承着“没有枪、没有炮，我们自己造”的原则，一点一滴地造出精密的仪器。这让学校里的一位老教授看在眼里，喜在心间。他请赫兹到家里来，并把自己的女儿介绍给赫兹。赫兹经过 3 个月坚持不懈的努力，终于获得了伊丽莎白小姐的芳心，从此王子和公主过着幸福的生活。

那时依然是牛顿力学统治的天下，很多哲学思想都建立在此基础之上，超距理论自然不用说。所以，当麦克斯韦的电磁场理论出现后，很多有威望的哲学家认为一切不以牛顿理论为基础的科学都是对牛顿的亵渎——牛顿早已被神化了。亥姆霍兹是超距理论的坚定拥护者，在赫兹上大学期间，他就鼓励赫兹去研究麦克斯韦的新理论，不过出发点极有可能是想让赫兹证明麦克斯韦错了。显然亥姆霍兹的思想影响了赫兹，起先赫兹也在电磁场与超距理论之间徘徊，但是他相信证明二者的唯一办法便是找到电磁波，如果能找到，孰是孰非自会一目了然。

一晃多少年过去了，那个在实验室中形单影只的书生身边早有佳人相伴，但是寻找电磁波依然毫无结果。他的妻子对丈夫的事业给予无条件的支持，新婚刚过不久，赫兹在夫人的鼓励下又开始在实验室中流连忘返。

说来也巧，1885 年的某天赫兹正在做实验。实验需要两个感应线圈，二者彼此绝缘。当他对其中的一个线圈输入电流时，另一个线圈产生了电火花。他想起麦克斯韦的话：电火花产生电磁波。

电火花怎么产生电磁波呢？电火花是高压击穿绝缘介质（如空气）的时候产生的一种现象。在实验中，用高压击穿电容就可以产生电火花，在电容被击穿的一瞬间，电荷会在电容的两个极板上以高频形式来回振荡，形成变化的电流，电场和磁场就产生了。如此，一个电磁波发生器就搞定了，赫兹将其命名为“振荡偶极子”。

现在赫兹需要一个电磁波检测器来验证电磁波的存在，又怎样验证呢？共振！必须是共振，只有共振（电磁共振叫谐振）才能搞明白到底是超距作用还是电磁波。

取一个断开的金属环，两端各连接一个小金属球，如果产生谐振，小球之间也会产生感应电压，进而产生电火花。这就是检波器，赫兹将其命名为“共振偶极子”，如图 21–1 所示。

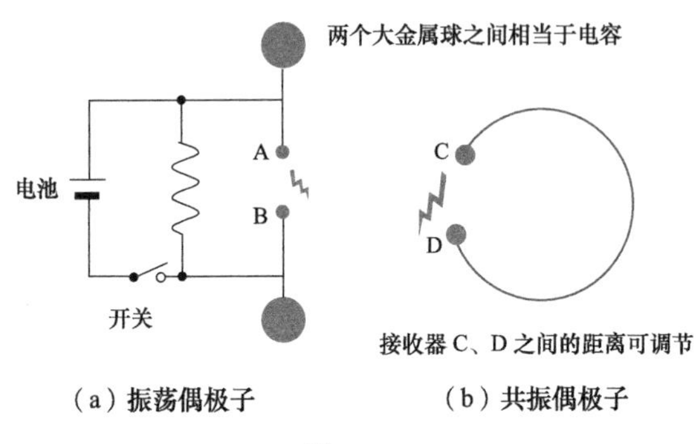

（a）振荡偶极子　　（b）共振偶极子

图 21–1

当发生器线圈的开关断开时，线圈对电容充电。当电容电压达到高压时，会击穿空气，产生电火花，然而在赫兹的实验中什么都没有发生。赫兹做了无数次实验，甚至到了走火入魔的地步。1887 年的某一天，赫兹依然和平时一样做起实验。当他对振荡偶极子输入一个电压更高的电流时，暗室中的共振偶极子突然产生了微弱的火花。赫兹通过调节共振偶极子的位置，发现小金属球之间不停地闪烁着电火花。

完美！赫兹用这个简单的实验为人类第一次找到了电磁波。尽管和现在的手机一类的设备相比，赫兹的设备寒碜了点，但从此人类即将告别“通信基本靠吼”的年代，去迎接新的通信时代的到来。为了纪念这一伟大的壮举，人们将频率的单位命名为赫兹。

1887 年，赫兹将实验结果写成论文寄给恩师亥姆霍兹。此后，他又马不停蹄地做实验，确认了电磁波的衍射、干涉等特性，而且证实电磁波也是横波。

还有个问题，光是不是电磁波呢？正如麦克斯韦预言的那样，如果实验中测得的电磁波的速度与光速差不多，那么预言就是正确的。可是该怎样测量电磁波的速度呢？用测量可见光的那套肯定不行，因为实验中的电磁波是眼睛看不见的。赫兹根据“波速＝波长 × 频率”的关系得到了电磁波的速度。

1. 根据电磁理论，计算出电磁波的频率。

2. 根据驻波原理，赫兹在电磁波发生器正前方的墙面上覆盖了层锌板，电磁波到达锌板后会产生反射。将检波器放置在锌板与发生器之间，调节检波器与锌板，直至检波器产生电火花。

3. 滑动检波器，它在有些地方不会产生电火花。而在有些地方电火花较为明亮。（波峰与波谷相遇时产生驻点，电势差为 0；波峰与波峰相遇或者波谷与波谷相遇时，电势差最大，电火花最明亮。）测量相邻的同属性点之间的距离，便可推算出波长了。

用这个方法可以得出电磁波的波长，但是不能测光速，因为实验中高频电磁波的频率比可见光的频率小得多，检波器的移动距离可以“米”计算，如果测量可见光，检波器的移动距离为微米量级，显然无法测量。测量后发现，电磁波的速度和光速相同，麦克斯韦的预言再一次被证实。

1888 年，赫兹将这些成果总结在《论电动效应的传播速度》一文中，成为物理学史上的一座里程碑。如果将电磁学比作一座大楼，库仑、奥斯特、安培等人构筑的是地基，法拉第建设的是支柱，麦克斯韦是封顶的人，而赫兹就是将这座大楼装修好免费送给千家万户的人。可惜，天不假年，1894 年元旦，赫兹因为血中毒逝世，享年 37 岁。他死后的第三年，电磁波开始用于通信，传输距离为 2 千米。

他死后的第七年，第一份无线电报穿越大西洋到达美国；他死后的第79年，第一部无线电话（手机）诞生；他死后的第102年，Wi-Fi技术开始申请专利。如今，我们走进了这座拎包即住的大楼里，就再也出不来了。

千呼万唤始出来的电磁波终于证明了麦克斯韦的伟大，当人们开始对此高山仰止之时，牛顿也悄悄地走下了神坛——牛顿也是人，尽管他曾如神一般地存在过。还有件事不得不提。1887年赫兹为了证明电磁波的波动理论，他发现用紫外线照射锌球时非常容易产生电火花。他只对原理进行了猜测并将其记录到论文里。有趣的是，这个现象将会说明麦克斯韦的预言也具有一定的局限性。

第三部分

热力学和统计力学

第二十二回　热力学简史

麦克斯韦在研究电磁现象的时候，用流体力学类比力线的概念，用热力学类比电磁的传递方式。“如果人们对某一个未知领域还含糊不清的话，将其类比为已有的定律是最好不过的了”，这便是麦克斯韦所说的物理类比法。那么，在麦克斯韦时代，人们对热和光的研究又是怎样的光景呢?

在所有的物理研究中，应该没有比研究热现象更早的了。人类研究热现象估计在 4 万年前，那时候人类还住在山洞里，所以称为穴居人。他们还不能说是真正意义上的人，因为他们的大脑还不够发达，只能使用简单的工具，但是热渐渐改变了一切。当时热主要来源于太阳，而阴天或者晚上则来源于火。穴居人发现把各种食物放在火上烤一下或者放在水里煮一下，味道会更好，同时肚子也好受一些。当然，他们还不知道煮熟的食物对大脑有多大的影响。在整个人类文明的进化史上，没有比对火的使用更具有意义的事情了。

研究得早不代表进展得快，要想让穴居人在研究热现象方面有什么进展，那是天方夜谭。甚至到古希腊时代，聪明的古希腊人对热现象的研究也鲜于记载。

转眼到了伽利略时代。伽利略在大学里本是学医的，医生会接触一些发烧的病人，伽利略发现这些病人的体温和正常人是有差别的，但是光靠手摸实在太敷衍了事了，应该有一个测量温度的仪器。

为此，伽利略又陷入苦思冥想之中。

忽然某一天，他看到孩子们玩的一个玩具（如图 22-1 中左图所示）。这是一个中间有水的 U 形槽，一端密封，另一端用铅球密封，当给铅球加热时，另一端的水位升高。这是根据热胀冷缩原理制成的，据说最早发明者是古希腊人。伽利略灵感骤来，但是制成一个能使用的温度计还是花费了很长的时间。1593 年，人类历史上第一个温度计诞生了（如图 22-1 中右图所示）。

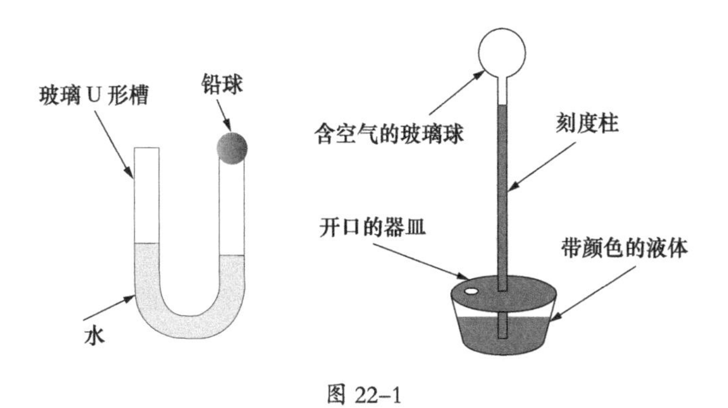

图 22-1

伽利略温度计是一根一端带玻璃球的玻璃管，上端含有空气，开口端插入器皿中，器皿中盛有带颜色的液体。当玻璃球的温度升高时，水柱会下降。在玻璃管上标上对应的刻度，便可测量温度了。伽利略的温度计有着划时代的意义，人类对温度的研究终于进入了定量分析时代。伽利略本人没有将他的温度计发扬光大，在以后的岁月中他忙着研究天体去了。

伽利略温度计的缺陷很多，比如病人总不能站起来把腋窝放到玻璃球上吧。于是 1632 年法国人简·雷设计了一种新的温度计，他将伽利略温度计倒置过来，但是依然没有办法解决温度计中液体的挥发、大气压的干扰和水容易结冰的问题。

到了 1657 年，伽利略的学生斐迪南制作了一支密封温度计，并用酒精代替空气。但是酒精的沸点比水还要低，所以根本无法测量开水的温度，后来法国人布里奥用水银代替酒精。

此时，温度计还存在着一个致命的问题。就像一把尺子，如果没有标准，谁也说不清一寸长还是一尺短，所以温度计也需要标准刻度，简称温标。当时有很多人制作新的温度计，每个温度计都有不同的标准，比如丹麦天文学家罗默（1644—1710）就以酒精的沸点表示 60 度。与罗默同时代的胡克和牛顿等人对热和温度也有一定的研究，他们都意识到该制定一个标准的温标了，但是都没有付诸于实际行动。

1714 年，荷兰物理学家华伦海特（1686—1736）制作了很多同样刻度的温度计。他认为罗默等人的温标有个明显的缺陷，容易导致负数，即零下多少度。他把水银温度计放到冰雪和盐的混合物中，以此作为 0 度，然后又把温度计含到嘴巴里，画个刻度。他在两个刻度之间划了 24 个格子，每格表示 1 度。后来他又觉得格子之间的距离太大，不够精确，又将每个格子划分为 4 小格，也就是说人的体温是 96 度。这就是华氏温标的由来，和今天的华氏温标还是有些出入的。华氏温标记为℉。

对于数字，人们毕竟还是喜欢 10、100 这样的整数。1742 年瑞典人摄尔修斯（1701—1744）引入了百分刻度法。他将一个大气压下水的冰点作为 0 度，将水的沸点作为 100 度。这是中国人日常使用的摄氏温标，记为℃。

温度计的发明让温度与热这两个容易混淆的概念区分开来，但热到底是什么呢？我们还得绕个弯子，从火说起。

火是什么？这是上古时代就有的讨论，结果古人一致将火作为一种构成万物的元素，比如中国的五行说。但是火元素与其他的元素不一样，火无法独立存在，只有在燃烧时才有，所以我们又要绕个弯子，从燃烧说起。

提到燃烧，就会让人想到化学。想到化学，就不得不提将化学确立为一门科学的化学家罗伯特·波义耳（1627—1691）。

波义耳出生于爱尔兰，比牛顿大十几岁。他出身于贵族家庭，家资颇丰。他是家里最小的“十四阿哥”。当父母之爱被 14 除一下后，所剩恐怕无几了。波义耳 3 岁时，有限的爱还打了个对折——波义耳的母亲去世了。也许是因为缺少照顾，波义耳小时候体弱多病，要经常吃药。有一次医生给他开错了药，差点导致他中毒死亡，幸好及时吐了出来。一朝被蛇咬，十年怕井绳。从此，波义耳不再相信医生，也不敢吃他们开的药。生病了以后，他就开始自学医学、找药方。长大后，他便开始学医配药，于是波义耳又迷上了化学实验。

在波义耳时代，物理学经历了几代人的发展，终渐成熟。而这一切都建立在实验基础之上，所以波义耳在他所著的《怀疑派化学家》中反复强调化学应该抛弃古代传统的思维方式，而立足于严密的实验基础之上。如果说伽利略的《关于两门新科学的对话》是近代物理学的开端，那么波义耳的《怀疑派化学家》便是近代化学的基石。

关于燃烧，波义耳和他的助手罗伯特·胡克曾经做过实验，最后得出结论：物体只能在空气中才可以燃烧。他认为火是由一种叫“火素”的微粒组成的。另外，波义耳还做过金属煅烧实验，实验中金属燃烧后质量增加，所以他认为有一种叫“燃素”的物质存在，这种物质在燃烧后进入了灰烬中，所以他得出公式：金属 + 燃素 = 灰烬。

到了 1669 年，德国化学家贝歇尔（1635—1682）类比火素，重新提出了“燃素说”的设想，将燃素和土、气等归为一类。他认为物体在燃烧时，燃素会逸出，留下灰烬。1703 年，贝歇尔的学生施塔尔（1659—1734）直接将燃素赋予物质本身，他认为火是由无数微粒组成的，而构成这种微粒的便是燃素。燃素存在于物体内部，燃烧时便会以火焰的形式逸出，所以能产生光和热。新的燃素说取得了巨大的成功，因为它貌似能解释一切不能解释的现象，比如闪电的出现是因为空气中含有燃素，金属失去光泽是因为腐蚀剥夺了金属的燃素。但是金属燃烧，失去了燃素，质量反而增加是一个令人头疼的问题，施塔尔并没有给出合理解释。后来笃信燃素说的人认为燃素就像“灵魂”或者“灵气”一样，在金属中的质量为负数——燃素说开始玄幻起来。还有些学者搬出了火素，认为金属燃烧后，火素进入了灰烬中，所以质量增加。那么火到底是由火素还是由燃素构成的呢？一时之间仍处于混乱状态。

尽管如此，在此后的半个世纪里，人类一直虔诚地信奉着燃素说。那时人们尚未认清空气的属性，以为空气是由单一的元素组成的——和牛顿之前人们对白光的认识一样。

1755 年英国化学家约瑟夫·布拉克（1728—1799）在煅烧石灰石时得到一种新空气（二氧化碳），但是这种新空气不助燃，所以他认为该空气不含燃素，而且新的空气很容易和碱性的物质结合起来，故而又称为“固定气体”。

布拉克是化学和物理两栖科学家。火能产生热，但是热未必都是从火中产生的，比如一杯水，有冷有热。他做了一个实验：有两杯等量的水，一杯40摄氏度，另外一杯60摄氏度，混合后水温正好是50摄氏度，于是他类比于燃素提出了新的概念“热素”。他认为热素是一种没有重量、可以流动的物体，存在于物体内部，看不见摸不着。与此同时，他将等量0摄氏度的冰与60摄氏度的水放在一起，最终温度远低于30摄氏度。他继续研究后发现0摄氏度的冰转化为0摄氏度的水也需要吸收热量，也就说热和温度不是一回事，因此，他提出了“潜热”的概念。

到了1774年，英国化学家普里斯特利（1733—1804）在实验中获得了另外一种“新空气”（氧气）。他发现蜡烛等物体可以在这种新空气中燃烧，而且比在空气中燃烧得更加剧烈。普里斯特利在一生中发现了很多种气体，被誉为“气体化学之父”。每种气体的助燃性不一样，有的强有的弱，有的不能助燃，而助燃性最强的当属刚才提到的“新空气”。于是普里斯特利认为燃素不仅存在于物体中，还存在气体中，燃烧是两种燃素的化合。当气体的燃素多于被燃烧的物体时，化合的气体就不需要那么多燃素，故而助燃性就弱，反之则强。而助燃性最强的气体则不含燃素，所以普里斯特利将他发现的新空气命名为“去燃素气体”。

1774年，被后世誉为“近代化学之父”的法国化学家拉瓦锡（1743—1794）做了一个实验。他将铁放在一个封闭的容器中燃烧，容器内的总质量并未改变；而当容器打开时，能听到空气进入容器的声音——就像打开一瓶可乐一样。他断定金属的燃烧和燃素无关，但是对于具体原因也说不出一二三来。

此时正好气体化学之父到法国访问，化学界的两位大佬畅谈甚欢。拉瓦锡告诉普里斯特利自己的困惑，普里斯特利则告诉拉瓦锡自己的新发现。当拉瓦锡得知去燃素气体时，他敏锐地感觉到答案就在其中。为此他做了很多实验，最后得出结论——燃烧前后的质量不变。既然燃素说不能自圆其说，抛弃它也许会打开另一扇窗。他认为存在氧气（1778 年正式提出），而燃烧不过是燃烧物中某些元素被氧化的过程，在整个过程中“物质是不生不灭的”，即质量守恒。

至此，统治物理化学界近百年的燃素说被一脚踢出了门外，但是热又是怎么回事呢？普里斯特利提出了“热质”的概念，这个概念和前面说的热素是一回事。反过来，对于燃烧放热现象迷惑不解的拉瓦锡又相信热素说，并强烈想把它加入到元素表中。

拉瓦锡出身于贵族家庭。在结婚之前，拉瓦锡除了皇家科学院的院士身份以外，还有一个头衔——税务官。若问他的院士身份是怎么来的，源于天才；若问他的官职是怎么来的，源于买卖。拉瓦锡花了 50 万法郎承包了法国的盐税和烟草税。不久之后，拉瓦锡娶了一位同事的年仅 14 岁的女儿为妻，婚后两人感情甚笃。拉瓦锡的小小新娘对丈夫的事业不遗余力地加以支持，经常将他国文字翻译成法语，还完全保留了拉瓦锡的实验手稿和记录，同时为其配上了精美的插图。在爱人的帮助下，拉瓦锡取得了巨大的成功，他在化学史上的地位堪比物理学中的牛顿。面对成功，拉瓦锡曾骄傲地说道：“我的理论已经像革命风暴，扫向世界的知识阶层。”

确实，拉瓦锡引领了化学领域的一场新的知识革命。那时法国也正经历着新的社会革命，几股势力你方唱罢我登场，拉瓦锡也在权力的更迭中被送上了断头台。人们如憎恨死神一般憎恨税务官，以至于当有人为这位天才求情时，法官大人说：“共和国不需要天才！”当时法国著名的数学家拉格朗日（1736—1813）对此痛心不已，他说：“他们可以一眨眼工夫把拉瓦锡的头砍下来，但他那样的头脑一百年也再长不出另一个来。”

第二十三回 热的本质

燃素唱罢了最后一曲，热质（热素）又登上了历史舞台，人们刚被燃素说误导了近一个世纪，热质说会不会也是一种误导呢？

第一个对热质说产生有理有据的质疑的人是科学家是本杰明·汤普森（1753—1814）。他是一名爱好科学的士兵，曾作为英国的间谍参加过美国的独立战争，后来成为德国的官员。某天他去视察兵工厂，发现打孔后，弹筒发热，钻头也发热。如果热素是一种存在的实体，怎么两者都平白无故地增加呢？就像打麻将，怎么会所有人都赢钱呢？于是他否认了热作为一种实体存在，转而认为热是一种运动。

与此同时，英国大化学家戴维也对热质说提出疑问，其根据也是实验中的摩擦起热。两块冰相互摩擦，最终都变成了水。他提出热不可能是一种实在的物体，而是物体内的一种微粒运动或者是由振动引起的。

对热进行另外一种阐述的是英国物理学家托马斯·杨（1773—1829）。他小时候是一位神童，据说两岁时便开始了阅读，一生涉猎非常广泛，力学、数学、天文学、动物学、考古学、音乐，甚至还会骑马、玩杂耍、走钢丝，可谓是上知天文、下知地理、中懂生活的奇才。

在众多的研究中，托马斯·杨留给人类最宝贵的财富当属对光的研究。在1800年之前，经过了一番激烈的争论后，光的本质已经被牛顿的微粒说统治，然而微粒说最后被他的双缝干涉实验打败，即光被认为是一种波。为了解释光，托马斯·杨提出了“能量”的概念，他认为光是一种能量。同样，晒太阳时身体会莫名发热，所以他用光进行类比，认为热也是一种能量。

在托马斯·杨之前，用于表述能量的名词是“活力”，这种说法源于莱布尼茨。托马斯·杨隐约感到这个活力就是一种能量。1743年，法国物理学家达朗贝尔（1717—1783）为活力与死力的争论画上了句号。他是一名出色的数学家，对牛顿力学给出了很多数学上的证明，比如力分解的平行四边形法则。在研究力时，他仔细比较了活力与死力的差别，认为死力考虑的是力作用的时间性，而活力考虑的则是力作用的距离性。时间与距离没有可比性，那么死力和活力也就没有比较的必要，这是两个不同的物理量。达朗贝尔给了活力一个名分，从此活力也堂而皇之地进入了物理学。

但是活力描述的是怎样的物理量呢？1831年，法国物理学家科里奥利（1792—1843）引入了一个新的量——功。他将功定义为$F \times S$（F是作用力，S是距离），也就是说功表示的是力拉一个物体走了一段距离所消耗的能量（见图23-1）。在理想情况下，这部分能量转换为物体的动能。他通过微积分计算得出，功等于活力的一半，那么活力的1/2代表的就是物体的动能。

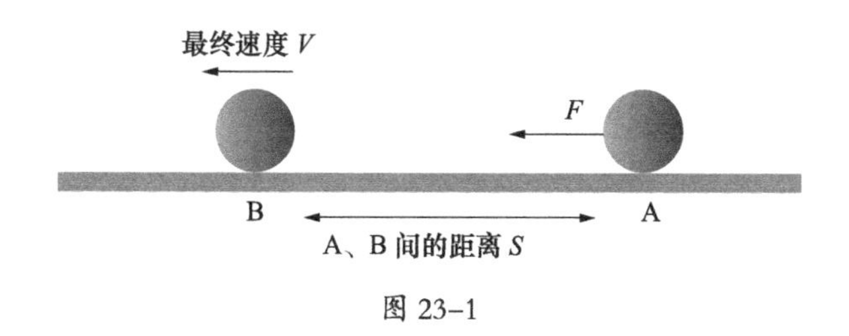

图 23-1

能量的概念在当时没有被认可，所以在很长一段时间内，关于力的研究实际上指的就是能量。

从定量分析的角度来说，真正将热素说推翻的当属英国物理学家焦耳（1818—1889）。焦耳出生于一个富有的酿酒师家庭，自幼继承祖业，没有受到过良好的教育，直到后来他遇到了人生的伯乐道尔顿（1766—1844），于是对科学产生了浓厚的兴趣，开始在家里做实验，成了一名二手的科学家。

话说到了 1840 年左右，此时安培、法拉第、欧姆等人将电动力学推向了一个新的高度，焦耳开始研究电现象。他发现导线中有电流通过时会发热，这让他对热质说产生了怀疑，但是此时人们依然坚信热质说，就像 100 年前坚信燃素说一样。

1841 年，焦耳做了一个更加直接的实验，如图 23-2 所示。

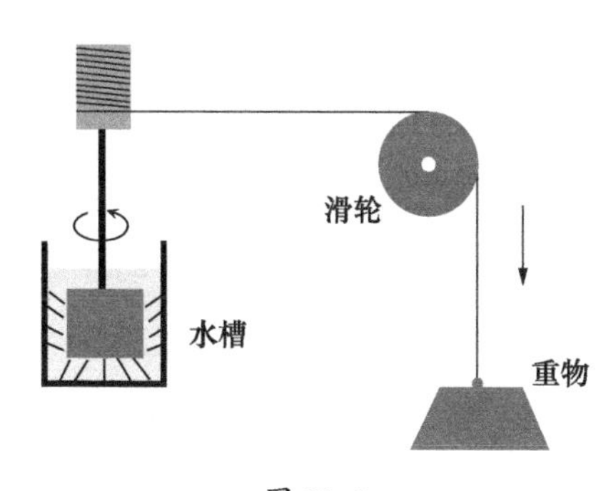

图 23-2

重物下降，带动左边的搅拌器搅动水槽，摩擦生热后，水温上升。在整个实验系统中，没有任何热质的流动，由此焦耳相信热是一种能量存在的形式。他还通过多次实验证实了重物做的功与产生的热量成正比。为此，他提出“热功当量”的概念，即多少热相当于做了多少功。但热和功终究不是一码事，摩擦（机械做功）可以使得水温升高，燃烧也可以将水加热，这是两个过程，所以称为热功当量，而不是热功同量。热和做功的背后又隐藏着什么呢？他认为是时候探索能量守恒了。

能量守恒的概念起源比较早，可能源于人们对永动机的思考。据说永动机是由印度人发明的，后来传到欧洲，到了 13 世纪的某一年，一个叫亨利的人对其进行了改良（见图 23–3）。

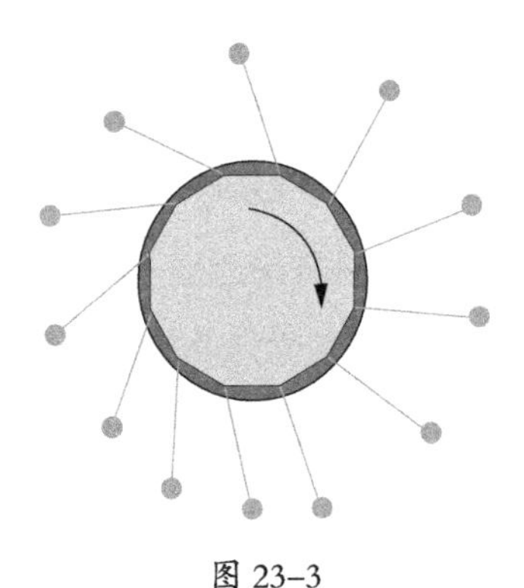

图 23–3

一个圆盘上面挂着 12 个小球，转动圆盘（假设顺时针转动），左边小球的力矩要比右边的大，然后部分带动着整体继续转动。从表面上看，似乎圆盘会永久转动下去成为永动机，但是实际上过一会儿就停止了，因为它并没有考虑到动能与势能之间的转化。所以，永动机无法实现。

永动机让人们无限向往，一直以来都是热议的话题之一。画家达·芬奇也设计过很多永动机，结果都失败了，最终他下了个结论：永动机根本不存在。1775 年，巴黎皇家科学院更是明文规定不再接受任何关于永动机的论文，因为当时此类论文堆积如山，但都经不住推敲。尽管如此，直到 19 世纪还有很多人尝试制作永动机。

对包含热量的能量守恒的探索还要追溯到对人体的研究。话说德国有一个名叫迈尔（1814—1878，不少书中翻译成梅耶）的赤脚医生，他喜欢独自给人看病。1840 年的某一天，他随船队来到了印度尼西亚。那里是热带地区，欧洲人水土不服，很多水手都生病了。按照惯例，迈尔要对病人进行放血治疗。在西方，放血疗法大约起源于古罗马时代，当时人们认为血液过多和过少时都会生病，于是放掉一些以保持健康。放血多是放暗红色的静脉血，可是迈尔为水手们放血时吃了一惊。开始他还以为扎到了病人的动脉，要不然放出的血怎么如此鲜红？更让他吃惊的是他没扎错，那么鲜红的血从何而来呢？迈尔凡事都喜欢琢磨，他把这件事直接琢磨到太阳上了。

动脉血之所以比静脉血红是因为其中含有大量的氧，氧在人体内的化学作用是为人体提供热量与能量。印度尼西亚的天气比欧洲热，所以人不需要那么多氧来提供热量，多余的氧就进入到了静脉血中。于是，他又想人体的热量是怎么来的呢？无疑是通过心脏的搏动，可是小小的心脏做的机械功根本就是杯水车薪，那么人体的热量应该来自食物在体内的化学作用。食物无论荤素归根到底都来自植物，也就是光合作用，因此，人体最终的热量肯定来源于太阳。

这是能量间的转化，在整个过程中，能量应该保持守恒。

1842年，回到德国的迈尔发表了题为《论无机界的力》的论文。此处的“力”指的是能量，显然这与当时的热质说格格不入。他的理论没有得到社会的认可，反而招来无端的指责，外界甚至迈尔的家人都怀疑迈尔是不是疯了。外加上幼子夭折，生活和事业的双重不幸终于击垮了迈尔，他尝试自杀，但只摔断了腿。于是他住进了精神病院，经受了8年非人般的折磨。好在苦尽甘来，他的理论终于被社会承认，也获得了一切早就该得到的东西。那时人们已经接受热的能量说了。

不得不说，焦耳的能量守恒理论也差一点夭折。在1845年的一次报告会上，焦耳提出热的能量说，下面的听众直摇头，其中就包括赫赫有名的法拉第。法拉第直接承认他对此很怀疑并表示被焦耳的理论震惊了，而威廉·汤姆逊（1824—1907）更是直接扬长而去。到了1847年，焦耳参加英国皇家学会的会议时，会议主席不打算让焦耳发言，最终在焦耳的恳求下，同意他说一点关于实验的事。焦耳小心翼翼，边做实验边解释热与能量的关系。这次坐在底下的汤姆逊终于忍不住了，他站起来叫道：“瞎说！热是一种物质，名字叫热质，与功毫无关系。”

焦耳冷冷地问：“如果热不能做功，蒸汽机是怎么工作的？能量要是不守恒，为什么到现在还造不出永动机？”

整个会场鸦雀无声，听众们终于开始意识到有必要审视以前那个荒诞不经的想法了。汤姆逊也放下成见，开始重新思考，重新做实验，重新找资料。当他读到迈尔的论文时，才觉得当时是多么草率和无礼，于是打算登门负荆请罪。他在酿酒厂找到了焦耳，在谈话中，汤姆逊提到了迈尔。焦耳遗憾地说："你说的是那位自杀未遂的医生吧？他已经被关进了精神病院……"或许此时的焦耳后脊背还冒着冷汗……

至此，热是能量并保持能量守恒被广泛接受了。几乎与焦耳同时，德国物理学家亥姆霍兹总结了迈尔、焦耳的工作，严谨地论证了力学、热学、电学、声学等各种运动中的能量守恒。热力学第一定律（又称能量守恒与转换定律）建立了。能量守恒宣告了永动机是不可能实现的，因为人类建立不了一种"理想"的环境，让两种能量相互转换而不受影响。我们以水比喻能量，将 A 杯中的水倒入另外一个空杯子 B 中，再将 B 杯中的水倒回到 A 杯中（能量转换），即便一点没洒，A 杯中的水也会比之前的要少，因为水过地皮湿，总有一点点沾到 B 杯上（能量消耗），再也回不来了。

第二十四回　热力学

热力学与其他学科不同的地方在于先有工程后有理论。尽管尚不清楚热到底为何方神圣，但是不妨碍人们利用热挣大钱。早在 18 世纪中叶，人们已经发明并开始使用蒸汽机（热机）——这正是第一次工业革命的基础。

蒸汽机源于牛顿时代活塞的发明，而用蒸汽作为一种动力可能要追溯到古希腊的亚历山大时代。后来人类使用蒸汽作为动力推动活塞来回运动，当 A 汽缸的温度高时，活塞向 B 汽缸运动；相反，B 汽缸的温度高时，活塞向 A 汽缸运动（见图 24–1）。

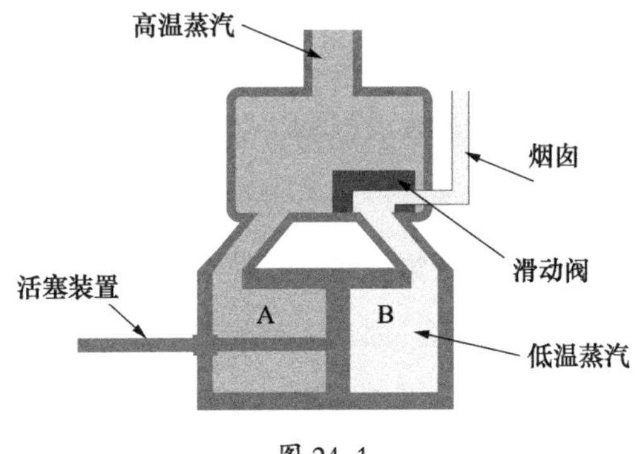

图 24–1

最原始蒸汽机的滑动阀只能开和关，不能移动，当想要让活塞向 A 汽缸移动时，则必须使 A 汽缸中的气体迅速冷凝，于是人们开始直接浇水冷却。如此一来，刚烧好不久的蒸汽就浪费了。在这种情况下，詹姆斯 · 瓦特（1736—1819）出手了，他首先将冷凝装置与蒸汽分离，通过外部水循环重复利用。在另外一个汽缸旁增加加热装置。到了 1782 年，瓦特又改良了蒸汽机，将滑动阀设置为来回运动，使得 A、B 汽缸的温度交替变化。即便如此，蒸汽机的工作效率仍然很低下。当时人们对热机的物理原理还处于懵懂状态，所以很多人尝试用空气、二氧化碳甚至酒精来代替蒸汽，结果都因盲目无功而返。

恩格斯曾说，社会的需求比十所大学更能推动科学前进。工程师卡诺（1796—1832）便在这种社会需求下挺身而出。他不从机械运动的原理出发，转而研究热的本质。

卡诺出生于法国的一个科学世家，他的父亲既是拿破仑政府的一名要员，也是一名出色的科学家。在家庭环境的熏陶下，卡诺一路走来也算得上顺风顺水。1812 年，卡诺考上大学，受到一批名师的指导，其中就有安培、阿拉果等。1824 年，卡诺发表论文《关于火的动力》，提出了“卡诺热机”和“卡诺循环”的概念。

如果说活塞来回运动是一部电影，那么图 24–2 就是卡诺将电影暂停后的截屏。截屏后每个状态都是平衡的。为了表述简便，我们用三角重物表示汽缸的另外一部分，4 个图中重物的总势能保持不变。

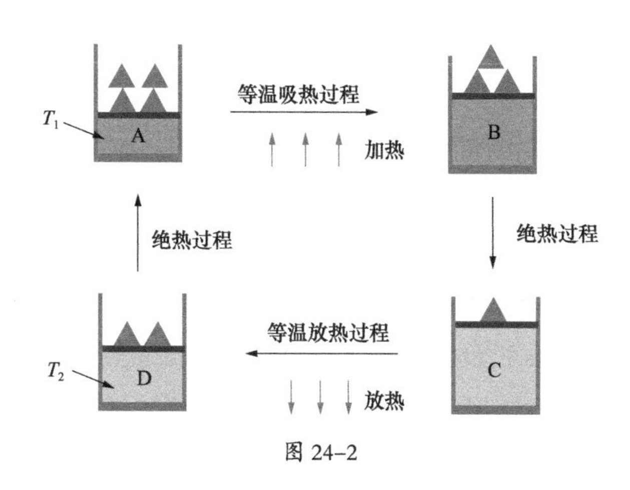

图 24–2

假设一个理想状态：活塞与汽缸之间没有摩擦，需要时汽缸可以完全绝热，汽缸内的气体由独立的分子组成——不会随压强和温度的变化而变成固体或液体，也不会发生化学反应。

1. 等温吸热过程（A → B）。活塞向上运动，汽缸体积增大，向外界吸热，借以保持温度（T_1）不变。

2. 绝热过程（B → C）。在绝热状态下，虽然不加热，但是活塞由于惯性仍然要对外做功，汽缸内的温度降低。所以，活塞继续升高，汽缸体积增大，气温降低到 T_2。

3. 等温放热过程（C → D）。活塞反向下降，汽缸体积减小，向外界放热，借以保持温度不变。

4. 绝热过程（D → A）。活塞由于惯性继续下降，汽缸体积减小，气温升高到 T_1。

如果将重物换成汽缸的另外一部分，就是整个汽缸的工作原理了。这个循环过程称为卡诺循环。在一个卡诺循环里，系统对外做的功就等于吸收的热量减去放去的热量，通过计算可得出卡诺热机的工作效率为：$\rho=1-T_2/T_1$。

卡诺用数学公式告诉当时的工程师们，要提高效率，最好的办法是让两个过程中的温差增大，至于烧什么燃料，无所谓。

起先卡诺支持热质说，他把热质类比为水，认为热质总是从高处往低处流，在流动的过程中对外做功。同理，如果外界不对水做功的话，那么水也不会从低处主动流向高处。于是，他得出结论：高温物体会主动向低温物体传递热质，或者说热质会从高温物体主动流向低温物体，反过来则不行。但是在卡诺循环中，热机的效率不为 100%，丢失的热质去哪儿了呢？卡诺开始认为是流向了冷凝器，但是冷凝器也是一个水循环。在整个系统中，卡诺感觉热质总是对不上数，所以后来他放弃了热质说，转而用“热量”代替热质。只可惜那已经是他在“晚年”的新认识了，尽管当时他才三十出头。

卡诺的一生十分不幸。1815 年，他的父亲在滑铁卢战役之后被流放，几年后客死他乡。家庭的巨变对卡诺的影响很大，导致他性情孤僻，最终脱离了科研圈子，《关于火的动力》发表后，阅读量甚少。他的弟弟虽然也是一位工程师，不过对热机效应的领悟不够深，以至于他没有将卡诺修改后的《关于火的动力》及时发表。50多年后，这篇修改后的论文终于公布于世，但是在工业革命的滚滚浪潮中，一天一个新变化，更别说以年为单位了。此时人们早就弄清了热的本质。卡诺被人记住的只停留在1824年的论文中，尽管如此，他的论文依然引领着热力学的革命。

《关于火的动力》的第一位读者是法国物理学家克拉珀龙（1799—1864），他对卡诺循序有着深刻的理解，并建立了直观的几何坐标图。当时他还是一名比卡诺低两届的学生，人微言轻，他也没能将卡诺的理论推向世界。

若干年后，上文提到的和焦耳辩论的英国人威廉·汤姆逊到法国访问，意外间读到了克拉珀龙的文章，才知道世上还有叫卡诺热机的东西，只是他找遍了所有的书店，也没有找到卡诺的原著。无奈之下，他只得根据克拉珀龙的论文来猜测卡诺的思想。

威廉·汤姆逊的父亲是一位大学教授，他从小就受到了良好的教育，10岁便上大学预科班，14岁开始正式学习大学课程，15岁开始发表有真知灼见的论文……他在很多领域都有创造性的成果，包括在英吉利海峡铺设海底电缆。可以说他的成就是非常辉煌的，以至于后来维多利亚女王册封他为男爵（可以世袭，比牛顿的骑士爵位要高）。授爵后，威廉·汤姆逊改名为开尔文（据说是他家乡的一条河流的名字）。后人曾评价说：上帝要给人类科学，于是派来了牛顿；上帝要给人类工程，于是派来了开尔文。

当读到克拉珀龙的文章时，开尔文考虑了以下两个问题。

第一个问题：卡诺热机的效率能否等于1？在这种情况下，必

须保证 $T_1=\infty$ 或者 $T_2=0$。温度为无穷大是不可能的，同样温度等于 0 也无法实现。实际上，这里的温度既不是华氏温度也不是摄氏温度，而是绝对温度，是一种不依赖于任何物理特性的温标。这正是华氏温标和摄氏温标做不到的，比如摄氏温标依赖水的冰点和沸点，而在不同的大气压下，水的冰点和沸点是不同的。这就好比长度的度量单位米，它只能建立在某种约定俗成的、绝对的基础之上，而不能建立在某个皇帝的一个跨步上。

开尔文认为是时候建立一种新的温标了。实际上，绝对温标的建立并非他一人之功。故事得从波义耳说起，波义耳曾提出波义耳定律，大意是说：同温下，气体的体积与压强成反比关系。到了 1802 年，法国科学家盖 - 吕萨克（1778—1850）提出了一个定律：对于一定体积的任何气体，当温度升高或降低 1 摄氏度时，其压强增加或减小的值是恒定的，约等于 1/273。因此，如果我们将一种 0 摄氏度的理想气体降温到零下 273 摄氏度，它的气压将会为零，体积也会为零。换句话说，温度不能再往下降了，再降体积就成负数了，显然这是不可能的。

盖 - 吕萨克的这一发现实际上在早些年就由法国物理学家查理（1746—1823）提出了，但是没有受到人们的注意，直到盖 - 吕萨克重新提出时，人们才注意到查理的贡献，故而这个定律叫查理定律。

开尔文在前人的基础之上，于 1848 年建立了绝对温标。它以零下 273 摄氏度（现在标准值为零下 273.15 摄氏度）为起点，单位记为 K（简称开，为了纪念开尔文）。0 开称为绝对零度（零下 273 摄氏度），绝对零度是不存在的，所以卡诺热机的效率永远小于 100%。

第二个问题：卡诺热机的效率等于0会怎样？效率等于0肯定存在，只要T_1=T_2就可以轻松实现。可是二者相等意味着什么呢？意味着卡诺热机空转白忙活，也就是说在同一热源下，卡诺热机无法工作。于是开尔文得出新的论断（热力学第二定律）：不可能从单一热源吸热使之完全变为有用功而不产生其他影响。简单点说，在单一热源下系统做不了有用功。

在热力学第一定律建立的时候，人们终于相信永动机是不可能实现的。于是有人开始构思第二类永动机，它从外界不断地吸热，进而循环做功。最为著名的是1881年一位美国人为美国海军设计了一种发动机，利用液态氨气从海水中吸取能量后汽化成氨气，从而放出能量对外做功。这种发动机最终没有成型，因为汽化后的氨必须冷凝成液体才能重复使用，如果不打算重复使用的话，那么就需要和海水等比例的液氨，显然这是不可能的。所以，另外一种低温热源是必要的，也就说必须要有两种或两种以上的热源。

另外一位从克拉珀龙那里得知卡诺热机且做出卓越贡献的科学家是德国的物理学家克劳修斯（1822—1888），他的出发点是卡诺提出的热质流向问题，但是1850年之后不能再提热质了，所以卡诺的意思可以理解为热量会从高温物体转到低温物体，如果没有外界做功的话，热量绝对不会从低温物体转到高温物体。比如将一个容器用隔板隔开，两边分别放入热水和冷水，再抽掉隔板，水温只会冷热均匀，而不会热的更热，冷的更冷。这是怎么回事呢？克劳修斯认为：物理上的各种变化有两个方向，一种是自然方向，另一种是非自然方向。自然方向是自发而独立进行的，非自然方向则必须受到外界影响才可以进行。克劳修斯将热力学第二定律表达为：热量无法从低温物体转向高温物体而不产生任何影响。

至此，热力学第二定律已经基本建立了。

第二十五回　统计力学

热的本质是能量，而能量从何而来呢？19世纪中叶，自从热质说被推翻以后，人们开始相信热是微粒运动的结果。这种微粒便是分子，物体由大量的运动着的分子组成。每个分子都具有一定的动能，对外表现便是热。两个物体摩擦时，它们表面的分子相互接触，在不断的摩擦中，分子间的碰撞更加剧烈，动能增加，物体表面温度升高，热能增加。

牛顿力学体系也可以完全解释热现象，但是绝不是最好的办法。单个分子行踪诡异、飘忽不定，而且分子数量庞大，人们不可能挨个去分析每个分子的运动。就像厨师炒一盘豆子，他不可能挨个去尝每粒豆子的咸淡，要是那样的话，菜没了，锅空了，厨师也饱了。好在每个豆子的味道都差不多，从宏观上衡量它们才是可行的办法。

在物体的固、液、气三态中，研究气体时似乎受到的束缚更少，也更为轻松。克劳修斯可以说为统计力学奠定了基础。1854年，他首先尝试用气体分子的撞击解释压强。他认为压强是分子撞击容器所致，虽然每个分子的撞击力微乎其微，数量较多时就不可忽略了，何况还有兆兆亿亿个分子呢！气温升高，分子运动加剧，单位时间内撞击单位面积的力会更大，宏观上表现为压强增大。他提出“统计平均值”的概念，就好比评委们给一位舞蹈选手打分，最后的计分方法最好是掐头去尾取平均值。克劳修斯从查理定律出发推算出常见气体分子的平均速度，比如氢气是 1844 米 / 秒，氧气是 461 米 / 秒……这些速度相当高，要知道音速也不过是 340 米 / 秒。

克劳修斯的理论存在很大的悖论。比如有个学生在教室里放了个响屁（假设屁由一种分子组成），即便屁分子的平均速度要比氧气慢，但也不会慢到哪儿去。为什么所有人都听见了声音，却过好久才闻到臭味呢？也就是说分子运动根本没有克劳修斯说的那么快。于是克劳修斯又提出了“平均自由程”的概念，借以束缚分子的运动。简单点说，自由程就是分子相互碰撞后能走多大的距离。怎样求得分子的自由程？在一个理想的平衡状态下，克劳修斯先假设只有一个分子运动（图 25–1 中深色球所示），其他的都静止（图 25–1 中浅色球所示）。但是深色球与浅色球的碰撞不是等权的，离深色球越近的浅色球越可能受到撞击。所以，克劳修斯需要求出撞击的概率，进而计算出所有分子的平均自由程。

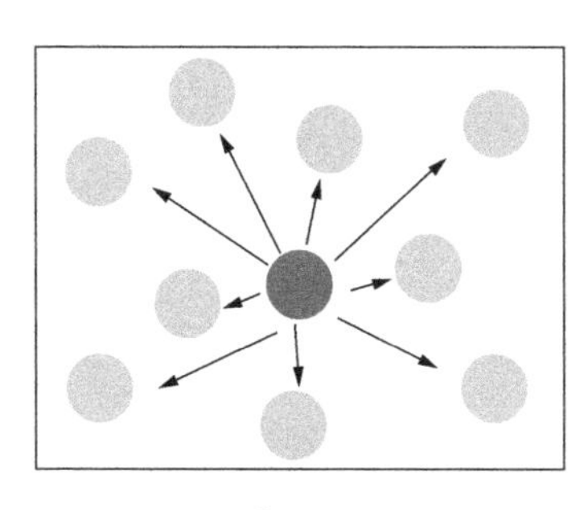

图 25–1

概率是研究随机性的数学方法，比如网购时有好评和差评，但是通常不会所有人都打好评，也不会所有人都打差评，于是好评率出现了。评价在顾客确认收货之后进行，那么在售出时怎么知道新客户将会给出什么评价呢？无从知道，只能从以往的历史经验入手，估计他大概会怎样评价。然而做学问可不是一次网购，这样做可以吗？答案是可以的，如果单个分子运动是一次网购，所有分子的运动就构成了庞大的“云数据”。

概率被带进了物理学！

其实早在 1850 年，麦克斯韦就认识到了这一点。他认为世界上真正的逻辑是对概率的计算，因为概率分布是客观存在的，物理学的任务便是要找到客观存在的规律性。

到了 1859 年，麦克斯韦将每个分子看作一个质点，那样就可以将每个点的运动划分成 3 个相互垂直的方向（x，y，z）上的运动，再讨论理想状态（即每个气体分子的碰撞均为弹性碰撞，碰撞后动能不损耗）下气体分子的运动速度，最后从分子的宏观性进行考虑，得出速率的分布曲线（见图 25–2）。

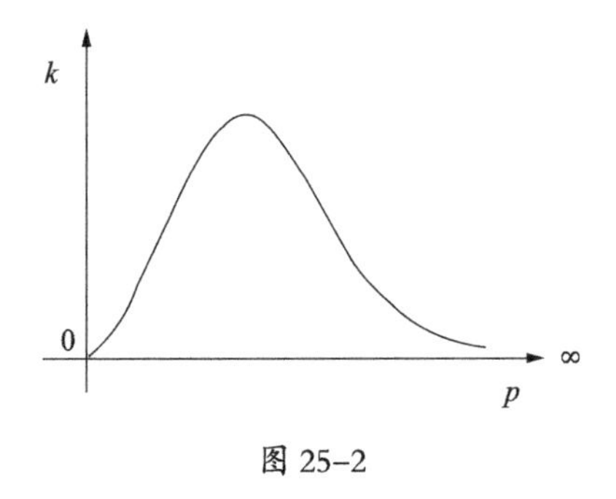

图 25–2

从图 25–2 可以看出，分子的速率有可能为零或无穷大，只是这两个极点的概率非常小。实际上分子速率为无穷大是不可能的，麦克斯韦提供的只是一种非常好的数学方法。在当时，将概率引入物理学饱受质疑，速率分布曲线自然不能幸免，直至 1920 年人们才为该曲线提供了强有力的实验证据。

好吧，如果麦克斯韦的概率论是正确的，会不会存在以下情况？比如分娩，生下男孩和女孩的概率都是 1/2，那么会不会在某一年人类生下来的都是女孩或者都是男孩？这种说法看上去很荒谬，但这是不可否认的客观事实，尽管概率小得可怜。假设人类历史可以延续 100 亿年，这个小概率值乘以 100 亿后就会很大了。也许你会觉得 100 亿年内只有某一年全生男或全生女无所谓，但是放在物理学里，就会出现很多诡异的现象，比如装了气体的瓶子自己会走（分子运动取向一致），千万块石头自动变成了城堡，钢铁自动变成汽车，不小心撒到作业本上的墨汁会自动把作业写完，因为在物理学里，没有哪条定律认为这是不可能发生的。

但克劳修斯告诉人们这就是不可能的，因为在一个孤立的系统里（即不受外界影响），无法做到非自然方向的转化。1865 年他提出了“熵”的概念，熵本来用于描述卡诺热机的状态，但他发现对于一个孤立的系统，熵只能增加或维持不变，绝对不会减少，减少了就表示非自然方向的转化出现了——在没有外界干扰的情况下这是不可能发生的。克劳修斯认为熵适合一切自然现象。

熵的应用非常广泛，简单解释就是顺自然方向者昌，逆自然方向者亡。从有序到无序便是一条基本的自然转化方向。虽然一座城堡由无数块石头有序地砌成，但是没有人为因素是做不到的，石头绝对不会逆着自然法则行事。

不久以后，熵用来解释宇宙热寂。热寂概念是由开尔文提出的，他把整个宇宙看成一个孤立的系统，宇宙内部能量的转化看成一个卡诺热机，不断地从系统中的高温物体吸取能量，向低温物体传递能量，总有一天高温物体和低温物体的温度相等，那样的话宇宙就无法运作了。利用熵来解释，宇宙的熵会逐渐增大，直到不再变化，此时宇宙处于热平衡状态。

热寂说太悲观，肯定使人这种高等动物惴惴不安，最先表达不满的是麦克斯韦。他提出一个假想的模型——麦克斯韦妖。

如图 25-3 所示，一个孤立的热平衡系统分为 A 和 B 两部分，中间有隔板，隔板上有个小窗口。妖就站在窗口边。起先，A、B 两部分的温度一致。当一个分子经过小窗口时，妖以非常快的速度跑过去，判断分子速度的快慢，并选择开窗或关窗。最终快速率的分子被放置在 A 区，慢速率的分子被放置在 B 区。这样一来，A 区的温度高，B 区的温度低，温差出现了，整个系统的熵也减少了，也就不用担心热寂了，热力学第二定律也不复存在了。

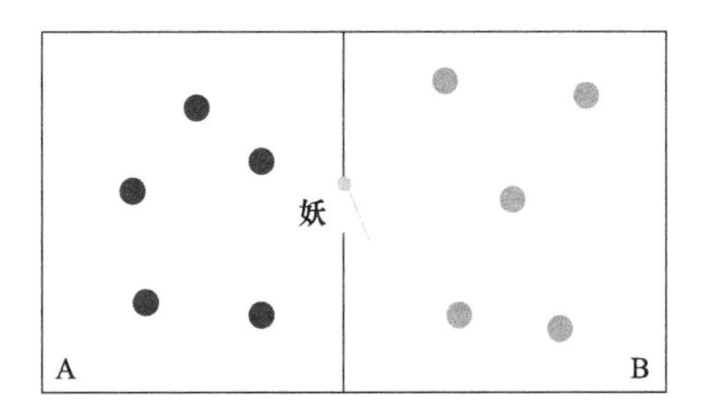

图 25-3

麦克斯韦妖也曾被人们激烈地讨论过，最终还是被踢出了物理学，这是 20 世纪中叶的事。在概率与统计的数学方法、熵等理论基础之上，人们发展出了一门新学科——信息论。信息论认为小妖没有对系统做功，它怎么知道分子的速度、方向、经过的时间呢？唯有测量，而测量则必须有外部做功。假如小妖的神经极其敏感，它不需要借助外界，只靠那一双迷人的眼睛就可以目测世界，可是没有光线，眼睛等于瞎子，而光线进入了系统，系统也就不孤立了。从根本上说，麦克斯韦妖没有存在的可能性。

热寂说基本上也被否定了，随着天体物理学的发展，人类认识到宇宙在不断膨胀，宇宙本身就趋向于不平衡状态，自然不用担心热寂了，所以热力学第二定律在宇宙系统上并不算完全成立，或许这也是目前很多科学家寻找第二类永动机的主要原因。退一万步说，即便宇宙不膨胀，我们也不用像听到“黑色星期五”那么悲观，就像史铁生说的“死是一个必然会降临的节日”，而我们不必坐等这个节日的到来。

第四部分

光学

第二十六回 光，波或微粒？

什么是光？这个问题要比热难多了，不过《圣经》中的解释却简单而任性：“上帝说要有光，于是就有了光。”如果光真是由上帝创造的，那么他老人家也给人们发现其中的奥秘留下了破绽——昼夜交替。虽然我不知道人类研究光从什么时候开始，但是我坚信人类肯定是从晚上看不见东西时就开始产生疑惑的。

话说阿七有个科学家朋友叫文西，他新研制出一个手电筒，当有光照到这个手电筒时，它就会亮。

“那么没有光照到它呢？”

“绝对不亮。”

“……”

故事中虽然出现了“多此一举”的逻辑问题，但是在古代不乏这样的思考。古人（未必只有古希腊人）认为人能看见东西是因为眼睛里发出的光照射到物体上。

“那么漆黑的夜里为什么看不见呢？”

“可能是因为没有光照到眼睛里吧？”

这个悖论存在了很多年，直到古罗马时期的卢克莱修（约公元前 99—约前 55）时代，他认为眼睛不发光，只是光的“搬运工”，光从光源出发到达眼睛，眼睛将光反射到物体上，所以眼睛才能看到物体。由于他的名气不大，所以其学说没有盛行。这种说法也存在问题，比如将光源放在脑袋后面，使得光源的光不能直接进入眼睛，但是眼睛依然可以看到脑袋前面的物体。

到了公元1000年左右，阿拉伯人海什木（965—1040）发展了光学理论，他认为眼睛看到物体是由于光源照射到物体上，然后由物体反射到眼睛里。但是光源的颜色是一种，而物体的颜色是五彩缤纷的，海什木对此没有给出解释。

他还专门做了一个实验：小孔成像。小孔成像实验在两千年前的《墨子·经下》中就曾提到过："景到，在午有端，与景长，说在端。"大意是：影子（像）倒立，在光线交会处有一交会点（小孔），关于影子的大小，在于交会点的相对位置。通过小孔成像，墨子和海什木似乎都可以看到光的直线传播路径，不过海什木还做过很多关于物理的实验，为此伽利略称他为"人类第一个科学家"。

尽管没有搞清楚眼睛与光的问题，但不妨碍古希腊人研究光的两个普遍现象——折射与反射。

古希腊几何大师欧几里得（公元前330—前275）研究了平面镜反射成像原理，发现了反射角与入射角相等的规律；天文学家托勒密也研究过光的折射现象，他是第一个测量入射角和折射角的人。

转眼间就到了伽利略时代，那时候荷兰人已经用凹凸镜制成了望远镜，而且伽利略和开普勒都有一台自己的望远镜，其原理就是光通过透镜时发生折射。他们都对光的折射有一定的研究。开普勒提出了入射角和折射角的比例关系，虽然不是很精确。

此后，荷兰物理学家斯涅耳（1580—1626）在1621年得出最正确的入射角与折射角关系式，正确到后来出现在中学的教科书中。笛卡儿在此基础上引入正弦余弦表述式。斯涅耳还用光的折射解释了水中物体漂浮现象。斜眼看鱼，感觉鱼比实际的位置要高（见图26–1）。

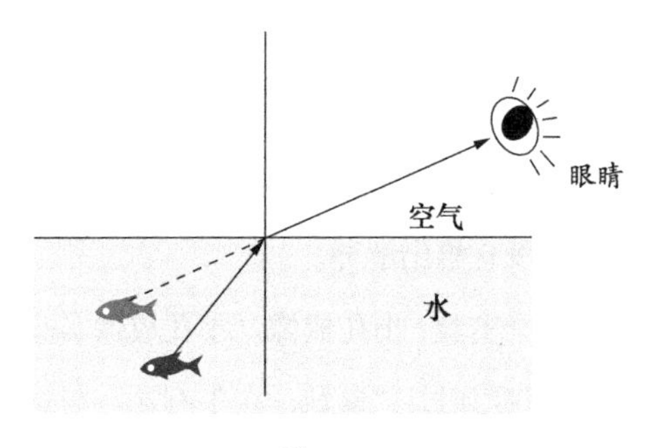

图 26–1

说了这么多，光的本质是什么？在古希腊哲学家德谟克里特看来，光是一个个小小的球状颗粒。这是最早的光微粒说。这种小球以极快的速度沿着直线传播，遇到物体会反射，遇到透明或者半透明物体会折射，然而有个问题——光的衍射无法解释。

意大利数学家格里马第（1618—1663）在生活中发现一个很诡异的现象：他家的房顶上有一扇百叶窗，当太阳光从百叶窗的缝隙中照到木杆上时，木杆的影子比预期的要宽，而且宽出的部分里出现了明暗条纹。他将此现象称为衍射。衍射现象非常常见，比如将眼睛眯成一条缝对着灯，就可以看到条纹般的光线。

光的衍射说明光在同一介质中并非按照直线传播，至少不总是直线传播。如果光在物体的边缘也会折射，那么明暗条纹就解释不通了，所以他将光和水波进行类比。水波可以绕开障碍物而发生衍射现象，所以他认为光也是一种波，这是人类历史上最早的光波动说。他预言物体的颜色不同是由物体反射光的频率引起的。

消息传到英国皇家学会会长胡克的耳朵里，他同意格里马第的看法，同时也开始研究肥皂泡的颜色。他判断光是一种速度很快的纵波，就像吹肥皂泡一样向外扩散，光的颜色由频率决定。是波就需要介质，胡克把这项工作交给了以太。伟大而小心眼的胡克很好地发展了光的波动说，只可惜和他结梁子的是更伟大、心眼更小的牛顿。

牛顿自始至终都是光的微粒说的代表。起先，他研究过光谱现象，提出新的微粒说。光如同小球，白光是由各种颜色的小球组成的，不同颜色的光在物体上有着不同的折射率与反射率，当白光照到物体上时，部分颜色的小球被反射，另外部分光被物体吸收了，所以世界是如此缤纷。牛顿的微粒说解释了颜色的千古之谜，然而他用一个实验亲自埋葬了曾经付出的所有努力。

如图 26-2 所示，点光源通过分光镜，再由凸透镜、平面镜折射和反射之后，会形成一个环状的光谱图，史称“牛顿环”。其实谁都知道，牛顿环的产生是由光程差异导致的，就像三棱镜上窄下宽一样，那么用波的干涉便能很好地做出解释，但是牛顿拒绝采用。他认为光微粒进入不同介质的时候会有些“迟疑”（某种短暂状态），迟疑之后又回过神来，在回神的那一刹那之前，光微粒更容易被下

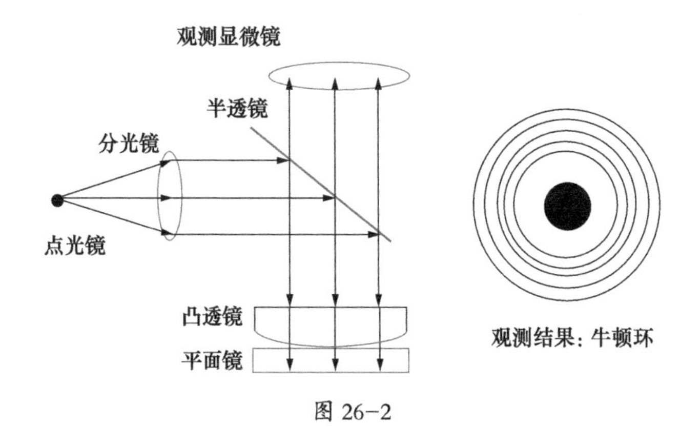

图 26-2

一个介质反射或者折射。由于光程不一样，所以光粒子花的时间不一样，这会导致“阵发性的间隔”。这样说来，难道光还有意识？因此，牛顿表示暂时还是不要讨论为好。

寸有所长，尺有所短。微粒说解释不了光的衍射，同样光的波动说在解释折射方面也存在一定的困难。这个时候，荷兰科学家惠更斯站了出来。1678 年，他明确反对牛顿的观点，同时又对胡克的波动说进行了改造。他改造了以太，我们知道声音传播是靠看不见摸不着的空气，而以太也和空气差不多。惠更斯认为每个光源把能量给了周边的以太，由于以太是由一个个刚性十足的小球组成的，所以这些小球接收光源能量后又会去撞击周边的小球，每个小球都以自我为中心向外扩散，为此他提出“光波面”的概念。惠更斯的观点在当时相当完美，起码能解释直射、折射和衍射了。从根本上说，他的观点也属于波动说，一场旷日持久的“波粒战争”正式打响了。

牛顿的微粒说与惠更斯的波动说本就势同水火，但那时谁也不能给出压倒性的证据，最终这场拉锯战以牛顿的微粒说胜利而告终，胜利的原因并不是实验证据，而是因为牛顿在学术界的权威，谁让他的名望太高，成就太大呢？但是，持波动学说者则表示这事不算完。

说话间，一个世纪又过去了，英国人托马斯 · 杨对牛顿的光学理论产生了怀疑。怀疑的起点是，他对光和声进行类比，因为声波在重叠后都有加强或减弱的现象。他想，如果光也能产生这样的现象，势必为波无疑了，但是这种现象人眼是不可能看到的。

到了 1801 年，托马斯 · 杨仿照水波的干涉现象，做了历史上著名的杨氏双缝干涉实验，如图 26–3 所示。

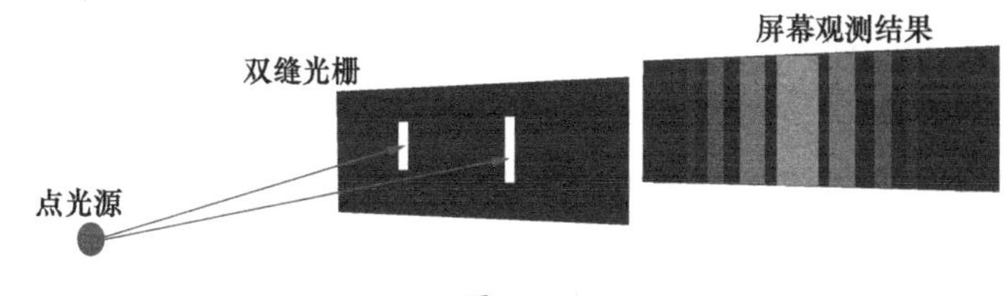

图 26-3

屏幕上明暗相间的条纹已经说明了一切。后来杨做了很多干涉实验，总结出了干涉原理，还测了实验时光的波长。由于他的出发点就是将光和声进行类比，所以他认为光也是纵波。杨把自己的工作告诉了法国物理学家、牛顿的忠实粉丝阿拉果，阿拉果经过一番思想斗争后选择相信杨的实验。

对于光的微粒说，不满的人日益增多，法国物理学家菲涅尔（1788—1827）也在进行着对光的探索。此时他还不知道杨的双缝干涉实验，后来“叛变”过来的阿拉果及时地告诉了他杨的工作。菲涅尔在此基础上取得了很多成果。

波粒战争再次激烈起来。1818 年，法国科学院提出组织一场竞赛，看谁能从实验中得出衍射现象，谁能用数学方法推导出光在物体附近是怎么运动的。

站在牛顿这边的法国数学家泊松（1781—1840）通过严格的数学推导出：如果光是一种波的话，那么光通过一个圆形的障碍物时，会在后面的观测屏上呈现一个亮点；或者光通过一个小孔时，会在观测屏上呈现一个黑斑点。

在日常生活和人们的脑海里，光通过障碍物时，留下的只有影子，眼看着微粒说将要胜利时，菲涅尔在阿拉果等人的协助下成功地满足了泊松的要求。而菲涅尔的障碍物之所以会出现亮斑，是因为障碍物必须足够小。后来菲涅尔将此亮斑命名为泊松光斑。

面对微粒说，波动说给了致命一击，此时“光是一种波”的论断已经是板上钉钉了。既然光是一种波，而波是能量的传输方式，那么承载波的载体又是什么呢？以太，必须是以太，因为放眼望去，再也没有比以太更适合的人选了。那个曾经被牛顿扣在五指山下的“恶魔”被一拨儿接一拨儿的取经人揭掉了封印，以太重现江湖。

第二十七回　光谱的故事

人类研究光谱应该是从彩虹开始的，尽管古人还未曾将彩虹与光联系起来。虹者，从虫从工；虫者，兽也，所以老虎又叫大虫，此处可解释为龙；工者，工整也，可解释为工整排列。大致上，古人（无论西方还是东方）都将彩虹解释为天上的某种神兽。

对光谱有实质性研究的人是牛顿，不管结果如何，他是第一个将白光看成复合光的人，而白光分散开来就是光谱。就像客人坐在饭店里，店小二拿来一本菜谱，饭店的菜名尽列其上。还有没有别的菜呢？客人似乎别无选择。

大约在托马斯·杨发现光干涉现象的头一年，英国天文学赫谢耳（1739—1822）告诉人们还有其他选择。赫谢耳出生于军队乐师家庭，从小爱好音乐，也想成为作曲家，但是这些爱好敌不过天文，他时常制作一些大型望远镜。1781 年，他发现了太阳系第七大行星——天王星，从此轰动天下。

1800年的某一天，他依然和往常一样，用三棱镜观测恒星的光谱，然后用很灵敏的温度计测量每种颜色的光谱的温度。可能是他不小心将温度计放到了红色光谱之外，结果温度计的温度也升高了。赫谢耳感到很奇怪，他认为红色光谱外面还有人们看不见的光，所以称之为红外光。其后不久，光的波动学说成为主流，所以光谱中不同的颜色代表着光的不同频率，人眼能看见的只是光谱的一小部分，还有很多不可见的光。光谱远比牛顿时代的人们想象的更为广大（现在光谱简图如图27–1所示）。

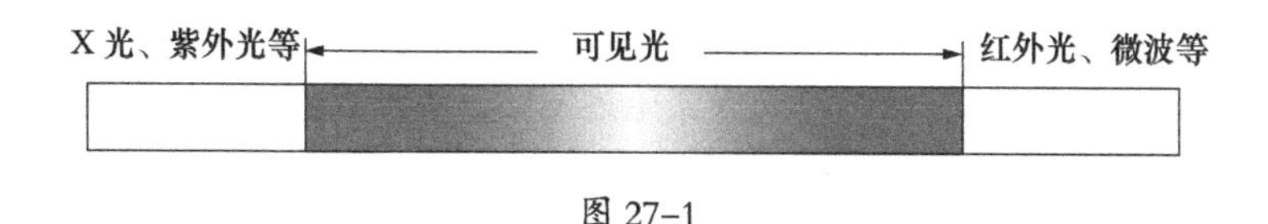

图27–1

即便在可见光部分，光谱也很复杂。1802年，英国化学家沃拉斯顿（1766—1828）用一条很窄的细缝取代牛顿的小孔，再透过三棱镜时，发现可见光的光谱中夹杂着几条黑黑的细线。长久以来，我们对光谱的认识存在一个误区，认为光谱由七色光组成，实际上光谱是连续的，也就是说分不清有多少光，只是大致上将其分为红、橙、黄、绿、蓝、靛、紫而已。沃拉斯顿将他看到的黑线解释为不同颜色光的分割线。

牛顿后第二位对光谱研究取得很大成果的是德国的一位玻璃工匠——夫琅和费（1787—1826）。夫琅和费出生于德国拜仁的一个玻璃制造工人家庭，他的祖父和父亲都是玻璃工匠，他母亲的娘家与玻璃的渊源甚至可以追溯到伽利略时代，他本人也很好地继承了父母双方家族的优良传统。只是可惜，他10岁时娘去世，11岁时爹又去世，从此住进了贫民窟，14 岁时贫民窟还倒塌了。当他被人从瓦砾堆里救出来时，碰巧他的遭遇让当时路过此地、日后成为巴伐利亚国王的马克西米利安一世知道了，他资助夫琅和费进入学校学习。

1814 年，在研究三棱镜时，夫琅和费把三棱镜对着太阳光透过小缝形成的线光源时，发现光谱中的暗线比沃拉斯顿看到的要多得多。如果三棱镜的镜面比较粗糙，这些暗线就会模糊不清，夫琅和费的手艺由此可见一斑。当他把三棱镜对着月光形成的线光源时，也得到了同样的光线谱。他把这些暗线在光谱图上标记出来，并且按字母编号，后来称之为夫琅和费谱线。

夫琅和费把三棱镜放到天文望远镜的一个焦点位置上，发现光谱中暗线的位置和数量都有很大的差别。这些发现无疑是很伟大的，只可惜人微言轻，科学界对他本人不够尊重，只将其看成一个“制造者”，说难听点就是一个干活的人，所以出席某些科学会议时，他连发言的资格都没有。然而正是这位干活的人一手将拜仁（巴伐利亚）带到了世界第一大光学仪器制作中心的位置上。1826 年，夫琅和费在长期的玻璃制造工作中倒下了，年仅 39 岁，死于重金属中毒导致的肺结核。

30 多年后，赫兹的老师基尔霍夫对光谱中的暗线做出了合理的解释。基尔霍夫出生于今天俄罗斯的加里宁格勒，在当时叫柯尼斯堡，属于普鲁士王国。基尔霍夫在柯尼斯堡上大学，主修物理。基尔霍夫是一位天才，年仅 21 岁的时候，他提出了基尔霍夫电流和电压定律，翻译成教科书语言便是并联电路总电流等于各分路电流之和，串联电路总电压等于各元件电压之和。基尔霍夫因此被誉为“电路求解大师”。也许有人会认为这条理论太简单了，然而当电路如图

27–2 所示时，我们就该向这位大师表示大大的感谢了。

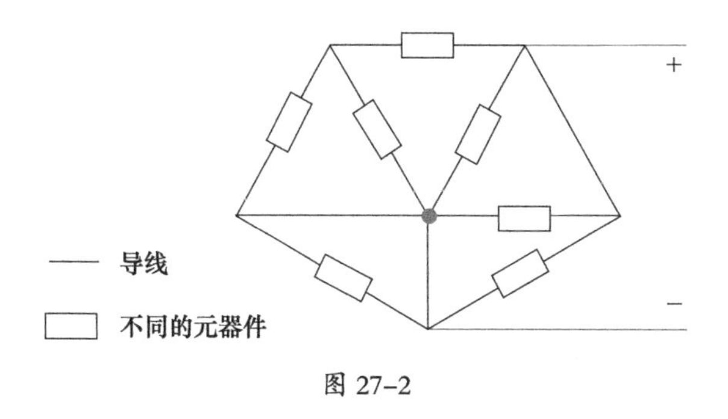

图 27–2

大学毕业之后，基尔霍夫便开始去柏林大学任教，与当时德国的一位化学家本生（1811—1899）相识，两人结下了深厚的友谊。本生出身于书香门第，也是将家族传统发扬光大的人。1852 年，他担任德国海德堡大学教授。在本生的推荐下，两年后基尔霍夫也成为了海德堡大学的教授。他二人将人类对光谱的认识推向了新的高度。

故事还得从一盏灯说起。早在 18 世纪中叶，欧洲人开始利用气体燃烧照明，只是如果煤气燃烧不够充分，会导致火焰的温度不高，而且浓烟较多，污染大。到了拉瓦锡时代，人们清楚地认识到燃烧是燃料与空气中氧气的化合作用。于是本生改良了汽灯，他让煤气在燃烧之前就与空气按照一定的比例混合，燃烧后的温度大大提高，火焰也呈现出不同的颜色。

火焰的颜色代表什么？那时候人们早已知晓，燃烧时温度不同便会呈现不同的颜色。比如一堆篝火，木头燃烧后会产生二氧化碳、一氧化碳等，同时释放大量的热，这些热使气体和燃烧后的小颗粒的温度升高，于是呈现出火焰。所有的物体加热到一定程度都会成为发光体，比如通红的木炭、锅炉腔体中的锻铁、白炽灯的钨丝等。但不是所有的“火焰”都会被人眼看到，比如煤气的主要成分是一氧化碳，高纯度煤气火焰的颜色若蓝若无，因为它的光谱在可见光之外，但是如果在火焰上加点食盐（氯化钠），火焰便呈黄色。

某一天，本生和基尔霍夫二人和往常一样散步。本生告诉基尔霍夫燃烧食盐的实验，并告诉他用有色的玻璃镜片看黄光非常有趣。基尔霍夫笑着说：“如果我是你，我会选择用三棱镜。”果然第二天，基尔霍夫带着三棱镜走进了本生的实验室。

基尔霍夫发现，在光谱可见光部分的黄色位置上只有一条明显的暗线。如果用镁等金属取代钠，也会在不同位置上出现暗线，此光谱称为元素发射光谱。这些暗线与夫琅和费谱线有什么关联呢？基尔霍夫在本生灯的后面放置了一个白光源，燃烧钠时，会在同样的位置（即频率相同）产生暗线，此光谱称为元素吸收光谱，如图27-3所示。基尔霍夫由此于1859年得出一个新的结论：某一物体发射什么样的光，它就会吸收什么样的光。

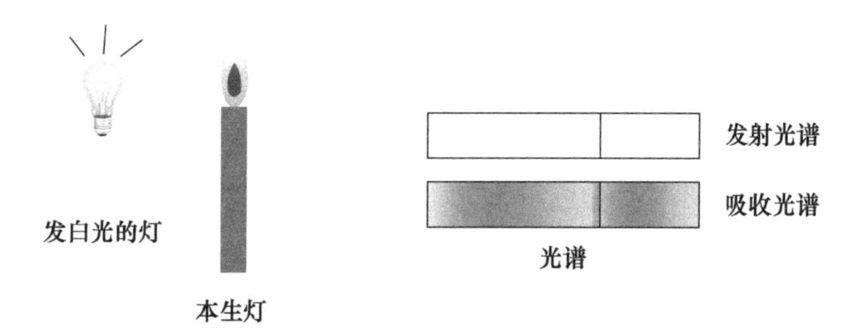

图 27-3

现在可以对夫琅和费谱线进行解释了。太阳光的谱线本是连续的，但是太阳中含有钠、镁等元素，它们吸收特定频率的光，所以光谱中出现较暗的条纹。月亮光谱和太阳光谱一样，因为月亮本身不发光，只是反射阳光。每个恒星中含有的元素不一样，所以光谱中暗线的位置不一样。反过来，以此方法可以得知恒星上存在哪些基本元素。此后人们利用光谱现象寻找自然存在的元素，新元素的发现进入第一个高峰期。

基尔霍夫发现了光谱中的暗线，这些暗线的位置只与元素有关，元素光谱的暗线比较复杂，通常人们研究最简单的元素——氢的光谱。瑞士数学家巴尔末（1825—1898）经过长期研究，得出氢原子谱线与波长的经验关系式，称为巴尔末公式。

$$\lambda=\frac{Bn^2}{n^2-4}\quad(n=3,4,5,\cdots)$$

这里，λ 为波长，B 为常数。

虽然搞清楚了暗线出现的位置，但是搞不清它们为什么会出现在那里。等人们差不多搞清楚这些问题后，势必又是一场物理学的大风暴。

可是光谱并不是一成不变的。当光源运动时，光谱会发生红移或者蓝移，这就是多普勒效应（以此纪念科学家多普勒）。多普勒（1803—1853）出生于奥地利的一个石匠家庭。多普勒的家族是从事石匠生意的，他的家乡建了很多房子。多普勒没有在石匠这行当里博得状元头彩，因为他的健康状况一般，最主要的原因是他的学习成绩太好了。

话说有一天多普勒带着孩子去散步，一列火车从远处隆隆开来。他注意到，火车越近时，隆隆声越刺耳，等到火车离去时，声调突然变低了。这个现象引起了他的注意，他潜心研究了很多年。他认为这个现象和声音的频率有关，最后多普勒自掏腰包请乐队在行驶的火车上演奏，请乐师辨别声音的频率，得出频率与运动速度之间的关系（见图 27–4）。

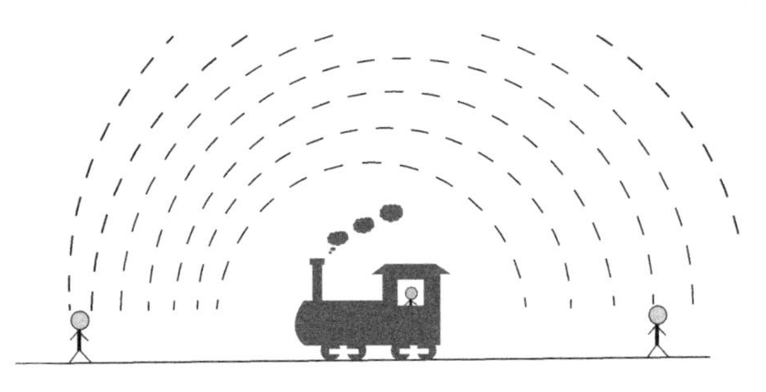

图 27–4

1842 年，多普勒将此研究成果发表，此后他还将此应用到光上面，但是那个时候人们还不了解光是什么样的波。多普勒以为光和声波一样都是纵波。到了 1848 年，法国物理学家阿曼德 · 斐索（1819—1896）在丝毫不知道多普勒研究的情况下，得出了光的多普勒效应，所以光的多普勒效应又称多普勒 – 斐索效应。简单说，当光源远离观察者运动时，会看到光谱向着红色部分移动，简称红移；当光源靠近观察者时，光谱会向蓝色部分移动，又称蓝移。反过来，当光发生红移时，可以确定光源正在远离观察者，而发生蓝移时则说明光源正在靠近观察者。

另外，斐索是人类历史上第一个用实验精确测量出光速的人，请看下回《光速的测量》。

第二十八回　光速的测量

长久以来，人们一直在猜测光怎样从光源到达目的地。先哲们见仁见智，但谁也拿不出让别人信服的理由来，因为没有人对光速进行过有效的测量。

可以肯定声音是有速度的，比如在电闪雷鸣的夜晚，我们总是先看到闪电后听到雷声。如果把这个问题归结为耳朵长在眼睛后面，那只是个冷笑话。物理学是一门很严谨的学科，即便在简单的科普文章里，我们都不会开任何玩笑。

开创相对运动研究先河的伽利略可以说是速度的忠实粉丝，他不仅相信光有速度，而且还想用实验测算出光的速度，其方法就是测量声音速度的那一套。

虚拟一个实验来看看声速是怎么测量的（仅供参考）。

话说有小伽和小略两个人，他们分别站在两个高高的建筑（或者山）上，手里分别拿了一块表和一个喇叭。小伽先喊道："喂，听见了吗？"然后，他开始掐表计时（T_1）。

小略听到后喊道："没有听见啊。"他也同时掐表计时（T_2）。

小伽喊道："没听到还喊？"然后他又计时（T_3）。

……

如此反复，反复如此，就能测量出声速大约是 340 米 / 秒。

相对于光速，声速简直小到不知道怎么形容。伽利略已经估计到光速很快，所以他对测量声音的实验进行了改良，加大距离和测量更多次。下面再次演示。

小伽开灯，然后喊道："喂，看到了吗？"然后，他开始计时。

小略自语道："喊什么喊，在测光速哩！"其实他早就在计时了。

……

那时候人们还没有很精准的计时器，而第一个真正意义上的机械钟还是后人根据伽利略发现的钟摆原理制造的。不过，我们假设小伽和小略都带上了最精准的表，这个实验依然无法进行，原因是所记录的开灯时刻（T_1）极有可能在看见灯光时刻（T_2）之后，因为光速实在太快了。人眼看见灯光，反应到大脑，再从大脑发出掐表指令，这时光已经从北京到纽约跑个来回了。毫无疑问，伽利略的方法确实失败了，所以历史上也没留下他测的光速数据。

大约过了 40 年，丹麦皇家天文学家罗默通过观测木星和木卫一，第一个有理有据地证实光是有速度的。

话说木星有很多颗卫星，其中 4 个较亮的已经被伽利略看到了。当时人们已经基本掌握离木星最近的一颗卫星（木卫一）绕木星公转的周期大约为 42 小时，即每隔 42 小时左右就会发生一次木星食。假设两次木星食的间隔为 T，当地球沿着公转轨道向木星运动时，T 要小一些；而当地球背离木星运动时，T 要大一些。这说明光是有速度的，否则 T 是一个不变的量。

如图 28–1 所示，地球由 B 向 A 运动，T 不断减小，当地球处于 A 点时，T 最小；地球由 A 向 B 运动，T 不断增大，当地球处于 B 点时，T 最大。所以，我们有理由相信 A、B 两点的 T 值之差就是光通过这两点所用的时间，记为 ΔT。而 A、B 的距离正好是地球公转轨道的直径，即日地距离的 2 倍。当时卡西尼已经基本完成了日地距离的测量，只是他并不相信罗默的工作，实际上卡西尼对哥白尼、开普勒、牛顿等人在天文上的理论都不认同，他坚信的是地心说。

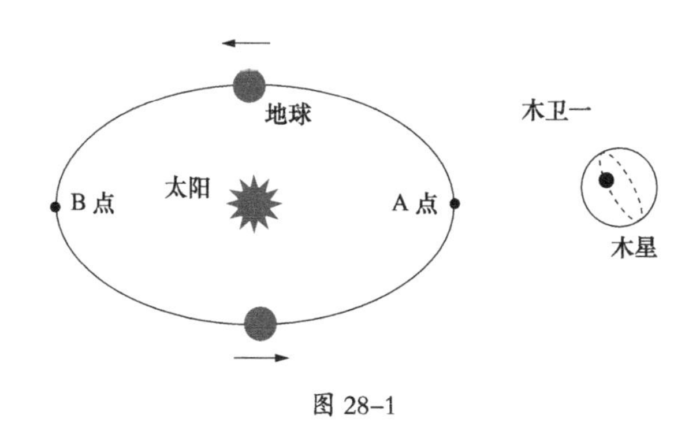

图 28-1

1676 年，罗默通过周密的测量和计算（必须考虑木星的公转周期等其他因素，木星的公转周期约为 11 年，影响相对较小）得出 ΔT 约为 22 分钟，光速约为 21 万千米 / 秒，是目前已知光速值的 70% 左右。由于当时对行星的椭圆轨道认识不足，得出的结果不精确是在情理之中的事，但罗默为人类对光的认识迈出了坚实的一步。

第一个比较精确测定光速的人是英国天文学家詹姆斯 · 布拉德雷（1693—1762）。他长期观察星体，发现了一个很有趣的现象。相对于整个宇宙中的大恒星体来说，地球渺小到都不好意思跟人打招呼的地步，所以我们也有理由相信，遥远大恒星的光是平行直射到地球上的。也就是说，无论地球在公转轨道的什么位置，只要架好了望远镜迎着平行光，就再也不用调试了。但是布拉德雷发现，当地球远离和靠近星体时，望远镜的角度会有差异，如图 28-2 所示。

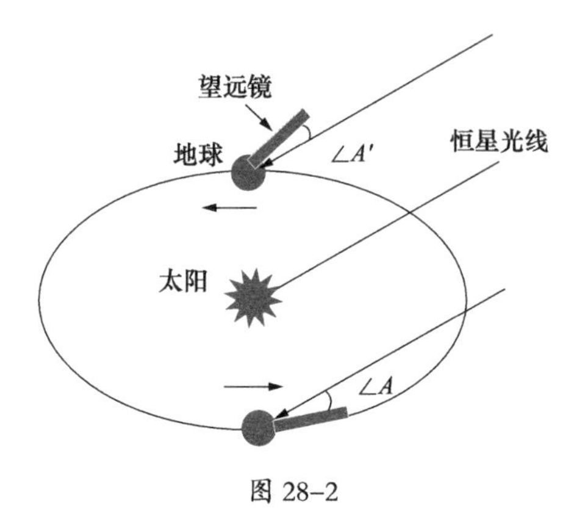

图 28-2

对于角度差异，布拉德雷感到十分费解。有一天他坐在船上，忽然发现船上的旗子并非沿着风的方向，而是与其有个小夹角，原来这是速度的合成导致的。好比无风的下雨天，雨水垂直落到地面，但是行人手中的雨伞要向前方倾斜。星光似雨，所以望远镜也要向着运动方向倾斜。

布拉德雷豁然开朗，于 1728 年提出了“光行差”的概念。后来布拉德雷观测了不同的恒星，发现光速对于恒星而言是相同的，并通过三角形角度计算得出光速为 30.4 万千米 / 秒，和目前公认的光速值很接近了。该怎么解释光行差呢？其实很好解释，因为那是一个牛顿刚刚去世的年代，光的微粒说十分盛行，用微粒说解释起来就不费吹灰之力。但是当微粒说被波动说打败时，又引起了一番争论，此是后话。

第一个从实验中得出光速的是前文说到的斐索，1849 年他用一个很巧妙的办法在地球上测出光速。伽利略实验之所以失败是因为光来回的时间间隔太小，人类根本没办法把握，所以一定要抛弃人工掐表的方法，只能从宏观上感受。

图 28-3 中的旋转齿轮有 720 个齿，每个齿隙都像一个小孔一样，只容许部分光通过。当齿轮以不同的速度转动时，人眼接收到的光线会忽明忽暗，甚至看不到反射光回来——全被挡住了。不断提高齿轮的转速，当齿轮以每秒 25 圈的速度转动时，人眼感受到的光是最亮的，这就说明光跑一个来回的时间是 1/（720 × 25）秒，再计算出光程为 8.67 千米，光速约为 31 万千米 / 秒。这是实验中第一次得到和现在较为接近的光速值，这种方法也称为齿轮法。

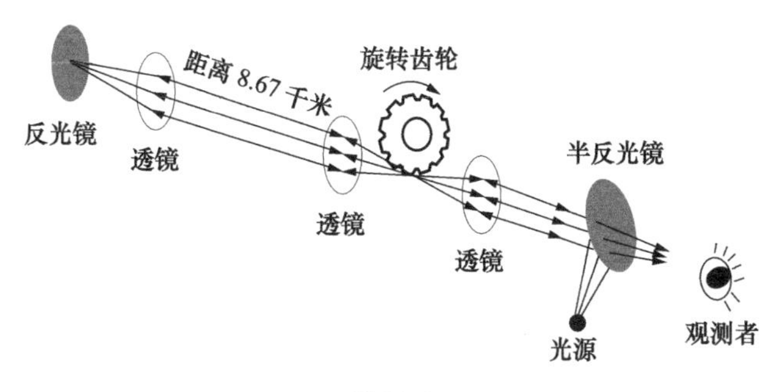

图 28-3

齿轮法固然精妙绝伦，但是还存在误差，其原因是轮齿之间的间隙不够小，所以后人增加了齿数，测得的光速误差就小得多，所以斐索的测量方法是行得通的。

几年后，法国物理学家傅科（1819—1868）用旋转镜法测量了光速；1926 年美国科学家迈克尔逊使用旋转棱镜法测量了光速，几乎将光速锁定在 30 万千米 / 秒左右（29.97 万千米 / 秒）。

30 万千米 / 秒是什么概念呢？光从月亮到地球也就 1 秒多，从太阳到地球约为 8 分钟，所以我们看到的月亮是 1 秒以前的月亮，看到的太阳是 8 分钟以前的太阳。假设太阳被人偷走了，地球上的人们得过 8 分钟才能知道，而当人们辛辛苦苦乘宇宙飞船赶到犯罪现场时，没了太阳引力的地球又不知道飞到哪儿了……

光速如此之快，负责光传输的以太又该是什么模样呢？请看下回分解。

第五部分 相对论

第二十九回　第一朵乌云

光阴似箭，日月如梭，转眼间就到了 1900 年。对于这一年，中国人不会感到陌生，因为“八国联军”在这一年洗劫了北京城，中华民族遭遇浩劫，史称“庚子国难”。

几家欢喜几家愁，对于列强来说则是个最美不过的时代，欧洲正在享受着电力革命带来的红利；美国也已从南北战争中解脱，进入高速发展的黄金时期。对于物理学来说，这也是一个理论臻于完美的年代，所以人类无需为它感到担忧，正如开尔文勋爵（威廉·汤姆逊）在新年致辞上说的：动力学理论认为热和光都是运动的方式，现在这一理论非常优美和明晰。

但是，它正被两乌云笼罩着。第一朵乌云指的是迈克尔逊－莫雷实验的零结果，第二朵乌云指的是黑体辐射实验。

但是，开尔文勋爵坚信，这两朵乌云很快就会烟消云散，聪明的人类很快就能解决这两个问题。

先来看看第一朵乌云。

前面说过，当光被验证是一种电磁波时，人们为光波和电磁波的传播媒介操碎了心，只有搬出以太才能平息争论，但是光速如此之快，以太究竟应该怎样呢？在新的挑战下，人们不仅要实事求是，还要解放思想，对以太提出了新的要求：密度极小，刚度极大。

密度小可想而知，要是密度太大，宇宙就像糨糊一般了；刚度也是可想而知的，比如水波，虽说波源只做上下运动（垂直于波传播方向），但是水面上的质点也会因波源的振动而往前移动。水是液体，刚度不足，所以水波是一种横波与纵波的复合运动。19 世纪后半段是以太研究的高峰时期，甚至有人还计算出以太最起码的刚度值。

水已煮好，就等着把兔子逮着下锅了。

在对光行差现象的解释中，恒星的光微粒可以看成相对独立的运动，它们相对于太阳静止（从太阳上观测恒星光时无光行差），而相对于地球在运动。在光的微粒说的前提下，运用伽利略的速度变换方法便可以得到近乎完美的解释。但是当光被认为是一种波时，解释光行差就需要花费九牛二虎之力了，因为是波就必须牵扯到介质——以太。

以太何在？以太当弥漫于整个宇宙之中。那么，以太又是怎么运动的呢？如果以太相对于太阳静止，那么在太阳上观测恒星光时，不会产生光行差。这时，地球在以太中穿梭，根据光行差角度计算，地球相对于以太运动而对以太不产生任何影响。显然，这是不合适的，就像一个人在海里游泳，怎么会不对海水产生影响呢？但如果认为以太相对于地球静止（以太和地球一起运动），同样不会产生光行差。在光行差与以太问题上，托马斯·杨表示这实在太令人费解。

另外，光在透明介质中传播的速度不一样，也应该会产生不同的光行差角。为此，阿拉果做了个实验，他用棱镜遮住了望远镜的半边，实验结果和另一半的光行差角完全一样。对于阿拉果的实验，菲涅尔给了一个较为完美的假说。

1. 真空中的以太是绝对静止的。

2. 透明介质（玻璃、空气等）中的以太比真空中的要多，多出的部分设为Δe。

3. 透明介质中以太的密度与折射率的平方成正比。

4. Δe会随着介质一起运动，也就说物体运动产生了以太的“部分拖曳”。

在不同的透明介质中，拖曳的以太密度不一样，所以阿拉果的实验得到了很好的解释。起先，菲涅尔的假设没有引起人们的注意。1851 年，斐索做了如下实验。

如图 29–1 所示，水流朝着 U 形槽的一个方向移动，一束光顺水流方向照射，另一束光逆着水流方向照射，它们产生干涉条纹。通过观测这些条纹，可以看出光受不受水流的拖曳？结果论证了菲涅尔的观点，菲涅尔的理论成为以太存在的支柱。

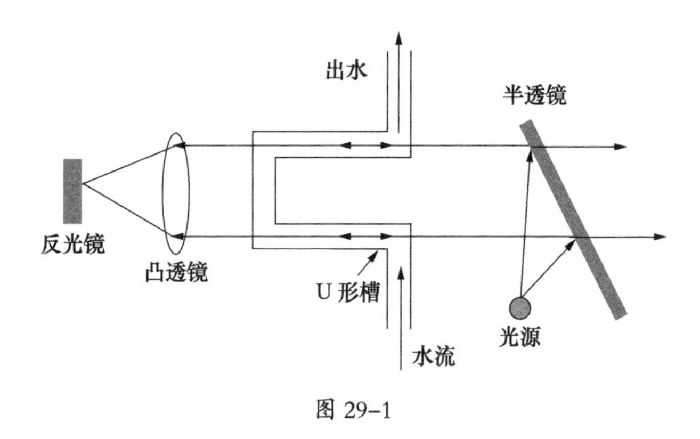

图 29–1

既然菲涅尔说一部分以太被地球拖曳，另外的大部分以太则相对于地球运动，那么在地球上应该会有以太风，可是为什么人们感觉不到以太风的存在呢？那是因为地球运动的速度太小了，以太风只对光波这样的速度才有意义。那么就用光把以太风找出来吧。

1868 年，霍克做了如下实验。

如图 29–2 所示，光通过半透镜后分为上下两部分，下面的光线进入水槽，通过 3 个反光镜后与上面的光线产生干涉条纹。把实验仪器的方向掉转 180 度，但是两次测量的干涉条纹一样，这说明地球的运动对以太不产生影响，既然没有影响，那就说明没有找到以太风，可是怎么会没有以太风呢？

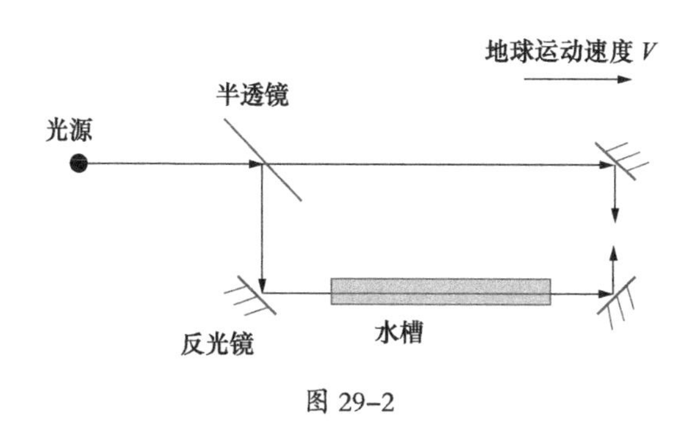

图 29–2

其实不用担心，这个实验本就找不到以太风。地球如此庞大，所以上述实验可以看成相对静止，以太做匀速直线运动。这就好比一个人坐在匀速直线运动的公交车里，当他闭上眼睛时，他是不可能感受得到运动的，更不可能知道车子往哪边开。只有当车子拐弯时，他才会有一种被往外甩的感觉。这种被往外甩的感觉放到以太上，叫作以太漂移。

麦克斯韦曾特别强调，要想找到以太风，这样直来直去是行不通的，以太风表现在地球运动的二次效应上。为此，麦克斯韦曾致电美国海军，希望能得到海军方面的帮助，但美国方面没有付诸行动，这件事后来让一位刚从美国海军学院毕业的学生知晓并揽了下来。

阿尔伯特·迈克尔逊（1852—1931）出生于当时的普鲁士王国，4 岁时移居美国，1873 年从美国海军学院毕业。他最擅长光学与光谱研究，毕生从事光速精密测量，曾是光速测定的头号人物。

爱德华·莫雷（1838—1923）出生于美国，擅长对化学中的最小单位——原子的测量。

起先，迈克尔逊单独做过通过二次效应寻找以太风的实验，似乎感觉没有以太风，当时他觉得应该是实验中什么地方出了问题。1887 年，迈克尔逊和莫雷决定共同寻找以太风。他们做了物理学史上最著名的实验之一，即迈克尔逊 - 莫雷实验。

如图 29–3 所示，光源的一部分光被反射到反光镜 1 上，另一部分光透过半透镜到达反光镜 2。这两束光被反射后又经过半透镜，发生干涉，在检测器上显示出一圈一圈的条纹。这个仪器十分精妙，迈克尔逊曾发明过类似的干涉仪——迈克尔逊干涉仪。凭借此仪器，迈克尔逊成为了美国第一位诺贝尔奖获得者（1908 年）。

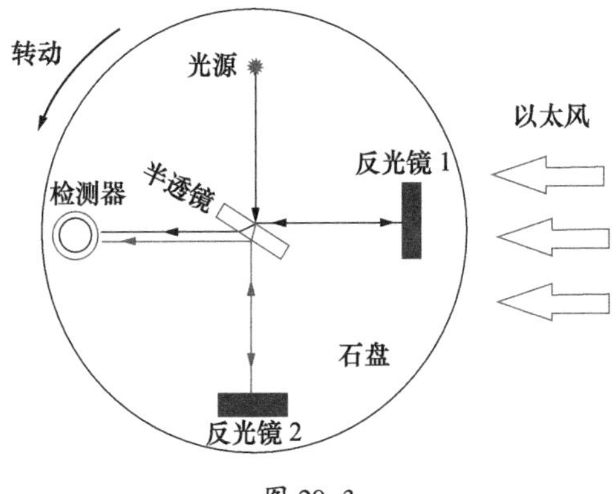

图 29–3

实验中的干涉仪需要固定在一个石盘上，石盘不停地转动，他们原以为反光镜 1 与反光镜 2 反射的两束光线因以太被拖曳，光速不一样，所以检测器上的条纹也会不同。

当石盘开始转动时，或许他二人已经感受到了以太风带来的丝丝凉意，但人生往往事与愿违。迈克尔逊 – 莫雷实验也是如此，无论转盘的速度如何，干涉条纹和转盘静止时只有细微的差别，与实际计算相差甚远，也就是说不仅像麦克斯韦认为的那样，光在真空的以太中传播时速度是恒定的，而且实际上在非真空（同种均匀介质）的以太中光速也是恒定的。

寻找以太风，却没有以太风，笃信以太的迈克尔逊和莫雷拒绝相信眼前的事实，他们从拖曳角度分析，认为以太是绝对静止的，然而这又无法解释光行差了。不管怎样，迈克尔逊 – 莫雷实验没有找到他们想要找的东西，也就成了历史上著名的零结果实验。

以太这个宛如古希腊一样古老的名词，经历了浮浮沉沉后，已经成为光明使者的坐骑，成为电磁学大厦的基石，现在如果再把它抛弃，那么人们辛辛苦苦建立的宇宙理论大厦也许将会轰然倒塌。聪明的人类不允许这样的事情发生，有很多物理学家起来为以太“辩护”……

第三十回　为以太辩护

第一位为以太辩护的人是乔治·菲茨杰拉德（1851—1901）。1889 年，他对零结果实验做了尝试性解答。

菲茨杰拉德认为所有的物质都由带电荷的粒子组成（大致相当于安培的分子电流假说），一个尺子相对于以太静止时的长度由粒子间的静电平衡决定，当它相对于以太运动时，它上面的电荷也发生运动，进而产生磁场，改变这些粒子之间的静电平衡，尺子的长度将缩短。所以，在零结果实验中测量光源、半透镜、反光镜和屏之间的距离后，测量仪器会发生“缩短现象”，测量仪器“缩短”与光速变化抵消掉了。也就是说，静止时测量的 1 米在运动后小于 1 米了。他还给出了尺子缩短值与速度和光速的比值的平方成正比。

菲茨杰拉德的学说发表在美国的某科学杂志上。由于他的身体不是很好，长期受到胃病的困扰，1901 年他就逝世了。而那个杂志还先一步消失在人们的视野，所以菲茨杰拉德的假说并未被人们知晓，后来他的学生翻出了该论文，但那时又有了新的变化。

同样为零结果实验感到困惑的还有一位荷兰人。

亨德里克 · 洛伦兹（1853—1928）是一位伟大的荷兰科学家，据说他从小各方面的成绩都很优秀。夸张点说，如果他某次考试不及格，那么试卷满分很可能只有 59。洛伦兹在少年时期就对物理学产生了浓厚的兴趣，但是这并不妨碍他在历史和小说中徜徉。他 17 岁上大学，23 岁就获得了大学教授职位。他对理论物理学做出了杰出的贡献，我们知道导线在磁场中运动时产生的力叫安培力，而电荷在磁场中运动时受到的力就是以他的名字命名的，叫洛伦兹力。

1892 年，洛伦兹独立提出一个新的收缩假说，他认为存在一种分子力，分子力也是通过以太传输的，和电磁力一样。当物体运动时，以太迫使分子力发生变化，那么物体的长度也会随之变化，这种变化正好与光速的变化相互抵消了。

“光速不变”是麦克斯韦从数学计算中得出的，他的数学公式明明写着真空中的光速是不变的。但是伽利略告诉我们速度是相对的，于是所有人都认为光速不变是相对于静止以太而言的，所以麦克斯韦方程的参考系是静止以太。当菲涅尔的拖曳理论被物理学界认可时，地球相对于以太并非静止不动。于是洛伦兹从伽利略变换角度出发，用数学方法得到麦克斯韦方程在运动参考系中的协变方程，推导出一个结论：物体的形状由分子力的平衡来决定，物体在运动时势必会缩短。这可以用以下公式表述。

$$l=L\sqrt{1-\frac{v^2}{c^2}}$$

这里，l 为物体在运动时的长度，L 为物体在静止时的长度，v 为物体的速度，c 为光速。

但是在计算过程中，不仅物体的形状发生了变化，时间也发生了变化：$t=\frac{T}{\sqrt{1-\frac{v^2}{c^2}}}$。

分子是存在的，时间却不是以分子形式存在的，那么时间变化该怎么解释呢？洛伦兹认为 t 表示的是当地时间，当地时间是相对于普遍时间 T（即静止以太中的绝对时间）而言的。

这个变化能否测量呢？洛伦兹坚定地认为不能，因为测量者必先处在运动的参考系中，所以手中拿的尺子也会缩短（尺缩效应），时钟也会变慢（钟慢效应）。这就好比一个国家，为了让老百姓都富裕，疯狂地印钞票，可是当老百姓手中都有钱的时候，钱已经不值钱了。同样道理，人们也无法测量出绝对的时间与绝对的长度，因为观测者无法处在以静止以太作为参考的惯性系之中。既然无法测量，那么这些变化有什么意义呢？洛伦兹认为这些变化仅仅是一种纯粹的数学手段。

第三位对零结果实验感到困惑的是亨利·庞加莱（1854—1912），他出生于法国，著名的“庞加莱猜想”就是由他提出的。他继承了家族的优良基因，超常的智力使他成为了“早熟”儿童。他的知识全面，数学尤为突出，号称20世纪最后一位数学全才。

庞加莱可以说比较反对“假设”二字，因为某些假说永远无法从实验中得出来。1895年，他对绝对运动提出质疑，理由是没有办法测量。同样，以太也无法测量，所以他发问：以太真的存在吗？然而对于真空中光速恒定，庞加莱认为速度都逃不开相对运动，于是他又认为恒定的光速是相对于静止以太而言的，显然出现了矛盾。

1902年，他在题为《时间的测量》的讲座中对牛顿的绝对时空观提出质疑，而质疑点同样是无法观测，所以在不同运动下，讨论“同时性”没有意义。1904年，庞加莱将洛伦兹的变换公式推广到更具普适性的范围，并将其命名为洛伦兹变换。他还提出了相对性原理：物理规律对于静止的观测者和匀速运动的观察者而言是相同的，也就是说不存在真正意义上的尺子缩短和时钟变慢。尽管他无法说透彻，但是他敏锐地感觉到一门新的动力学即将到来，只可惜不是因为他。

不用剧透，这些都是相对论出现前的迹象。如果以踢足球为例，将以牛顿为代表的经典力学比作守门员，只有突破他的十指关才能进球的话，那么洛伦兹只把球带到了禁区，就被守门员没收了，而法国选手庞加莱则是一阵猛突，突破了守门员，但是运气不佳，一脚把球踢到了立柱上。

到底谁把这该死的球踢进了球门呢？

第三十一回　爱因斯坦与狭义相对论

不用猜，这位大人物就是历史上和牛顿比肩的爱因斯坦。我向来反对将科学家排名，因为这没有意义，此其一；其二，也无法排名，所谓“文无第一，武无第二”，更何况是关公战秦琼、郭靖对乔峰的把戏呢？站在巨人肩膀上难道就能忽略巨人的存在？哥白尼、开普勒、牛顿、伽利略、法拉第、麦克斯韦、赫兹等都有着无可替代的地位，他们的理论都是应运而生的历史产物，就好比吃了 7 个馒头才填饱肚子，不能说哪个馒头最重要，只能说第四个馒头的历史使命是在第三个之后、第五个之前。

然而，为什么我们常常独将爱因斯坦和牛顿相提并论而忽略他人？我想可能是因为比的是名气。名气当然是实力的体现，但是实力只占一部分，名气还需要宣传，这种宣传由老百姓茶余饭后的一个个小故事组成，比如牛顿的风车和苹果的故事。这些故事又都很贴近生活，让人们感觉伟人也是人，也会骑单车，也会冲着记者的镜头吐舌头。所以，我想如果有人在花前月下谈恋爱时大谈特谈麦克斯韦方程组，那么 TA 极有可能将处于并长期处于单身状态。

闲淡少扯！话说公元 1879 年，德国有对犹太夫妇生了一个男孩，他们给他取名为阿尔伯特·爱因斯坦。据说爱因斯坦从小就笨，3 岁还不会说话，9 岁时语言表达还成问题。在学校里，他的成绩差，行动迟缓，总受同学耻笑，连老师都看不惯。总之，一切都很惨。如果放在现在，感觉爱因斯坦不参加某些选秀节目都浪费了一身的好遭遇，然而这些大多是杜撰，至少添油加醋处理过。比起与生俱来的天分，逆袭似乎更有感染力。

年少的爱因斯坦虽然不笨，但也不比别人聪明多少。少年时，他们家的生意做得红火，举家迁往大都市慕尼黑。后来家族生意失败，濒临破产，于是举家又迁往意大利，却把把爱因斯坦单独留在了慕尼黑。那时候爱因斯坦正在读高中，留下他就是要他混个中学文凭，这样上大学就有指望了。德国的中学向来以军事化管理闻名，这点让爱因斯坦很难受，他曾把学校比作军队，把老师比作教官。若作此类比，那么他肯定是一个不合格的小兵，因为除了数学和物理比较好以外，他的其他成绩很一般。关键是“教官们”对他的评价也不好：孤僻、迟钝、不守纪律等。爱因斯坦的父亲为此很烦恼，担心他的儿子找不到出路，就算找到了出路也怕不成功。面对家长的忧虑，学校的教导主任是这样进行开导和安慰的：“别担心，您的儿子干什么都不会成功。”就这样，爱因斯坦成为了学校的反面教材，就好像我们现在有的老师批评别人时总是说：“难道你想和那谁一样？”

1895 年，爱因斯坦 16 岁了。按照慕尼黑当地的法律，男子年满 18 岁必须服兵役，除非 17 岁前离开这个城市。热爱自由的爱因斯坦不愿意去当兵，所以他想到意大利寻亲，同时他也为中途退学拿不到毕业证而苦恼，于是他想找人开假的病假条。造假终究不是一件光荣的事，当他正在为是否造假踌躇时，学校的教导主任又替他解决了这个两难的问题——勒令退学，具体原因现在已不得而知。

等他到达意大利后，又面临着一个新问题。在意大利，没有中学文凭就无法上大学，他的父亲想让爱因斯坦转行干手工业，说白了就是做学徒，爱因斯坦肯定是不会答应的。好在天无绝人之路，瑞士的苏黎世联邦理工大学在招生时不要求提供中学文凭，但是年龄须在 18 岁以上，所以爱因斯坦又在瑞士上了两年的中学。

上大学后的爱因斯坦旧习难改，依然没有显现出天才的一面，倒是多了些精致的淘气，逃课更是家常便饭。如果普通人以此为逃课理由的话，那是很不合情理的，爱因斯坦逃课是因为课堂上讲授的物理知识他全会，而对于数学，他觉得学多了是浪费，其他的学不学无所谓。他的数学老师闵可夫斯基（1864—1909）就曾骂爱因斯坦是“懒狗”，因为他对数学一点都不上心。后来数学确实曾一度困扰过爱因斯坦。

在诸多劣迹下，毕业证上的评语自然也不好，这直接导致快毕业的爱因斯坦无法找到像样的工作，而此时他的女朋友还怀了孕。到了 1898 年，否极泰来，爱因斯坦在瑞士专利局找到了一份工作，虽然只是小小的角色，但好歹也算个公务员。

爱因斯坦在这里一干就是 7 年，日后成名的爱因斯坦曾戏称他在这里干了 7 年“补鞋匠”的工作。不过这份工作对于爱因斯坦是极其重要的，他能掌握当时最前沿的科学资讯，同时也有更多的时间去思考更多的问题，当然最关键的是能领薪水。此时的爱因斯坦很缺钱花，可能他在提出广义相对论之前都缺钱，而在领取诺贝尔奖金之前手头都不宽裕。

在读大学时期，爱因斯坦就曾考虑过发明一种仪器来测量以太风。当他把图纸拿给物理老师看的时候，物理老师对此不以为然，并劝爱因斯坦要听老师讲，这样考试才能拿高分。但是偏偏有那么一类人，考试改变不了他们，他们却改变了考试。

那时候的爱因斯坦还不了解迈克尔逊和莫雷的零结果实验，等到他逐渐了解该实验的时候，他认为如果实验的结果正确，那么以太就相对于地球静止，而静止的以太是无法测量的，好比没有风时人们几乎感觉不到空气存在一样。这个悖论其实迈克尔逊也想过，只是又该怎么解释光行差现象呢？爱因斯坦一时也没有答案。

过了几年，当他读到洛伦兹的理论时，他隐约地感觉到，洛伦兹的变换公式并非只是数学把戏。麦克斯韦方程是以静止以太为参考系的，而洛伦兹变换则将其推广到运动的参考系中。在伽利略相对原理中，静止和运动本无本质区别，但是现在凭什么静止的就高人一头？又凭什么运动的尺子就要缩短、时间就要膨胀呢？爱因斯坦对于绝对静止参考系的特殊地位感到不满，所以他认为，在新的动力学理论中，一切自然定律应该对所有的惯性参考系都有效，也就是说尺子缩短和时间膨胀也应该像伽利略相对原理一样是相对的。

那么问题来了。如果新的定律依然相对，那么光速度为什么不能相对，而是一个恒定值呢？这是由无可辩驳的实验（零结果实验）结果决定的啊！好吧，问题又重新回到了起点。此时爱因斯坦想到了一个关键点：赫兹曾经论证过光速与光源是否运动无关，我们是否有理由相信光速对于任何一个参考系都是相同的，即默认在任何惯性系下光速都是不变的呢？经过反复思考之后，爱因斯坦对光速不变深信不疑。至于他为何深信不疑，也许只能亲自去问他了。

既然测量速度不变，那么测量时间的钟、测量距离的尺子就会变化，这又回到钟慢效应和尺缩效应上来了。如果钟代表时间，尺子代表空间，那就意味着时空并非一成不变。

时空是什么？牛顿认为是冥冥中早就注定的物理量，是凌驾于任何物体之上的绝对物理量。爱因斯坦对此一直持批评的态度，他信仰的是马赫（1838—1916，声音的速度以马赫命名，1 马赫就是音速的 1 倍）的哲学。马赫对于时空的态度和前面庞加莱说的差不多：如果找不到绝对的时空，怎么能假设时空就存在呢？上大学时，爱因斯坦曾想过要把绝对空间和绝对时间从先验论的神坛上拉下来。

为了解决此问题，爱因斯坦又花了一年多的时间，但仍然毫无结果。1905 年 4 月，他本打算和朋友一起探讨光速不变的问题，但是还没有开始和朋友会面，突然间他想到时间是什么，时间又是怎么得到的呢？测量，唯有测量。既然需要测量，那就和信号速度密不可分，所以在不同的惯性参考系下测量的时间是不一样的，而牛顿的绝对时空随着对绝对静止的否定也不复存在了。

1905 年 6 月，爱因斯坦发表了题目为《论运动物体的电动力学》的论文，也就是后来所说的狭义相对论。试看狭义相对论的以下两个基本假设。

1. 相对性原理。一切物理定律在所有惯性系中均有效，而且符合洛伦兹变换。

2. 光速不变原理。对于所有的惯性参考系，光速不变。

无疑洛伦兹的理论给予了爱因斯坦很大的帮助，不过相对论在提出之初遭到了洛伦兹的极力反对。洛伦兹认为尺缩效应、时间膨胀是绝对的，但不久以后他又成为相对论的支持者。洛伦兹也是一位德才兼备的导师，总让人想起几十年前的法拉第。1928 年，洛伦兹去世的时候，爱因斯坦也在追悼会上称洛伦兹是对他影响最大的人。

在爱因斯坦的相对性原理之前，庞加莱就已经提出过相对性原理，不过爱因斯坦是在对此并不知情的情况下独立完成狭义相对论的，因此提出狭义相对论的荣誉完全归爱因斯坦，而庞加莱则比较遗憾地错过了。庞加莱虽然认为牛顿的绝对时空是不对的，但是并没有建立新的相对时空。一言以蔽之，庞加莱告诉人们不该那么做，而爱因斯坦告诉人们该怎么做。

在狭义相对论里，光速不变且不可超越。那么问题来了，根据牛顿的第二定律，假设太空中有艘飞船，有足够的燃料支持它不断地被推着走，它的速度将会越来越大，总有一天会达到光速，进而超越光速。爱因斯坦给出的解释是：不可能。因为当速度越来越大时，质量也会越来越大，质量的增加符合洛伦兹变换。如果维持同样的加速度，牵引力也会越来越大，当飞船接近光速时，所需要的能量就会无限大，显然这是做不到的。

这又带来了新的问题。在经典的物理体系中，质量和能量都是不生不灭的，虽有转化，但都守恒。能量和质量是物质的两种属性，它们之间没有关系，都在各自的领域里互不影响。

1905 年 9 月，爱因斯坦发表题为《物体惯性是否与它所含的能量有关》的论文，提出新的观点：质量和能量都是相对的，都是物质的一种形式，二者可以发生转化。爱因斯坦给出了一个可作为物理学名片的公式：

$$E=mc^2$$

这里，E 为能量，m 为质量，c 为光速。

该公式的最初形式是$\Delta E=\Delta mc^2$。

既然质量不守恒，那么在相对论中讨论质量就失去了意义，爱因斯坦也为在物理学中引入“质量”概念感到过淡淡的忧伤，所以这里的质量特指“静质量”，意味着静止时的质量（静止质量大约是指低速时物体的质量）。

根据狭义相对论，质能方程中 1 克物质的能量有多大呢？非常大，如果将它全部转化为能量的话，大致相当于美国当年在广岛投下的原子弹释放的能量的 100 倍。

庞加莱预言的新动力学已经成为现实，开尔文勋爵说的第一朵乌云没有烟消云散，而是下起了大雨。

说了这么多，人类花了整个世纪的时间寻找的以太呢？

狭义相对论的提出是因为光速不变，而光速不变又是从寻找以太的实验中得出的，可以说寻找以太就是狭义相对论的一个引子。然而当狭义相对论提出之后，当初被认为作为光波传输介质的以太到此时已经显得很蹩脚了。根据奥卡姆剃刀原理（主旨是：如无必要，勿增实体），以太也就没有存在的必要了。现在以太这个名词也仅仅出现在历史书或者“以太网”等名词中，尽管它曾经那么令人着迷。关于以太，我有以下两点浅见。

1. 爱因斯坦并没有否认以太的存在，只是光波（电磁波）传输不需要介质，也就用不到以太了。实际上，当他提出广义相对论之后，他还曾提出过广义相对论以太说，不过很快被他自己否定。

2. 有没有以太？我觉得这和有没有并无关系，只和需不需要有关。狭义相对论提出之后，以太只是进入了第三个休眠期也未可知，也许某天某人在无法解释的问题上又重新提出以太，只是这种以太的面貌发生了改变，或者名字也发生了变化，叫什么场以太、反物质以太、暗能量以太。

第三十二回　关于狭义相对论的一些浅见

每一个惊世骇俗的理论出来之后都会饱受非议，有多少人喜欢它就有多少人讨厌它。

1905 年，爱因斯坦的两篇关于相对论的论文并没有引起轩然大波，不过还是有很多物理学家仔细阅读过，他们似乎都感受到了相对论的强大气场，但是具体也说不出所以然来，因为相对论的真正意义在于否定了牛顿的时空观。第一位意识到这一点的人恰恰是爱因斯坦曾经的数学老师闵可夫斯基。

闵可夫斯基出生于俄国的犹太商人家庭，从小天资聪颖，看书过目不忘。由于当时俄国迫害犹太人，他举家迁往德国。他在德国的新家与另外一位大数学家希尔伯特（1862—1943）的家只有一河之隔。1884 年，闵可夫斯基成为大学老师，他的工作经常变更，在不同的大学任教。1896 年，他转到苏黎世大学，第二年他正好遇到了他的倒霉学生爱因斯坦。说实话，要让老师对爱因斯坦产生好感那几乎是不可能的，所以当闵可夫斯基得知爱因斯坦提出相对论时，他感到很惊讶。当记者问及他对爱因斯坦的态度时，他喃喃地说："爱因斯坦当年几乎不学数学。"说归说，闵可夫斯基也为爱因斯坦的成就感到高兴，并从数学几何上解释了狭义相对论的时空关系，后被称为闵氏空间。

我们知道三维空间可以用垂直（即正交）坐标系表示，时间作为第四维势必也要和其他的维度垂直，但是在现实生活中怎么找到一个与墙角的 3 个墙面都垂直的面呢？其实用数学几何表达空间未必一定需要 3 个维度。如果撑开的伞不能往墙上挂，可以考虑把它先收起来。

先画个苍蝇绕翔图，如图 32–1 所示。

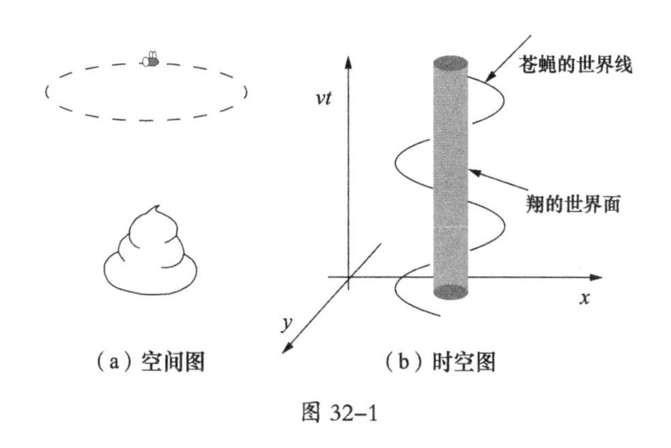

图 32–1

翔始终相对静止，苍蝇的圆周运动可以看成在一个平面上的运动，这样可以省下一个维度，从而得出时间轴 vt（t 表示时间，v 表示苍蝇的运动速度）。随着时间的流逝，翔还是那个翔，所以它是一条圆柱体，称为世界面。但是苍蝇已经不是那个苍蝇了，它的世界线是一个正弦波函数。从这点可以看出，苍蝇的世界线不再是孤单的空间概念，而与时间有着密不可分的关系，线上的每个点也不仅仅代表位置坐标，还表示一个事件，所以当用文字描述一个事件时，一定要带上时间。

光的世界线又是怎样的呢？由于光速恒定，它在时空图上是一条直线，如果将纵轴用 ct 表示，那么它是一条斜角为 45°（斜率为 1）的直线，如图 32–2 所示。

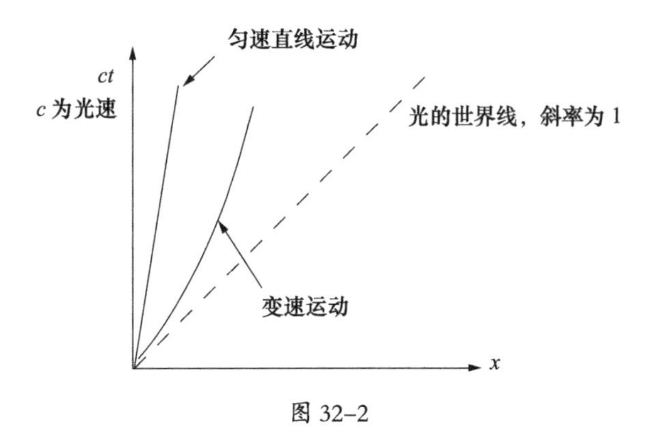

图 32–2

同样，一个匀速直线运动的物体（看成一个质点）的世界线也会是一条直线。根据相对论，任何速度都不能超过光速，所以任何线的斜率都要大于或等于 1，小于 1 则没有任何意义。假如以某个时刻为起点，将时间分成过去、现在和将来，将其在图形上表示出来就是一个光锥，如图 32–3 所示。

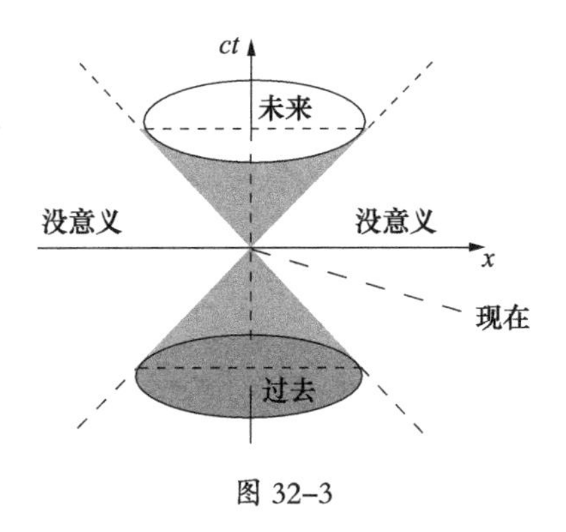

图 32–3

现假设有两个参考系，K 系静止，K′ 系做匀速直线运动。根据洛伦兹变换，可以得出二者在同一个时空图上的坐标，如图 32–4 所示。

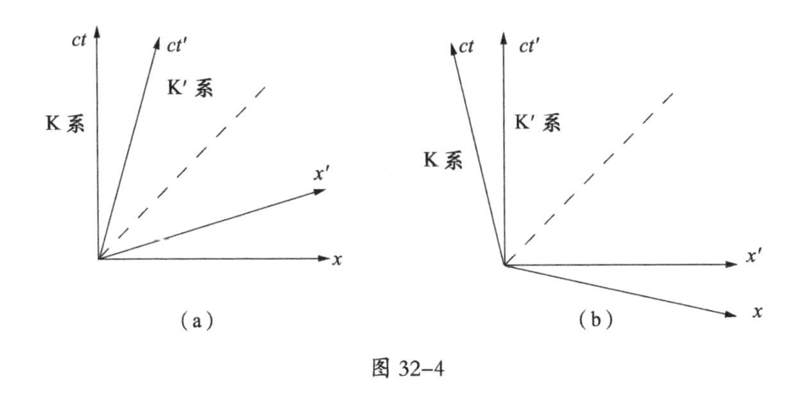

图 32–4

以 K 系为基准，K′ 系的两个坐标轴居然可以不互相垂直［如图 32–4（a）所示］。实际上，我们被时空图“欺骗”了，这种情况经常出现，只不过不符合人类的思维习惯而已。比如一个三维的笛卡儿坐标系，将其画在平面上时，其中一个坐标轴并非和另外两个垂直。同样，如果以 K′ 系为基准，那么 K 系的坐标轴也不互相垂直［如图 32–4（b）所示］，所以两个惯性坐标系是平等的。

假设 K 系中有把静止的尺子，在 K′ 系看来尺子自然在运动。将尺子的世界线画在时空图中，如图 32–5 所示。

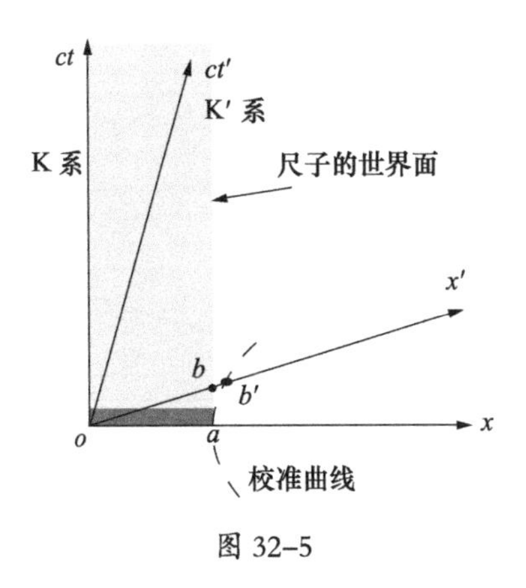

图 32–5

在图 32-5 中，oa 是 K 系下 $t=0$ 时刻尺子的长度，ob 是 K′ 系下 $t=0$ 时刻尺子的长度。按照相对论，运动的尺子会缩短，即 $ob<oa$，可是很明显 $oa<ob$，难道洛伦兹、爱因斯坦等人搞错了？实际上，我们又被时空图“骗”了一回。尺缩效应指的是在某一个惯性系中测量同一把尺子的长度，相对运动时的测量值比相对静止时要短。在图 32-5 中，ob 为 K′ 系下用于测量运动的尺子的长度，但是 oa 不代表在 K′ 系下该尺子静止时的长度，所以比较 oa 和 ob 不符合相对论的要求。那么，在 K′ 系下该尺子静止时的长度是多少呢？需要做一条校准曲线（可以从洛伦兹变换推导出校准曲线是双曲型的）与 x' 轴交于 b'，ob' 则是要测量的长度，显然 $ob<ob'$。由于 K 系和 K′ 系的地位是平等的，当这把尺子随着 K′ 系运动时，在 K 系中的测量值也会比 oa 小。

再来看看钟慢效应。现在假设有两个分秒不差的时钟，在 $t=0$ 时刻校准两个时钟，并将其中一个留在 K 系，另外一个随着 K′ 系运动。二者的时空图如图 32-6 所示。

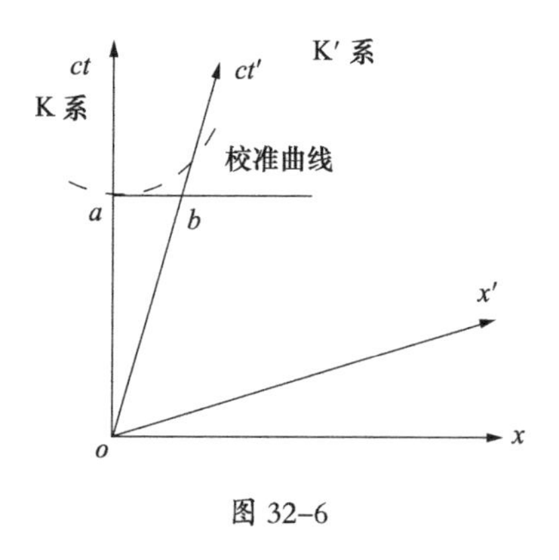

图 32-6

这一次我们拒绝“上当受骗”，所以先将校准曲线做好。很明显，在 K 系看来，K′ 系的时钟变慢了。同样道理，在 K′ 系看来，K 系的时钟变慢了。到底是哪个钟慢了呢？实际上，两个时钟都没有变慢，变慢只是运动带来的“错觉”。两个相对运动的惯性系都会认为对方的时间在膨胀。这好比开车都是靠右行驶，但并不意味着车子都在马路的同一边。

既然两个参考系都觉得对方的尺子在缩短，都觉得对方的时间在膨胀，我们应该以什么为标准呢？无所谓，好比盲人摸象，你觉得大象是蒲扇还是管子与我无关，反正我认定了大象是根大柱子。至于大象的真正面目，它和牛顿的绝对时空观一样，对一个无法认清大象的人来说毫无意义。

这总能让人想起教科书中商品的价值与价格两个概念。价值是商品的一种属性，是人类社会抽象劳动的凝结，价值的大小由社会必要劳动时间决定，那么社会必要劳动时间又是多少呢？根本就没有办法衡量。所以，量化价值的是它的外在表现形式——价格，但是同样又遇到一个问题，当两个商品交换时，并不能达到某种意义上的等价交换，还要考虑市场、供求关系、买卖双方的议价能力等诸多因素。价格体现在量上是元、美元、英镑等。而元、美元、英镑就像不同参考系中的尺子或者时钟，如果不存在汇率（相当于洛伦兹变换），它们之间没有任何可比性，1 元可以在美国买下白宫，1 美元则很有可能在中国只能买到一碗山西刀削面外加一个肉夹馍。再退一步，不考虑所谓的货币兑换（同一参考系下），但谁都知道一根绳子绑在大闸蟹身上和绑在大白菜身上体现出来的价格是不一样的，尽管绳子还是那根绳子，生产它所需要的社会必要劳动时间是一样的。如果诸多因素决定了价值永远无法体现出来（测量），那么

它又何必存在呢？

价值与价格是经济学范畴的名词，放在物理学中似乎不太合适。狭义相对论虽然是物理命题，但是更多地像在谈论哲学。从一个侧面可以看出，科学与哲学之间并没有多么明确的界限，哲学在很多时候不在乎对与不对，而在乎怎么看。随着人类认识的进步，也许到目前为止还没有那门科学或者哲学是放之四海而皆准的。

是哲学就会有历史局限性，狭义相对论也是如此。以下两个问题让爱因斯坦困惑不已。

1. 引力能否超越光速？

2. 什么是惯性参考系？

第三十三回　爱因斯坦的困惑

先来看第一个问题：在狭义相对论中首先假设光速不变且不可超越，引力是否也有速度呢？如果引力正如牛顿所言是超距作用的，那么光速就是可以被超越的；如果不是超距作用，引力的速度又会是多少呢？难道和电磁场一样，有一个引力场存在？引力就像电磁力，引力波就像电磁波？爱因斯坦从容地选择了后者，认为引力场是存在的。

第二个问题：什么是惯性参考系？静止或者匀速运动的参考系即为惯性参考系，那么怎么判断静止或者匀速运动呢？很简单，没有加速度。那又怎么判断没有加速度呢？很简单，保持静止或者匀速运动即视为没有加速度。这就好像我们曾几何时开的一个玩笑：“因为你说的话是不道德的话，所以你是不道德的；因为你是不道德的，所以你说的话一定是不道德的话。总之你不道德！”这是个死循环，二者互为因果，结果导致不因不果。也就是说惯性系只是一种理想状态，现实生活中无法判断，那么狭义相对论的第一条原理就成了“正确的废话”了。所以，爱因斯坦认为应该有一个新的物理定律，它对所有的参考系（惯性的和非惯性的）都有效。

1905 年是物理学的另一个奇迹年，不过爱因斯坦本人还没有立刻成为传奇，他还是专利局的职员，只是职位稍微升了几级。到了 1907 年，爱因斯坦受朋友之邀写一些关于狭义相对论方面的东西，他强烈地感觉到自己对此前的论文并不满意，大概意思基本可概括为上述两个问题。

话说某天，爱因斯坦坐在办公室里思考上述问题，依旧一筹莫展。突然他灵感一动，考虑一个理想的实验。假设一个人在封闭的电梯里，当电梯的缆绳突然全部断开时，电梯将做自由落体运动，电梯里的人感觉如何？

1. 人因为失重会感觉不舒服，那是因为人习惯和适应了在地球重力下生活。这一点暂且不用考虑。

2. 对于外面的世界，电梯里的人会一无所知，因为没有参考。也就是说，他不知道自己是处于自由落体状态还是飘浮状态——像在没有引力的外太空行走一样。

如果将这个电梯置于外太空，用某个力拉动电梯，电梯里的人只会感觉来自地板的推力，也就是说，他不知道外力是来自某个物体的推力还是来自星星的引力（见图 33–1）。

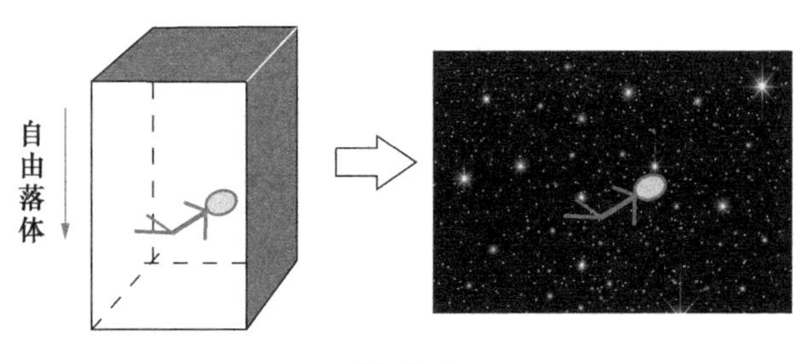

图 33–1

在爱因斯坦看来引力和加速度是一回事，一个做自由落体运动的人感受不到自身的重量，那是因为他的加速系中同时存在一个新的引力场，这个引力场与地球的引力场相互抵消。这就是等效原理。

豁然开朗的爱因斯坦后来将此称为：“我一生中最幸福的思想。”我们知道爱因斯坦身上的每个细胞都有一个故事，所以等效原理被改编成爱因斯坦看到一个油漆工从房顶上掉了下来而突发的灵感。如果真是如此，不知道爱因斯坦和这位油漆工有多大的仇恨。诚然，故事都是为了吸引眼球，只是改编得有些残忍。伽利略是从比萨斜塔上扔下两个球，牛顿被一个苹果砸在脑袋上，爱因斯坦却牺牲了一个大活人。如果将这些看成上帝的启示，那么这种启示越来越沉重了，下一个掉下来的也许是一块大陨石，就像 6500 万年前恐龙灭绝时一样。不管怎样，爱因斯坦已经初步解决了狭义相对论带来的烦恼。

1907 年时，物理学的另外一个分支——量子力学已经悄然兴起，爱因斯坦也是量子力学的奠基人之一。在此后的 4 年内，爱因斯坦把大部分精力都放到了研究量子上了。1911 年，爱因斯坦转行成为大学教授和普鲁士科学院院士，他将精力重新放到引力和引力场上来，此时联想到另外一个电梯实验。

想象一下，封闭的电梯正在加速向上运动，一束光从 A 面的小孔射入，到达 B 面时光线与地板之间的距离会略微小一点点，如图 33-2 所示。这是因为光线由于加速度弯曲了，根据等效原理，也可以认为某种引力场使得光线弯曲。换句话说，光线通过引力场时会发生弯曲。

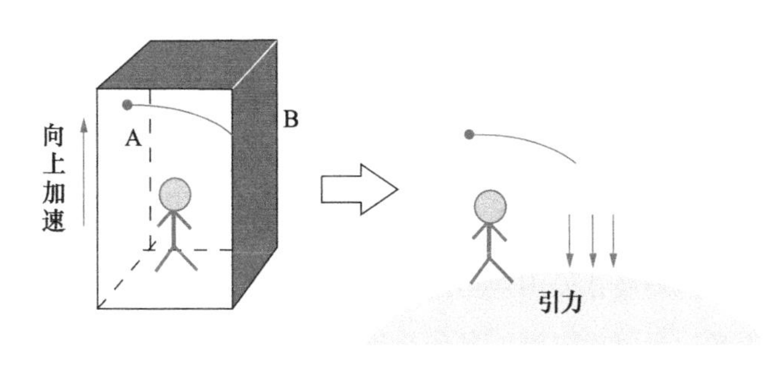

图 33-2

光为什么会弯曲呢？几何学告诉我们：两点之间直线最短，一个人想从甲地到达乙地，走直线最省事。但是有人从北京走到纽约（不考虑掉到海里），最短的路程却是绕地球表面形成的弧线而不是直线了，这条弧线称为测地线。测地线源于地球测量，表示两点之间最短的路径。那么，光线弯曲也是由引力场中的某种测地线决定的。换句话说，引力场改变了时空，使得平直时空变成弯曲的了。爱因斯坦其实就是要建立新的时空方程，找出时空弯曲的规律。

书到用时方恨少，曾经不爱学数学的爱因斯坦肯定在此时有了深切的体会，因为他对黎曼几何几乎一无所知，幸好他的好朋友格罗斯曼懂数学。朋友一般分为两种，一种是锦上添花，另一种是雪中送炭。格罗斯曼属于送了碳还要添上花的一类，他不仅把自己会的全盘告诉爱因斯坦，还亲自到图书馆找那些他不会的关于黎曼空间的理论。可以说正是格罗斯曼的神助攻，爱因斯坦才在相对论问题上梅开二度。

爱因斯坦正在一步一步地解决科学带来的烦恼，但是生活上的烦恼一直挥之不去。这主要缘于以下两点。

1. 家庭及个人情感问题。他和妻子之间的矛盾已经到了中间人不能调解的地步，必须求助于法官大人。与此同时，他又和自己的表姐发展了一段至死不渝的婚外恋。生活的琐事把这位物理学大师弄得像解不出应用题的孩子。

2. 版权归属问题。在提出狭义相对论时，很多科学家都已经接近答案了，但最终让爱因斯坦捷足先登，后人对此也颇有微词。当时将引力类比为电磁已经不是什么秘密，所以爱因斯坦必须赶在别人找到答案之前建立完美的方程，而且他隐约感觉到德国大数学家希尔伯特已经接近正确的方程了。

1914 年，德国以高薪和不用讲课为诱饵将爱因斯坦挖到柏林，其后不久第一次世界大战爆发，欧洲反犹太人的思潮蔓延，这些烦恼让爱因斯坦的生活陷入了混乱之中。除了应付离婚还是结婚这个问题外，他的日子几乎就是在吃饭睡觉思考中度过的。自然爱因斯坦的“CPU”运算得比别人快，到了 1915 年，他几乎想清楚了关于引力的每一个细节。

当年 6 月，爱因斯坦在一次会议上见到希尔伯特。和希尔伯特讨论之后，爱因斯坦发现以前的担心是多余的，他必须费力且悉心地向希尔伯特解释新引力理论的很多细节。尽管如此，希尔伯特听起来还是感觉有些艰涩。到了 11 月底，爱因斯坦已经找到了完美的方程，更为难得的是，通过方程计算，从理论上解释了困扰人们上百年的水星近日点进动问题。

对于一个绕日公转的行星而言，它的公转轨道并非严格的椭圆，而是如图 33–3 所示。

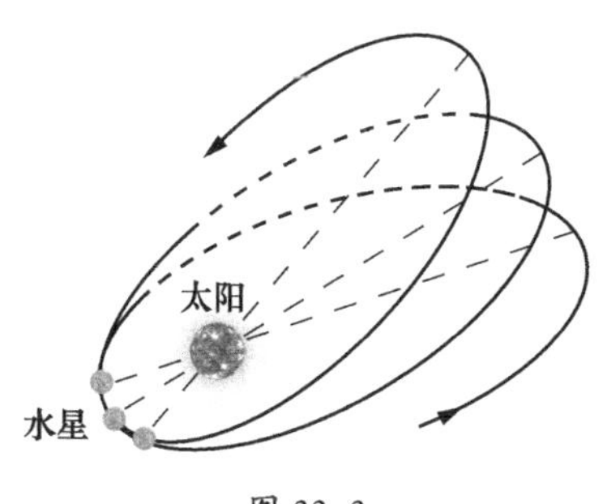

图 33–3

所以，行星的近日点相对于太阳的位置会发生变化，称之为近日点进动。地球、金星等都会如此，但都可以用牛顿的力学定律进行解释，即测量值与理论值相差无几。唯独在水星上出现了小小的问题：每 100 年测量值与理论值之间有 40 角秒左右的差异，这是完全不能被忽略的。于是很多天文学家尝试对此进行阐述，有人认为太阳系中还有人类未观测到的行星，只是如果该未知的行星影响了水星运动，那么它的引力同样也会影响地球，显然这是不成立的。1882 年，著名天文学家纽康（1835—1909）通过观测，确定差值为每世纪 43 角秒。为了让进动对所有行星有效，他对平方反比律产生了质疑。

平方即 2 次方，2 是一个数字，它来源于最初的数学。比如我们最常用的 2（即十进制中的 2）最初来源于用手指计算，也就说 2 是人为的。那么凭什么相信宇宙会按照一个人为拟定的数字运作呢？凭什么不能是 2.000001 或者 1.999999 呢？基于这种想法，纽康给了一个修正值。然而整数是完美的，纽康的修正多少不能让人接受，更何况这种修正只是为了符合实验值而打的一个补丁。

真正的革命则来源于爱因斯坦。1915 年，爱因斯坦经过多次计算与修正，发表了题为《用广义相对论解释水星近日点运动》的论文，将一切讨论置于弯曲的时空之下。既然弯曲的时空会导致光的测地线发生变化，那么对于天体而言也是如此，所以水星的测地线并非严格的椭圆，其轴也会随着时间变化而缓慢进动。

与此同时，爱因斯坦收到希尔伯特的来信。希尔伯特告诉他，在几周之前他本人也计算过水星近日点的进动问题，而且已经提交到有关部门了。这说明或许希尔伯特也建立了新的方程。爱因斯坦的心弦又紧绷了一次，他委婉地告诉希尔伯特他拥有广义相对论的优先权。希尔伯特大度地回复表示，他的计算方法远不如爱因斯坦的迅速有效，并告诉人们提出广义相对论的荣誉不属于数学家。实际上确实如此，后来有人问爱因斯坦：即便没有他，也会有人很快发现狭义相对论吗？爱因斯坦回答说：是的，但是广义相对论的提出可能要延后三四十年。

第三十四回　广义相对论

试看广义相对论的两条基本原理。

1. 等效原理。

2. 物理定律对一切参考系都有效。

广义相对论将加速度等效为引力，又将引力场解释成时空弯曲，所以在广义相对论里，看不到加速度，也看不到引力，看到的只有弯曲的时空。那么时空该怎么弯曲呢？故事还得从古希腊伟大的数学家欧几里得说起。

欧几里得被后人称为“几何之父”，他最有名的著作《几何原本》是我们现在所学的几何的基础。在这本书里，一开始欧几里得就劈头盖脸地给出了 23 个定义、5 条公设和 5 条公理。“公理”不言自明，即无需证明的道理，比如 $A=B$，$B=C$，那么 $A=C$。“公设”的意思也差不多，现在都成了教科书中的“公理”了。这 5 条公设如下。

公设 1：从一点到另外任意一点可以画直线。

公设 2：一条有限的线段可以继续延长。

公设 3：以任意点为圆心，以任意距离为半径可以画圆。

公设 4：凡直角都彼此相等。

公设 5：同一平面内的一条直线和另外两条直线相交，若在某一侧的两个内角之和小于两个直角的和，则这两条直线经无限延长后在这一侧相交。

前 4 条都容易理解，只有第五条颇耐人寻味，这便是史上著名的第五公设。

如图 34–1 所示，当 $\angle A+\angle B$ 越接近 180° 时，a 线和 b 线的相交点就越远。根据极限理论，也可以认为 a 线和 b 线永不相交，那就是平行了。后人为证明第五公设伤透了脑筋，到了 1815 年，高斯（1777—1855）最终证明了第五公设无法证明。高斯是德国伟大的数学家，被誉为“数学王子”。曾有学者说：如果将历史上的数学家排个座次，前三名没有高斯一定是不合理的。

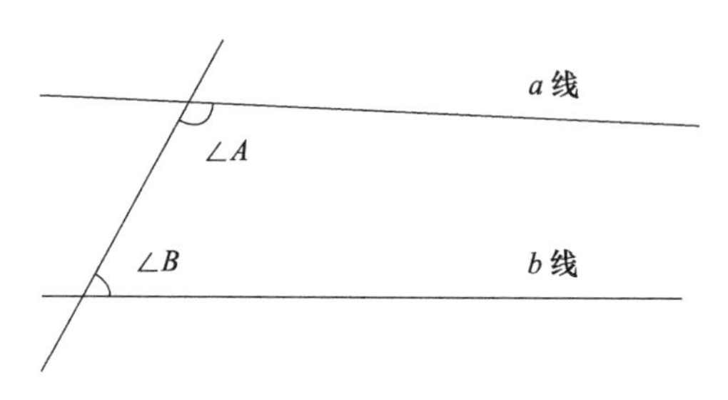

图 34-1

不管第五公设是否成立，但从第五公设可以推导出一条公理：三角形内角和等于 180°。该公理是我们学习平面几何的基础，而满足该公理的空间就叫作欧氏空间，也就是常说的平直空间，而不满足该公理的空间就称为非欧空间。非欧空间有两种，三角形内角和大于 180° 的称为黎曼空间，小于 180° 的称为罗氏空间（罗巴切夫斯基空间），如图 34-2 所示。

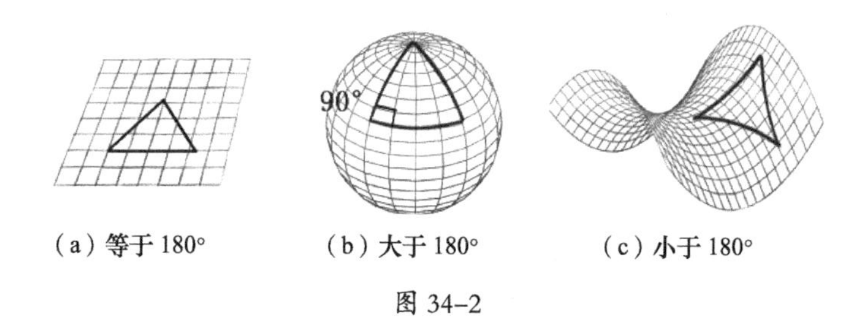

（a）等于 180°　（b）大于 180°　（c）小于 180°

图 34-2

由于广义相对论讲的是时空弯曲，平坦的几何空间显然不能满足，它采用的是黎曼时空。时空怎样弯曲呢？试用二维球面简单演示，假设把一个铅球放到蹦床上，那么蹦床会发生弯曲。同样，如果把太阳放到原本平直的时空中，太阳的大质量将使时空弯曲，而地球就处在这个被弯曲的时空中，并在自身初始速度下不断绕太阳运转，如图 34-3 所示。

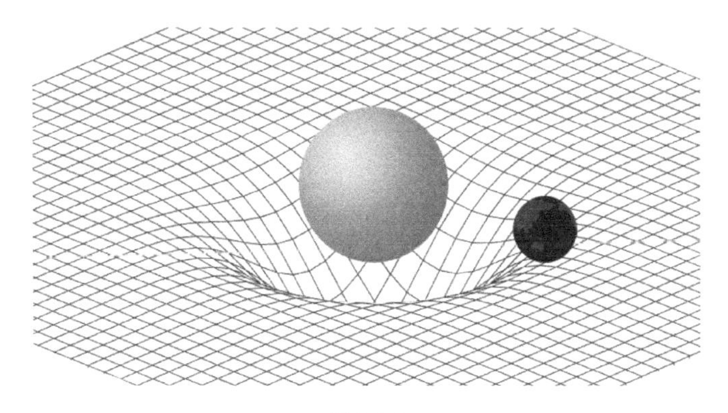

图 34-3

假如我们从水中拿起一个木球，势必会产生水波，过一会儿水面才能平静下来。同样，此时若有人将太阳拿掉，时空也会产生同样的“水波”，由此爱因斯坦预言了引力波的存在，其速度等于光速，所以太阳的引力波到达地球大约需要 8 分钟。

在弯曲的时空中，光线会弯曲，时间会膨胀，但这里的时间膨胀不再是相对的，而是绝对的。从爱因斯坦创立狭义相对论以来就有一个公案：“孪生佯缪”。孪生佯缪说的是一对孪生兄弟，哥哥乘宇宙飞船在外，弟弟在地球上，若干年之后，兄弟二人相见，谁的年纪大？由于在狭义相对论中时间膨胀是相对的，哥哥觉得弟弟年纪大，而弟弟觉得哥哥年纪大。到底谁的年纪大呢？关于对孪生佯缪的讨论持续了很多年，甚至延续到了爱因斯坦去世之后，其中参与者不乏一些知名的物理学家。实际上，在爱因斯坦创立广义相对论时，该佯缪就不存在了，因为乘坐宇宙飞船的哥哥需要经历加速、变相、减速的过程才能回到地球。哥哥经历了一段弯曲的时空，所以他的钟要比地球上弟弟的钟慢，等他们再见时，哥哥比弟弟“年轻”，这是绝对的。“我生君未生，君老我年轻”，这是科幻电影最钟爱的话题之一，而广义相对论为此提供了很好的理论基础。

此外，爱因斯坦预言光在引力场中传播会产生多普勒效应中的红移现象。

关于广义相对论的证实有很多有趣的故事，其过程也饱含争议。在诸多预言中，最容易被证实的当属光线弯曲，比如当某恒星的光经过太阳时，可以从地球上的好几个观测点同时进行观察，再经分析比对就能得出结论了。只是观测时间不好把握，地球上的人必须在白天才能看到太阳，而白天的太阳光芒万丈，人们又看不到恒星的光，所以只能等到日全食才能观测。

1914 年 7 月第一次世界大战爆发，英国和德国分属不同的阵营，这让本来就有隔阂的两国学术界更加对立。但是英国天文学家亚瑟·爱丁顿（1882—1944）是一个例外，他热爱和平，而且从不从主观上排斥任何一个国家的学术。1918 年，他得知广义相对论，深深地被这股魔力吸引，于是组织队伍准备在日全食时进行观测。英国本土已经有两百年没有出现日全食，下次日全食将会出现在 9 年后的 1927 年，但是爱丁顿已经等不及了，他需要一个借口好让自己不用服兵役，当然他沉迷于广义相对论也是一个主要原因。

如果想在近期测量，则必须远途跋涉去非洲和南美洲观察 1919 年的日全食，为此爱丁顿的队伍必须穿过大西洋，但战争让大西洋上充满了危险。好在 1918 年的光棍节那天，第一次世界大战结束了，爱丁顿终于如愿以偿，他的队伍分别在 3 个地方拍摄了好几组照片。

在对众多照片的分析中，有一些与相对论相符，有一些则比较靠近牛顿的万有引力推算的值，爱丁顿以仪器问题为由将靠近“牛顿值”的数据全部丢弃，只留下了与“爱因斯坦值”接近的数据，爱丁顿最终勉勉强强地验证了广义相对论的正确性。虽然后人对此诟病甚多，但当时的人们可不管那么多，他们已经等不及为这一刻欢呼了，所以爱因斯坦一跃成为物理学界最耀眼的明星。

尽管 1919 年的观察结果存在悬疑，但是在百年之间，广义相对论不断地被验证。1958 年，红移现象在实验中得到证实；1962 年，有人利用一对安装在水塔顶部和底部的非常准确的钟验证了时间膨胀效应；1971 年，孪生效应被证实，不过参与实验的不是双胞胎，而是一对精准的铯原子钟；2015 年 9 月，人类终于在浩渺的宇宙中找到了引力波（获得 2017 年诺贝尔物理学奖），爱因斯坦的预言再次被证实。引力波虽然可以类比为电磁波，但是引力波无视障碍物，不会像电磁波那样会被一堵墙或者一个大胖子阻隔得只剩下一格信号，不过引力波极其微弱，要不然整个宇宙都会粘在一起最终成为一个点，估计这也是人们花了整整 100 年时间才找到它的原因吧。

从诞生的那一刻起，广义相对论就让人爱之深、恨之切。1916 年以后，爱因斯坦因广义相对论多次获得诺贝尔奖提名，但是浮浮沉沉之后，终究没有获奖（爱因斯坦获得唯一一次诺贝尔奖是因为光电效应）。这中间不乏政治因素，而爱因斯坦本人风趣地说：“如果我的相对论被证明是正确的，德国人就会说我是德国人，法国人会说我是同一个世界的公民；如果我的相对论被否定了，法国人则会骂我是德国鬼子，而德国人则会把我归为犹太人。”不管怎样，广义相对论已经成为宇宙物理学的基础，也为其他人获得更多诺贝尔奖提供了一个大的舞台，这个舞台上至今还在上演着精妙绝伦的故事。

从古希腊开始，人类就没有停止过对宇宙的思考。亚里士多德将宇宙的第一动力归为上帝，牛顿将其归为万有引力，而爱因斯坦则视之为时空弯曲。爱因斯坦的成功并不表示万有引力是错误的，它只不过不够精准罢了。举个不很恰当但很形象的比喻，一个抛物线自然需要一个二次方程来描述，可万有引力就像一次方程，只能描述一条直线，只能在某些地方取得近似，而在更多地方束手无策，所以说万有引力具有局限性。如果有一天人们发现了新的理论，也只能说爱因斯坦的广义相对论具有某种局限性，而非错误的。相对于平易近人的万有引力公式，广义相对论方程则要复杂得多。对方程求解也是一件很烧脑的事，不适合一般人去做，连爱因斯坦本人也没有花特别大的心思在解方程上，此是后话。

至此，人类已经发现了两种自然力——引力和电磁力，这两种力很好地被牛顿的万有引力公式（或者广义相对论）和麦克斯韦方程所描述，但这二者还没有被统一到一种理论之中。踌躇满志的爱因斯坦觉得是时候建立一种将大到恒星、小到原子的万事万物都涵盖其中的统一理论了，就像当年牛顿和麦克斯韦的工作一样。这是爱因斯坦的理想，也是整个人类的理想，不过阻止人类前行的未必都是高山，还有可能是鞋里的一粒沙子，爱因斯坦也因为“沙子”而与物理学的万有理论渐行渐远了。

第六部分 量子力学

第三十五回　微观世界

迄今为止，人类一直有两个问题尚未搞清楚：一是宏观宇宙有多大，二是微观世界有多小。

汉语中的“微”字有很多意思，作“小”用的情况最多，比如微小、细微等；也可以作“无”讲，比如《岳阳楼记》中的“微斯人，吾谁与归”。而微观宇宙中的“微”自然不能作“无”讲，否则还研究个什么劲呢？但是可以解释为“小到无”。如此便有以下两种说法。

1. 作“小”讲，小到一定程度时就不能再小了。

2. 作“小到无”讲，即没有最小，只有更小。

古希腊人对微观问题有过大胆猜测，哲学大师德谟克利特（约公元前 460—前 370）持第一种态度。他曾提出“原子”的概念，原子的本意是指“不可分割”。德谟克利特认为宇宙万物由最微小、最坚硬、最不能分割的原子构成，原子数目与排列上的不同造就了世界的多样化。他甚至认为人的灵魂都是由原子组成的。原子论的思想对后世的影响很大，但也一直饱受质疑甚至遭到反对，其中反对声音最大的当属柏拉图与亚里士多德，他们二人继承的是古希腊的元素说。

古希腊最初的元素说继承于古埃及人和古巴比伦人，元素说认为世界万物由水、土、气等元素组成。号称“哲学史第一人”、米利都学派祖师爷的泰勒斯抛弃了土和气，他认为世界的本质是水，水元素组成万物，土和气不过是水凝聚和稀释后的状态。泰勒斯的学生阿那克西曼德（约公元前 610—前 545）在水、土、气的基础上增加了第四种元素——火。

后来的古希腊人对元素说众说纷纭，莫衷一是。古希腊人恩培多克勒（约公元前 495—约前 435）发展了四种物质元素的说法，并且虚拟了两种抽象元素——爱与恨，正是这两种抽象元素使得基本元素结合与分离，从而构成了宇宙万物。天下高见，多有暗合，爱与恨很像中国道家哲学中的阴阳。恩培多克勒的观点最终被亚里士多德继承下来，不过他不认为存在爱与恨，而把相生相克直接赋予元素本身，成为元素的属性，借以构成宇宙万物。这大抵上和道家学说中的五行相生相克类似。

朴素的元素说和原子论都属于人类早期的宇宙观，二者最大的区别在于，前者认为宇宙万物归根结底“只能论斤称”（没有最小，只有更小），而后者认为还可以“论个卖”（小到最后不能再小）。由于亚里士多德等人对原子论的批判，在此后的两千多年里，元素说在生活中很盛行，不过在科学上也没有太大发展。原子论再次被提上日程是因为人们对于光本质的思考，也就是光的微粒说。转眼已经是笛卡儿时代了，但是笛卡儿等人的微粒说都是基于假设之上的，真正从实验角度出发的是英国化学家波义耳。

1661 年，波义耳得出定律：在恒定的温度下，气体的体积与压强成反比。同时，波义耳提出物质是由不同的微粒自由组合而成的。这个定律后来被查理和盖 - 吕萨克进一步发展，称为查理定律。通过查理定律可以得出一个结论：同温同体积的气体所包含的微粒个数相等。

波义耳在化学方面做出了很多贡献，是第一个把化学确立为一门科学的人。而对化学科学性的确立正是源于波义耳对元素的思考，他提出只有不能用化学方法再分解的物质才是元素。在现在看来这个观点非常正确，比如水就不能称为元素，因为它可以被分解成氢和氧。由于对化学的贡献，波义耳被后人尊为“化学之父”。

拉瓦锡对化学的贡献不亚于波义耳，他研究燃烧现象（一种化学反应），确定了氧的存在，得出了质量守恒定律。他给元素下了非常精准的定义：用任何方法都不能分解的物质。另外，他重新使用了“原子”一词，并认为原子是化学反应中最小的单位。后人尊他为“近代化学之父”。

化学的两位“父亲”召唤出了“原子之父”约翰·道尔顿（1766—1844）。道尔顿出生于英国，从小家境贫寒，只好去贵格会的学校读书。他的启蒙老师很喜欢他，以至于退休的时候叫道尔顿来“顶职”，那时道尔顿才 12 岁。后来他到中学任教，在中学里研究过气象……一路走来，一路辛苦，于是他决定到大学去镀金，主修医学。后来为了改善生活，他时常公开授课，而在下面听课的便有酿酒师焦耳。

1803 年，在总结前人尤其是化学家理论的基础上，道尔顿提出了新的原子论。

1. 单一元素的最终微粒便是原子，原子不能自生自灭，也不能再分割。

2. 同种元素的原子是一样的，不同元素原子的化学性质、大小和质量都不同。

3. 不同元素化合时（比如氢气燃烧），原子以简单的整数比结合成一种更“复杂的原子”（比如水）。

此时的元素和原子都不可与古希腊时代的概念同日而语，它们之间的关系更像集合与对象，比如你可以说我是“一个风趣的人”，但是你绝不能说我是“一个风趣的人类”，所以我们常说一个原子，一种元素。

很快道尔顿的原子论得到了实验支持。1808 年，盖 - 吕萨克得出盖 - 吕萨克气体反应定律：在同温同压的情况下，化学反应中的气体呈一定的比例。比如，氢气在氧气中燃烧，氢气的体积是氧气的 2 倍时才可以完全化合反应，否则要不氢气有剩余，要不氧气有剩余。这个现象很好地被原子论解释：2 个氢原子 +1 个氧原子 =1 个水原子（或者称“水微粒”）。

笑到最后才算灿烂，很快该定律和原子论发生了冲突。当盖 - 吕萨克将化合后的水汽化后，得出水的体积和化合前氢气的体积相等。也就是说，2 体积的氢 +1 体积的氧 =2 体积的水蒸气（同温同压情况下）。根据查理的理论，化合后的水微粒和化合前的氢微粒的数量相等。如果微粒是原子的话，也就意味着 2 个氢原子 +1 个氧原子 =2 个水微粒。那么 1 个水微粒中势必只含有半个氧原子，但是原子又不可再分，道尔顿的原子理论出现了严重的悖论。于是笃信原子论的人开始怀疑查理理论的正确性，即同温同体积情况下，不同气体的微粒数可能会不相同。反正都是看不见摸不着的猜测，许你州官放火，就得许我百姓点灯嘛。

盖 - 吕萨克和道尔顿之间发生了激烈的争论。在这种情况下，意大利物理学阿佛加德罗（1776—1856）出来打“圆场”。他认为参与一次化合的必须是 2 个氧原子，而这 2 个氧原子组成了一个新的微粒，叫“分子”。同样根据查理定律，氢分子也由 2 个原子组成，而每个水微粒则包含 1 个氧原子和 2 个氢原子。

分子说为原子论一路斩荆披棘，但是道尔顿不领情——他是如此笃信原子论。由于阿佛加德罗也拿不出有效的证据，分子说只能是一种假说，就像当时安培的分子电流假说一样。

19 世纪中叶，在热质被赶出了物理学的大门之后，人们就得重新探索热的微观本质。热是微粒的运动不用再提，但是微粒究竟是分子、原子还是其他的未知粒子呢？在 1860 的一次国际大会上，科学家们还在讨论不休。直到会议临近结束，阿佛加德罗的学生康尼查罗（1826—1910）向每位与会人员发了本自己印的小册子，写的正是 50 年前老师阿佛加德罗的分子假说，只是这次康尼查罗给出了有条有理的、严谨的陈述。经历了半个世纪的沉沦，分子假说终于在阿佛加德罗死后成为新理论。至此，大多数人开始相信物质由分子或者原子组成，分子由原子组成。

原子内部是什么样的呢？是漆黑一团还是锦绣一片，没人知道。它就像一个坚硬无比的核桃，用核桃夹子别指望打开，甚至连屠龙刀、倚天剑等都要望洋兴叹，总之是再也不能打开了，因为按照道尔顿的假设，原子是不可分割的。

其实在道尔顿活着的时候，这种不可分割的思想就已出现悖论，悖论起源于人们对离子（带电粒子）的认识。1833 年，法拉第在大量实验的基础之上得出了两大电解定律，并提出了“离子”的新概念。如果说原子不可再分，那么单元素的离子（比如氢离子）又是什么呢？也就是说离子是否具有原子性？如果具有，那么原子损失电荷才能成为离子，原子不可分不成立；如果离子不具有原子性，那么离子又是什么样的微粒呢？法拉第没有给出答案，他只是强调未必一定要往一个更小的粒子方面去思考，因为那些都是人类大脑想象出来的，并没有人在实验中亲眼见到。对于一个完美的实验家来说，只有完美的实验结果才能让他心服口服。麦克斯韦反对科学家们在原子问题上分成两个对立的阵营——原子论和非原子论，但他稳稳地站在了原子论一边。同时他也支持原子不可分割思想，只是在解释电解现象时陷入被动，所以他认为离子应该是分子性质的，不过仍然不能解释像氢离子这样的单元素离子。

原子最终的命运不是一句“不可分割”就能打发的。几十年后，来自英国的科学家就神奇地把原子打开了。时间是 1897 年，这位科学家叫约瑟夫·约翰·汤姆逊（1856—1940）。在他 2 岁的时候，世界上多了个叫阴极射线的东西。

1858 年，德国科学家普吕克（1801—1868）将一个玻璃试管中的空气抽得非常稀薄，然后在试管两头装上电极板，在电极板上加上几千伏的电压，他发现阴极对面的试管壁上闪烁着绿色的辉光，奇怪的是没有任何东西从阴极射线管上发射出来。那么绿色辉光到底是什么呢？在赫兹找到电磁波之后，关于绿色辉光，人们有两种普遍的看法：某种粒子或者电磁波。英国科学家普遍认为是某种粒子，而德国科学家则多认为是电磁波，其中包括赫兹。两国科学家似乎本能地选择对立，也许英国和德国在科学上的裂痕比我们想象的要深，这都是牛顿与莱布尼茨当年落下的病根。

赫兹对此做过实验，他把阴极射线管置于磁场中后发现绿色辉光会偏转，但是他没有对此下一个定论。汤姆逊巧妙地修改了这个实验，在阴极射线管前加了个振荡磁场，并在磁场前面加了个荧光屏，如图 35-1 所示。

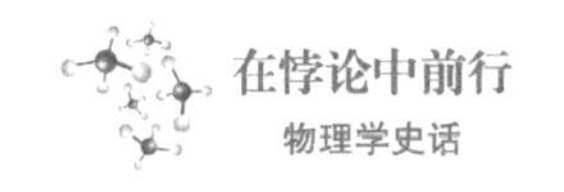

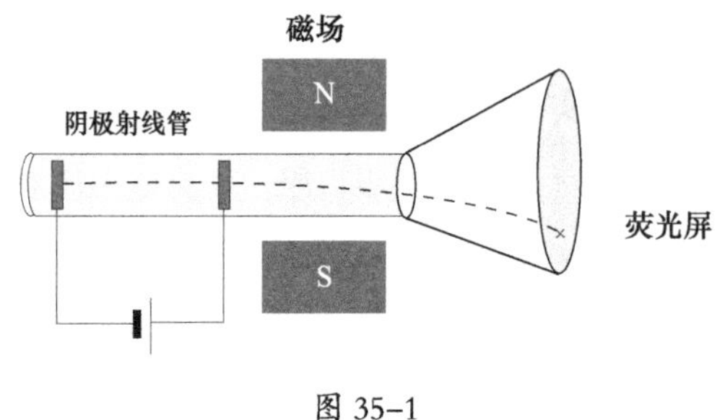

图 35–1

改变磁场的强度，测量荧光屏上粒子的位置，就可以算出这个粒子的荷质比（带电量与质量的比例）。他通过计算得出这种粒子带负电，其质量也远小于原子，所以它是一种新粒子。1897 年 4 月，汤姆逊以《阴极射线》为题做了研究报告，申明发现了比原子更小的粒子——电子。实际上，几乎与此同时，德国物理学家沃尔特·考夫曼（1871—1947）也得到了荷质比，但是他并没有往新粒子方面思考，这份荣耀只能让汤姆逊独享了。

就这样原子核桃被汤姆逊先生生动地打开了，那么请问先生："切开的原子核桃里面是什么？是生的还是熟的？是红的还是白的？是液体还是固体？"

汤姆逊先生看了看，冷静地回答说："对不起，我打开的可能是个蛋糕，一个奶油布丁加葡萄干蛋糕。"（对话为杜撰，只求旨意，核桃和蛋糕的区别在于前者还有一层厚厚的壳。）

这就是汤姆逊的原子蛋糕模型（见图 35–2），该模型只是一种猜测，而且有很多问题，最终被汤姆生的学生的新原子模型取代，此是后话。此时，科学家们将主要精力放在对两年前伦琴（1845—1923）所发现的 X 光的研究上，而我们的故事也将原子模型暂时放一放，去讲述物理学上空的另外一朵乌云。看官，你一定还记得 20

世纪初的两朵乌云，第一朵乌云最终稀拉哗啦地下起了相对论的雨，那么第二朵乌云是否会烟消云散呢?

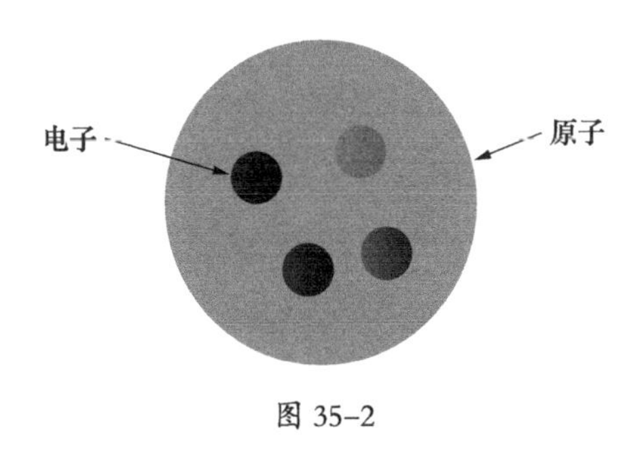

图 35–2

第三十六回　黑体辐射

1900 年的物理学总是让人们沾沾自喜，力学、电磁学、热力学和统计力学都有了长足的发展。那是一个最美好的时代，因为人们不会因“不知道自己不知道”而感到烦恼，几乎所有人都认为物理学是一座差不多竣工的大厦，只是大厦上还飘着两朵小小的云彩而已。

第二朵乌云说的是热辐射。热能传递有 3 种方式：热传导、热对流和热辐射。比如刚泡的咖啡烫嘴，这是热传导；往咖啡里面兑点儿冷水，就是热对流。现在可以一边享受阳光一边喝咖啡了，晒太阳便是热辐射的一种。

实际上，凡是温度高于 0 开的物体都会产生热辐射，所以甭管乐不乐意，每个物体时刻都在辐射电磁波，也在吸收电磁波。

1862年，基尔霍夫反其道而行之，提出一个理想化的“绝对黑体”：只吸收电磁波，不辐射电磁波（见图36–1）。绝对黑体是不存在的，只有近似黑体，这就是历史上著名的黑体辐射。

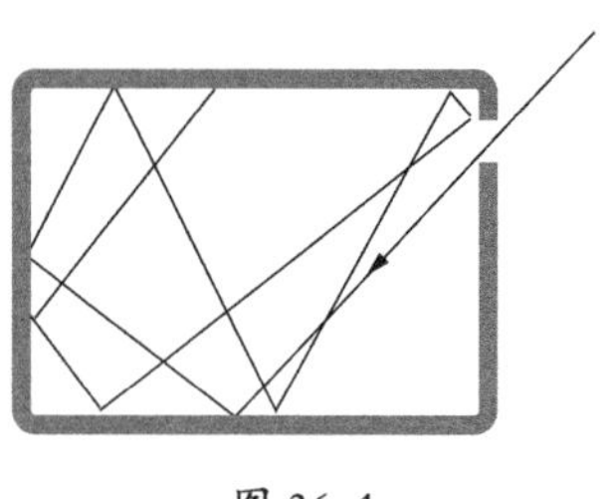

图36–1

1896年，德国物理学家威廉·维恩（1864—1928）从热力学理论出发，结合实验数据，给出了一个经验上的黑体辐射公式，后来称之为维恩公式。

1900年，英国物理学家瑞利（1842—1919）从统计力学出发，从数学上推导出瑞利公式。该公式后来由英国物理学家金斯（1877—1946）进行修正，所以后来称之为瑞利–金斯公式。图36–2是这两个公式的曲线图。

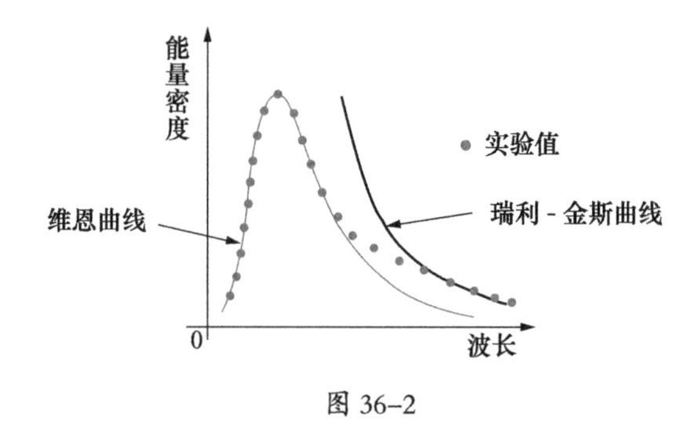

图36–2

维恩曲线的威力还则罢了，瑞利–金斯曲线却十分了得。物体的波长越小，它发出的能量越大，如果这个曲线适用于整个波段，那么可以瞬间秒杀任何能量源带来的能量，原子弹氢弹都不值得一提，所以称为紫外灾难。而维恩曲线在长波内又与实验不符。须知道，这两个公式都依据现成的物理学理论，可能会牵一发而动全身。这便是第二朵乌云。

第一位成功地对第二朵乌云进行阐述的是德国物理学家马克思·普朗克（1858—1947）。他生于德国的一个书香门第。他的曾祖父是神学教授，他的祖父也是神学教授，他的父亲是一位法学教授，他的叔父是一位法学家。在家庭环境的熏陶下，除非自甘堕落，普朗克似乎没有不成才的理由，然而他在科学的道路上并非一帆风顺。

16 岁时，普朗克对物理学产生了浓厚的兴趣，并决定投身物理学。他的物理老师却毫不留情地给他浇了盆冷水："这门科学中的一切都已经被研究了，只有一些不重要的空白需要被填补。"这是当时物理学界普遍的观点，开尔文就曾形容过"未来物理学要在小数点后六位上研究"。那时正值第二次工业革命，很多有才华的人转向了工程研究，或者发明某个实用性的东西，然后申请专利、开公司、拉风投、赚大钱，比如美国的爱迪生、瑞典的诺贝尔等。不过普朗克倒看得挺淡："我并不期望发现新大陆，只希望理解已经存在的物理学基础，或许能将其加深。"

1877 年，普朗克转学到了柏林，在那里他遇到了著名的物理学家亥姆霍兹和基尔霍夫。这两位物理学大师曾经在热力学方面做出杰出的贡献，热力学也成为了普朗克主攻的方向。

普朗克不幸被泼冷水的老师言中，虽然才华横溢的普朗克贵为教授，但基本上都是在"没有很大建树"中从青年熬到了大龄青年，又从大龄青年一路熬到了大龄中年。此时，大龄中年普朗克开始研究黑体辐射，机遇来了。谁让他的数学功底是“难自弃”级别的呢！

1900 年 10 月，普朗克把两个黑体辐射公式揉在一起，揉着揉着，最终成了一个公式。令人惊奇的是：居然曲线完全和实验结果一致。只是有个常量看似并不完美，这个常量如果和电磁波的频率相乘就是能量：E=hf,（E 表示能量，h 表示后来被称为普朗克常数，f 表示频率）。

能解决这样的难题，本是件幸福的事，而现在的普朗克却幸福地烦恼着，他的烦恼来源于常数 h。这个 h 表示什么意思呢？他在 1900 年 12 月的年终例会上发表演说，激动地向人们阐述：要从理论上得出正确的辐射公式，就必须假定物体辐射（吸收）的能量不是连续的，而是一份一份的，且只能是 hf 的整数倍。他把 E 称为“能量子”，量子物理由此开端。

所有人都惊呆了，打我们被称为人类的那天起，我们就深信能量是连续的，不会是离散式一份一份的，更不会出现“要么不吃，要吃就吃一碗”的荒唐逻辑。对于这样惊世骇俗的理论，普朗克自己也很犹豫。能量子就像是普拉克的“孩子”，只是这个“孩子”有点怪异，所以普拉克很不喜欢它，甚至有些讨厌它。在余下的很多年里，他都在想方设法把它改造过来，可惜事与愿违，这个“孩子”终究要将物理学闹得天翻地覆。似乎是一种弥补或是一种安慰，普朗克依然把他的理论向麦克斯韦靠拢：在宏观条件下，可以把 h 看作 0（因为 h 值很小），那么麦克斯韦方程组依旧成立，然而终究 $h \neq 0$，好奇的人们又怎会对此置若罔闻呢？

有心栽花花不开，无心插柳柳成荫。原本只想在物理学后 6 位琢磨的普朗克一不小心把物理学推向了 2.0 版本。看来风没有轻轻地带走开尔文勋爵的两朵乌云，雨倒是又滴滴答答地下起来了……

第三十七回　光电效应

伟大的赫兹让人们知道了电磁波的存在，他是一位和法拉第一样的天才，可惜不能像法拉第一样活到 76 岁，他的寿命连法拉第的一半都不到。赫兹去世后留下了一个谜题，几年前他用紫外线照射谐振的锌球时，发现产生的火花比没有紫外线照射时强得多，奇怪的是红外线和可见光都达不到这样的效果。他只把这个现象写进了论文，并没有给出合理的解释。

这个后来被称为光电效应的现象（见图 37–1）立刻引起了物理学家们的注意，很多人把这个实验单独做了出来并证实了一些特性。

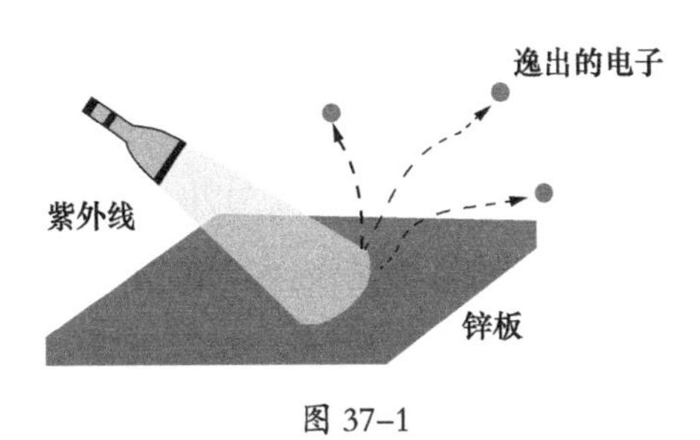

图 37–1

1. 光的频率小于临界值时，不会产生光电效应，只有频率大到一定程度才可以。

2. 光电效应和光的强度无关，即便很弱的紫外线也可以产生光电效应。

1899 年，也就是人类发现电子后的两年，汤姆逊也做了类似的实验，他在产生的火花上加了个磁场，在磁场后面加了个荧光屏……山不在高，有仙则灵；招不在多，管用就行。汤姆逊证实了光电效应逸出来的正是他两年前发现的电子。

此后很多科学家尝试进行解释。那是麦克斯韦的时代，是电磁波的时代，也是光的微粒学说被赶出物理学的时代，从电磁波入手自然是再合适不过的了。电磁波的能量会慢慢聚集，就像晒太阳一样，越晒越暖和。等到能量大到一定程度时，电子就会逸出，但是在临界频率以下光照射一天（能量很大）也没见一个电子逸出，而临界频率及以上的光即便微弱也能轻松将电子释放出来。

1903 年，赫兹的一位学生提出电子逸出是共振的结果，即紫外线的频率和极板上的电子发生共振，导致电子逸出。那么问题来了，电子的共振频率不可能那么多。若用比临界频率更大的光照射，随便什么光都能逸出电子，这个理论被他自己的实验否定了。

1905 年注定是不平凡的一年，注定是要载入史册的一年。在前面已经讲过，爱因斯坦就在 1905 年发表了狭义相对论和质能方程。而在这些理论之前，爱因斯坦还发表了另外一篇文章《关于光的产生和转化的一个试探性观点》，这是他在 1905 年发表的第二篇论文，也是他一生中发表的第四篇论文，前两篇均是在他自称为“修皮鞋”的日子里完成的，他自嘲它们毫无意义，但是这篇论文相当有意义。

1900 年，普朗克提出能量子的概念时爱因斯坦才 21 岁，正值书生意气、挥斥方遒之时。普朗克不喜欢能量子，但是爱因斯坦没有那么多顾虑，他把普朗克的能量子放到光电效应中，也得到了完美的解释。

1. 光束是一群离散的量子，而不是连续性波动。

2. 每个光量子的能量就是能量子，可用 E=hf 表示。

3. 电子逸出需要给它一个能量，当能量子的能量大于或等于临界能量 A 时，光子就可以逸出，逸出的光子有动能。

4. 当能量子小于 A 时，则电子不会逸出。

再回顾一下人类研究光的历史，惠更斯的波动说被牛顿的微粒说一直打压，100 多年后微粒说又被波动说彻底打败，直到没有人再相信光是微粒时，爱因斯坦又把微粒说给请回来了。这才过了多少年啊！折腾来折腾去，也不管光受得了受不了。

受不了也得受，虽然爱因斯坦只是向前一小步，但是文明前进了一大步。而迈出这一小步也需要很大的勇气，因为“光是电磁波”在赫兹之后就已经盖棺定论了，光作为微粒实际上已经在人们心中“死去”。或许正因为如此，从 1899 年到 1905 年这 6 年时间里没有人试图用微粒说去解释光电效应。初生牛犊不怕虎，敢于挑战原有理论正是年轻人的特点，而综观物理学史，大有见解的理论或者假说大部分出自年轻人之手，这个圈子可能注定容不下太多大器晚成的人。

第三十八回　原子的核模型

可能是汤姆逊比较爱吃葡萄干蛋糕，所以他把原子模型作比蛋糕。但是肯定有这样的吃货，他们只吃蛋糕里的葡萄干，那么当原子里的最后一粒葡萄干被吃完时，剩下的是什么呢？实际上，在汤姆逊发现电子之后就有很多不同的原子模型，而汤姆逊的一个外国学生的答案最为精彩。

欧内斯特·卢瑟福（1871—1937）出生于离欧洲遥远的新西兰，他的父亲是一名工人，家庭条件一般，但是不妨碍他在学习上出类拔萃，于是他顺利地度过了小学、中学、大学时期，又顺利地获得了剑桥大学的奖学金。据说，当卢瑟福收到剑桥大学的录取通知书时，他还在挖土豆，于是激动地说："这是我挖的最后一个土豆。"到了剑桥大学后，24 岁的卢瑟福成为汤姆逊的学生。毕业后，他在汤姆逊的推荐下去加拿大任教。9 年后，重新返回英国到曼彻斯特任教，此后一直在英国工作到病逝。

自本生和基尔霍夫的元素光谱理论之后，人类进入了发现新元素的爆发期。1868 年，法国和英国的天文学家在观测太阳的光谱时，先后发现了一种新元素的暗线，这个新元素不属于任何当时已知的元素，只知道来源于太阳，所以就以希腊神话中的太阳神（Helios）命名，化学符号为 He。

在今天的元素周期表中，用红色表示放射性元素。放射性元素都具有一种性质——衰变。衰变可以简单理解为：元素会渐渐地变化成其他多种元素，同时质量减小，能级降低。在 X 光被发现之后，人类进入了研究粒子散射的高峰期，卢瑟福在该领域也取得了巨大的成功，他第一次提出"半衰期"的概念。在不同元素衰变产生的新粒子中，有些是同种元素，他将其分为两种：带正电的叫 α 粒子，带负电的叫 β 粒子（即高速电子）。这两种粒子都有很强的穿透性。他还证明 α 粒子就是 He 离子（没有电子的原子）。1908 年，卢瑟福因对半衰期的研究获得诺贝尔化学奖。当获奖通知下达的时候，卢瑟福有些懵，他一直以为他在研究物理学，没想到一不小心就成了化学家，他笑称“这是我一生中绝妙的一次玩笑”。1908 年的诺贝尔物理学奖颁给了发明彩色照相技术的利普曼（1845—1921），似乎他的工作和物理学更相关。不过卢瑟福还是为获得诺贝尔奖高兴了很久，毕竟这是世界上最高的科学奖项。获奖后的卢瑟福依然兢兢业业，曾有人评价他是唯一一位获得诺贝尔奖之后依然能取得更大成就的科学家，比如 3 年后他提出了一个新的原子模型。

1911 年，卢瑟福带领学生们做了个实验，这个实验被称为“物理学上最美实验之一”。他用穿透力极强的 α 粒子轰击金箔片，同时在圆盘上放置一个可以绕轨道自由转动的望远镜，借以观察轰击后的 α 粒子，如图 38–1 所示。

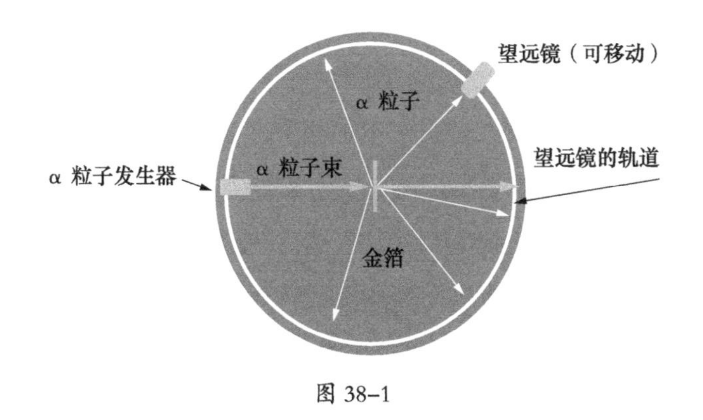

图 38–1

如图 38–2 所示，实验现象及推论如下。

1. 大部分粒子能通过金箔，只有极少的粒子会在原子的正中间发生散射，这说明原子内部很空，而正中间有一个原子核。

2. 部分粒子改变方向，这是由于 α 粒子带正电，原子中间的原子核也带正电，二者同性相斥。

3. 极少数粒子撞到了原子核被弹了回来。

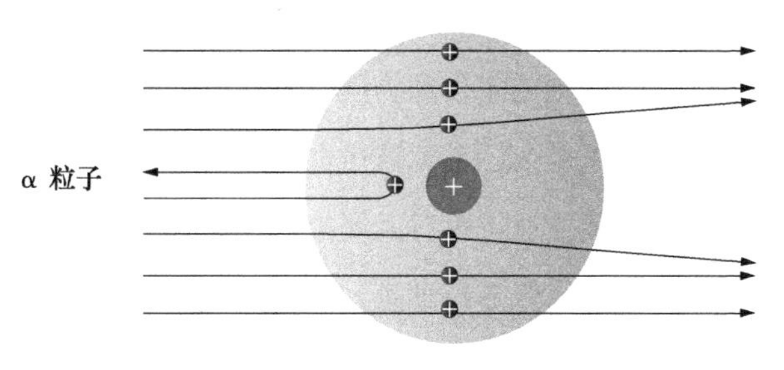

图 38–2

所以，卢瑟福有理由相信，原子是由一个原子核和核外电子组成的，原子核带正电荷，其电荷量正好等于所有核外电子的电荷总量，那么原子核和核外电子怎么共存呢？卢瑟福提出一个新的原子模型，如图 38–3 所示。

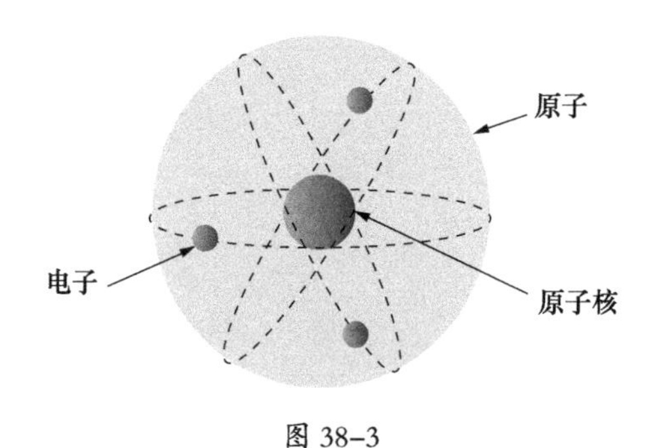

图 38–3

原子的内部应该像我们的太阳系一样，由原子核（太阳）和一群绕着原子核转动的电子（行星）组成。这种模型被称为行星模型。

除了实验中一系列令人眼花缭乱的操作外，得出的结论也是非常完美的。如果上帝创造了宇宙，那么肯定不会厚此薄彼，即便宏大如星系，微小若原子。

这个模型几乎成为了近代科学的符号，经常出现在书籍封面上，甚至 20 世纪 90 年某电视台的标志就是以此为蓝本绘制的。就图形来说确实好看，但是很不中用，因为不管在什么时候，哪怕是在吹牛皮也必须坚信基本原子是稳定的。

与太阳系模型相比，二者有本质上的区别：恒星和行星都不带电。在星系中，太阳对行星的引力可以充当行星圆周运动的向心力，虽然原子核对电子的库仑力也可以充当电子圆周运动的向心力，但是根据麦克斯韦的电磁理论，变速的电子会产生电磁波，要向外辐射能量。电子内部的能量会越来越小，电子会越来越靠近原子核，最终会坍缩到原子核上。实际上，如果电子真的要坍缩的话，在读完上述文字的时候，宇宙就已经不存在了，或者说宇宙根本就没存在过，显然这个模型也不是成功的。但这个模型在物理学中非常重要，因为第一次有了原子核的概念。

卢瑟福推翻了老师汤姆逊的模型，但很快卢瑟福的模型又被他的学生加以改进。桃李不言，下自成蹊。连同自己带上学生，他们一共获得了一打（12 个）诺贝尔奖，其中就包括对卢瑟福模型改进的尼尔斯·玻尔（1885—1862），而玻尔多次在公开场合声称卢瑟福是他生命中的第二父亲。

第三十九回　量子轨道

尼尔斯·玻尔生于丹麦的一个富裕的犹太家庭，父亲是大学教授，他从小受到良好的教育。说起玻尔，他倒和中国颇有渊源，因为他和他的弟弟都喜欢一项中国的古老运动。这个古老的运动在欧洲叫 Football，再翻译过来叫足球。他们甚至都已经加入了职业比赛。我们知道足球比赛无非是两点——进攻和防守，但玻尔基本上只负责防守，因为他是名门将，而且大部分时间都是看着别人防守，因为他是名替补门将。

对于一般人来讲，人生最大的不幸莫过于不能以爱好作为出路。玻尔绝对是"二般人"，即使在足球上没有取得很大成功，但是他的另一个爱好——物理学依然让他在神圣的科学殿堂里功成名就。

1903 年，18 岁的玻尔进入哥本哈根大学主修物理学。1911 年夏天，玻尔大学毕业，怀揣着远大的理想到剑桥拜访久负盛名的汤姆逊。据说当时二人相谈甚欢，玻尔还给汤姆逊递了一份关于金属中电子运动方面的论文，但是汤姆逊已经对此类课题失去了兴趣。他把玻尔的论文留下来，但是根本没有阅读，可玻尔并不知情，所以他等啊等、等啊等。等玻尔再去拜访时，汤姆逊明确表态不愿意在此类问题上花费心思。据说黯然神伤的玻尔在当地的足球队里大秀了一番球技，可足球不是他远渡重洋的目的，他彷徨了。直到 11 月，从曼彻斯特来的卢瑟福到剑桥大学参加聚会，在会上卢瑟福发表演讲，这次演讲让玻尔决定追随卢瑟福到曼彻斯特。

为了和卢瑟福会见，玻尔准备得相当充分，甚至请了卢瑟福的同事、玻尔父亲生前的好友作为引荐人。见面后玻尔才知道自己多虑了，卢瑟福丝毫没有架子，他和蔼可亲地告诉玻尔刚刚参加的第一届索尔维会议的一些情况，后来着重提到了普朗克和爱因斯坦等人关于量子理论发展以及前景的看法，这些理论无疑影响了玻尔一生。卢瑟福对玻尔也很赏识，这位丹麦的年轻人顺利进入了卢瑟福的科研小组，并留下来任教。

玻尔对卢瑟福的原子模型很上心，提出很多独到的见解，比如元素的化学性质取决于核外电子等。核模型在解释化学反应问题上取得了巨大的成功，但在物理上人们绝不会对其与经典电磁理论的矛盾视而不见。当玻尔深入了解普朗克和爱因斯坦的量子学说时，他隐隐地感觉到把量子理论带入原子模型也许会有新答案，但是量子不是你想带就能带的，就像老虎吃刺猬——无处下口。玻尔常常苦思冥思。1913 年 2 月的某一天，玻尔的一个同事来拜访他，在谈话中提到了 1885 年瑞士数学教师巴耳末的工作。玻尔顿时受到启发，他说："就在我看到巴耳末公式的那一瞬间，突然一切都清楚了，它就像是七巧板游戏中的最后一块。"七巧板游戏真的是从古老的中国流传到西方的。错不了！玻尔和中国就是很有渊源。

从夫琅和费算起，人类研究光谱线差不多快一个世纪了，但是始终知其然不知其所以然。瑞士人巴耳末也在不知其所以然中给出了氢原子光谱的巴耳末公式，该公式表示的是氢原子的谱线会出现的位置（即谱线频率）和强度。玻尔经过大胆的假设和悉心的数学推导，改进了卢瑟福的原子模型。

如图 39–1 所示，假设电子绕原子核运动，每个电子都处在某个定态轨道上，其动能也如普朗克的能量子一样是量子化的，也就说电子运动轨道不是随意为之的，它必须符合一定的条件。如果说卢瑟福的电子像汽车，那么玻尔的电子就是火车——有特定的轨道。但是玻尔的电子不完全是火车，它们还可以相互“串门”。玻尔吸收了爱因斯坦光电效应理论的精华，认为电子在不同轨道之间“跃迁”和它们吸收或者辐射的能量有关。当一次吸收的能量达到某个临界值时，它就开始跃迁，就会由基态（最里面的一层）跳到其他的层级（激发态）上。同样，电子由高层级跃迁到低层级上时会释放出光量子，也正好与光谱中的暗线吻合。如果电子不打算“串门”，也就不会释放能量，能量不释放，电子自然也就不会坍缩到原子核中了。

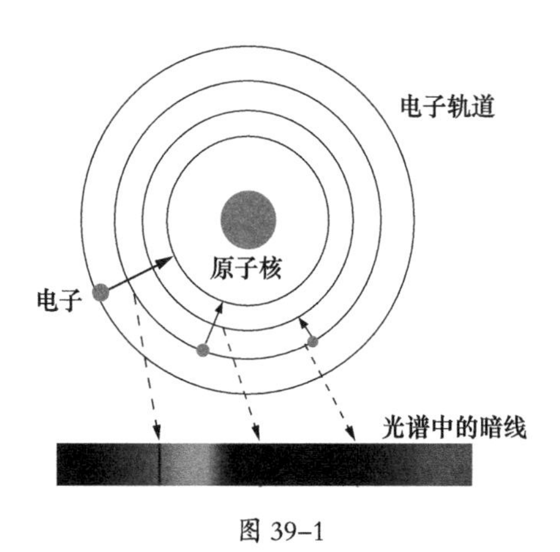

图 39–1

1913 年，玻尔完成论文，这篇论文洋洋洒洒 200 多页。他的老师卢瑟福将其推荐给某杂志，如果一次发表完，估计一期的篇幅都不够用，所以分成 3 次，在同年 7 月、9 月、11 月的杂志上发表，史称“玻尔三部曲”。

玻尔的量子论模型在很大程度上解释了30多年都没有办法解释的谱线问题，但依然有很多问题没有解决。

1. 玻尔的出发点是氢的谱线，通常氢核外只有1个电子。对于超过1个电子的元素，玻尔模型就显得乏力。此外，即便是氢原子，玻尔模型只能解释谱线存在的位置，不能解释谱线的强度。

2. 虽然解决了卢瑟福原子模型的电子不坍缩问题，但只要电子绕核做圆周运动，就会辐射能量，就会和经典电磁学产生矛盾，这是不可回避的现实。玻尔自然也意识到了这一点，他认为讨论量子时就应该先把经典理论放一放，不要因此错过了后面的美好。好吧，放是放了，美没了，当时有些迷恋麦克斯韦方程的物理学者认为一切不符合麦克斯韦方程的电磁理论都是“耍流氓”。

3. 玻尔的假设得到了老师卢瑟福的高度赞赏，但是卢瑟福也提出了一个致命的问题：一个电子从某个定态跃迁到另一个定态上，电子又如何知道下一步将以什么频率绕原子核运动？换句话说，当火车从一条铁轨窜到另外一条铁轨上时，火车怎么知道在新的铁轨上将要以什么速度运动呢？难道事先和铁道部打了招呼？如果是，就更可怕了，这就意味着电子是有意识的。

玻尔提出量子轨道模型已逾百年，站在今天的角度，它确实有很多值得批判的地方，但站在玻尔以及量子发展历史的角度，它无疑是非常成功的。这个模型构建了经典力学到量子力学的桥梁，可以说是半量子化的——用经典力学解释量子化轨道，用量子理论解释跃迁。半量子化招致了不少非议，有人认为物理学理论发展到此时需要一场暴风骤雨般的革命，而不是一场场、一次次的“润物细无声”。

不管怎样，人类正是在对玻尔模型的深入研究中才发现了自己的无知，从而引领着一场新的物理学革命。那是一个风云际会的年代，一个任何量子理论或者假说都会被狂风吹起的年代，而处在风口浪尖上的玻尔无疑将成为这个年代的风向标。

第四十回　电子的故事

如果说玻尔的量子化轨道模型像一只美丽的彩蝶，那么这只彩蝶面前就是一片花海——原子谱线远比人们想象的复杂。比如，当在钠原子光谱上外加一个磁场时，谱线就会分裂成 3 条差不多的谱线。这个现象是由洛伦兹的学生彼得·塞曼（1865—1943）于 1896 年在燃烧钠元素时发现的，所以称为塞曼效应。但当外磁场减弱到一定程度时，谱线的分裂不尽然全是 3 条，而是更多条，间隔也不等，这个现象称为反常塞曼效应。可以说玻尔假设的局限性太强了。

阿诺德·索末菲（1868—1951）是德国著名的数学家，同时也是一名优秀的教育家，他的学生获得诺贝尔奖的数量连卢瑟福也难以望其项背，只是可惜他本人没有获得过一次诺贝尔奖。

当得知玻尔的模型时，索末菲喜爱至极并认为玻尔的模型大有可为，应该稍微修正一下便可以解释塞曼效应。

1. 将电子的圆轨道修正为椭圆轨道，原子核处于椭圆的一个焦点上。（可以将圆看成椭圆的一种，两个焦点合并成了圆心。）

2. 将爱因斯坦的相对论——质能关系引入到高速运动的电子中。

如图 40–1 所示，对于电子的第 n 轨道（正圆）而言，还有 n–1 个亚层轨道，这些亚层轨道是椭圆轨道。这些椭圆轨道也是量子化的。为了解释塞曼效应，索末菲引入了角量子（角动量量子化）；电子有可能顺时针运动，也有可能逆时针运动，产生的磁场方向（相当于环形电流产生的磁场）也相反，所以电子的磁矩也是量子化的。自此有了 3 个量子化的概念：主量子 n、角量子 l、磁量子 m。当在原子外围加上磁场时，电子的运动就会在空间上量子化，谱线也就分裂了。

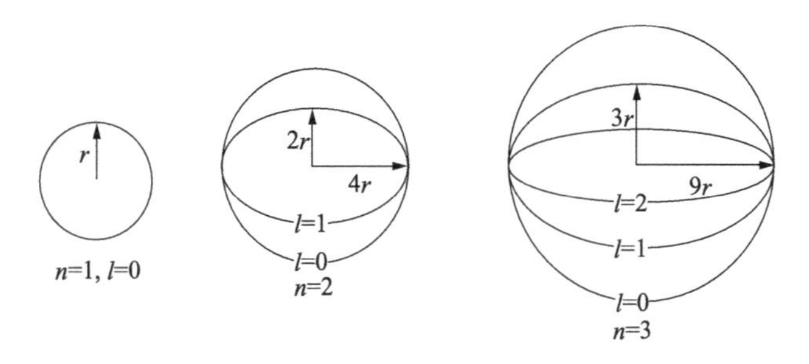

图 40–1

这个模型称为玻尔 – 索末菲模型，它确实可以从理论上解释很多原子光谱的塞曼效应，但它和前面的原子模型一样都是假说，假说走向真理的唯一途径就是实验验证，它们都欠缺实验支持。

奥托 · 施特恩（1888—1969）是一位犹太人，1912 年结识了爱因斯坦，很幸运地成为了爱因斯坦的第一个学生。爱因斯坦的实验大多都是在脑袋里完成的，他却是动手实干型的实验学家。第一次世界大战时，他在法兰克福大学任讲师。战争结束后，该大学迎来了一位新实验室主任马克斯 · 玻恩（1882—1970），施特恩又很有幸地成为了玻恩的助手。

马克斯·玻恩出生于德国的一个犹太家庭，父亲是大学教授，他受此影响走上了科学道路。1914 年玻恩去柏林大学任理论物理学教授，那时爱因斯坦正在柏林大学，他和爱因斯坦结下了深厚的友谊。

起先，施特恩并非对量子理论深信不疑，他只想通过实验来对量子理论与经典理论进行取舍。为此他设计了一个实验方案：使原子束通过不均匀的磁场后看最终的结果，如果经典理论正确，那么原子束将会均匀分布，而如果量子理论正确，那么原子束最终将会在空间上呈条状分布，即空间量子化。

当他兴致勃勃地把这个想法告诉玻恩时，玻恩不认为这种实验有价值，因为原子取向量子化只是猜测，这意味着什么，人们暂时还无从知道，或许只是一种计算电子的数学方法。尽管如此，玻恩依然为他的实验筹备经费。要知道德国在第一次世界大战中作为战败国，整个国家经济陷入了窘境，拿钱出来对于德国政府也是很困难的，于是玻恩用讲座、稿费、找商人出资等一些手段来资助施特恩的实验。

1922 年，施特恩与同事盖拉赫一起做了银原子束通过磁场的实验。

如图 40–2 所示，高温使银原子蒸发射出，通过两个细缝形成原子束，再经过一个高真空度的、不均匀的磁场，最后到达照相底片上，结果在底片上出现了两个黑斑。这就是历史上著名的斯特恩 – 盖拉赫实验，该实验十分难做，温度不能太低，否则银原子不能蒸发；温度也不能太高，否则会使玻璃熔化，不均匀磁场也得放置在一个高真空度的试管里。斯特恩为了实验几乎直接住到了实验室中。1943年，施特恩因此获得诺贝尔物理学奖。

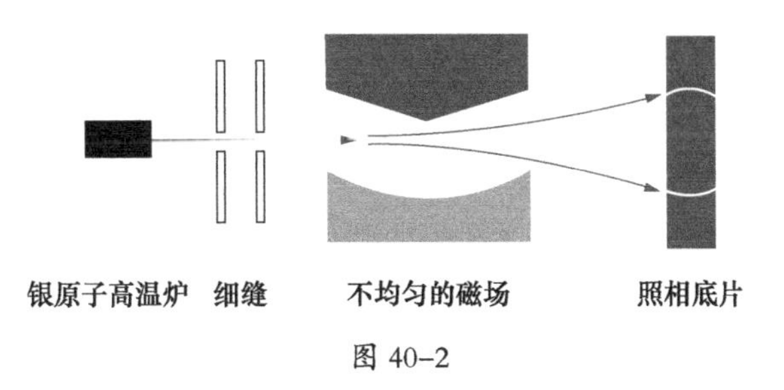

图 40-2

对于实验结果，施特恩感到非常满意，他写信告诉玻尔说他们很荣幸地验证了玻尔 - 索末菲的模型。然而对于反常塞曼效应，玻尔 - 索末菲假说依然乏力，不过该模型为后人研究反常塞曼效应指明了方向。在众多物理学家当中，取得重大成果的当属索末菲的学生沃尔夫冈 · 泡利（1900—1958）。

泡利出生于一个医学家庭，从小对物理学有浓厚的兴趣。18 岁时，他强烈要求不上大学直接做索末菲的学生。和蔼的索末菲没有拒绝，不过也难免有些担心，但是没多久索末菲发现自己的担心纯属多余，泡利是一位有着天才想法的人。

同时泡利也是一个可爱的人，他的心中仿佛有一座天平，当别人的假说让天平失衡时，他会进行攻击不计其余，但当他发现必须把别人的假说加在天平的左边时，他会毫无顾忌地在右边增加新的砝码。比如他的同学海森堡曾为研究反常塞曼效应引入半量子化（1/2 整数），他认为这是一个能把自己大牙笑掉的笑话，可是当他发现半量子化的优势时，他绝对不会计较曾经说过什么话。

同时，他也是一个头脑灵活但是手脚笨拙的人，后者体现在做实验中，不仅是完成不了那么简单，而是经常给实验室带来灾难性的后果。他的老师和同学都戏称这为“泡利效应”。为了阻止这种效应，在做一些重大的实验时，他们会禁止泡利进入实验室。有一次实验考试，他的老师索末菲为了让泡利不影响实验室，干脆让泡利的实验考试直接通过。还有一次，德国哥廷根大学实验室发生了事故，不明真相的民众第一时间联想到泡利，然而泡利有十足的不在场证据，后来实验室负责人写信给泡利，说他总算无辜了一回。而泡利算了算日子，笑着说：“那天好像我乘火车从苏黎世到哥本哈根去，可能与我在哥廷根火车站的月台上逗留了一会儿有关。”

闲言少叙。玻尔的原子模型大大推动了化学的发展，元素的化学性质体现在其核外电子上。1925 年，泡利在多年研究的基础上提出著名的泡利不相容原理，该原理后来成为量子理论的基石。不相容原理可以简单理解为：任何一个原子中不存在两个或者两个以上的电子处于完全相同的状态。同时他也指出，对于给定的 n、l、m，只能容纳两个电子。

泡利不相容原理引起了物理学界的很大兴趣，来自美国的物理学家克罗尼格认为泡利不相容原理意味着还有一个量子化的东西（第四自由度），让每个电子所处的状态都独一无二。不过他实在找不出原子中还有哪些维度，所以他将这个维度归结于电子本身的角动量。当他急于和泡利讨论时，泡利犀利地回答他：“你的想法不错，但是大自然不喜欢它。”实际上，这个问题泡利早就想过，但是最终还是放弃了，因为他觉得量子理论应该从思想上放弃经典理论。

不久之后，两个初出茅庐的荷兰物理学家告诉泡利，不是大自然不喜欢，只是你泡利不喜欢它而已。乌伦贝克（1900—1988）和高斯密特（1902—1978）在对克罗尼格的假说毫不知情的情况下提出了同样的看法。他们的导师不置可否，只觉得这个想法很重要，并要求他们写成论文。但是他二人对此理论信心不足，只简单地写一遍请老师代发给杂志社。接着他们又去拜访德高望重的洛伦兹，和蔼的洛伦兹答应想一想再回答，后来洛伦兹通过计算告诉他们如果电子也自转，那么电子表面的速度将 10 倍于光速——这与相对论极其不符。乌伦贝克和高斯密特惊讶地承认了错误，并要求老师拿回他们的论文，可是论文早就寄出去了，也许都已经发表了。

等论文发表后，意想不到的是得到了很多人的支持，其中就有玻尔，他认为困扰物理学多年的光谱结构问题竟然用“自旋”这一简单的力学概念解决了。泡利还是一如既往地犀利，他称“一种新的邪说被引进了物理学”，两年后泡利最终还是接受了电子自旋说，并把它纳入自己的不相容原理之中。

再来回看一下斯特恩 - 盖拉赫实验。泡利在研究元素化学性质时得出反常塞曼效应只与原子的价电子（能参与化学反应、形成化学键的核外电子，很多原子的最外层电子即为价电子）有关，而与其他电子无关。银原子总共有 47 个电子，最外层只有 1 个，泡利认为反常塞曼效应只与这一个电子有关。那么剩下的 46 个电子的角动量总和为 0，磁矩自然也为 0，外部磁场对它们不起作用，所以银原子在磁场中偏转只取决于最外层的电子，可问题是单个银原子是稳定的，所以最外层电子的角动量和磁力矩也为 0，那么银原子又怎么会偏转呢？所以，我们不能再认为银原子在磁场中偏转的角动量是由电子运动产生的，而是由电子本身的自旋——具有 1/2 量子化的自旋产出的。如此说来，斯特恩 - 盖拉赫实验笑到了最后却丢了灿烂，它本论证了索末菲的假说，然而再由假说出发得出的新理论时推翻了实验……这是上帝的安排还是人类的歪打正着？

电子自旋。怎样的旋转？和星体一样？人类在认识宇宙的道路上举步维艰，往往是因为总想把新事物纳入旧有的体系中。自旋绝非如行星般的绕轴自转。

关于自旋，形象点可以参考霍金所写的《时间简史》。

1. 自旋为 0，旋与不旋都一样。

2. 自旋为 1，旋转 1 圈，回到原来的位置。

3. 自旋为 2，旋转半圈，和原来一样。

4. 自旋为 N，最常见的就是等边 N 边形（见图 40–3）。

图 40–3

自旋 1/2 又该怎么解答呢？物理学家费曼曾有个比喻：伸出左手，旋转 360° ，手确实和刚开始一样，但是很不舒服，那就再反转 360° 吧，这就是 1/2 自旋了。

自旋在解释许多实验现象时取得了很大的成功，但是此时任何量子理论都很脆弱，一碰就会碎。

第四十一回　矩阵力学

玻尔的假设带着衍生品在原子研究方面大行其道，第一个给予它沉重打击的是他的学生海森堡。

沃纳·海森堡（1901—1976）出生于德国，他的父亲是一位大学教授，所以他从小就受到了良好的教育。当刚入中学的学生还在为正负得负、负负得正掐指计算的时候，他已经掌握了微积分。发现自己的特长后，海森堡一心想做一名数学家，后来他在上大学时却选择了物理学，成为名师索末菲的学生。此后他受玻尔邀请去了哥本哈根，成了玻尔的学生。玻尔是一位民族感极强的物理学家，1918 年他谢绝了恩师卢瑟福的高薪（年薪 200 英镑）邀请，毅然决然地回到了故乡，一心要为故乡的科学发展做出贡献。

海森堡是一位经验主义者，在他看来没有什么比实验数据更为重要了，因为数据不会说谎，而物理学也应该从直接的、可被测量的数据和观察到的现象入手，而不应该先假设一个模型，然后把对于数据的解释往假说的模型上套。这是很危险的，好比我们为了解释某种现象而假设一口井的模型，但它的本来面目可能是一个烟囱。

玻尔的模型也是如此，人们研究光谱十几年，电子轨道到底在哪儿呢？没有人看到过，这只不过是基于经典力学所做的一种类比、一种想象罢了。海森堡从一开始就给轨道模型号准了脉。怎么彻底改变呢？他认为轨道不曾看见，但是原子光谱中的强度、暗线的频率是一目了然的，所以他要从这两个方面入手。这些离散的数值该怎么处理呢？海森堡将它们画到表格中，但是表格的运算法则不像方程那么成熟，海森堡根据物理意义进一步发展表格运算。

1925年，海森堡把研究的草稿整理好交给老师玻恩，希望老师能指点指点，然后到英国剑桥讲课去了。玻恩没看懂，但是他被海森堡的表格深深折服，称它是一次伟大的突破，并写成论文寄给了杂志社发表。

实际上，这种表格有个很好听的名字叫矩阵。提到“阵”，我们不禁会想到小说中的排兵布阵，比如士兵排成一排叫“一字长蛇阵”，排成弯弯的两排叫作“二龙出水阵”。矩阵也是阵，因为是矩形的，所以叫作矩阵。虽然海森堡无意间发明了矩阵，不过他并不拥有发明权，早在1858年英国就有数学家发明了矩阵，当时叫作行列式（行列式可以看成矩阵的某一行或者一列）。如果连海森堡这样的人物都不知道矩阵的话，可想而知当时人们对矩阵运算还处于瞎蒙状态。

玻恩在矩阵运算上也有些吃力，所以他找到数学很好的泡利一起研究，泡利还是一如既往地对新观点加以排斥，称它为“冗长和复杂的形式主义”。玻恩碰了一鼻子灰，只好找他的助手约尔当（1902—1980）帮忙，两人合作写了题为《论量子力学》的论文，其中用了很大的篇幅介绍矩阵运算，并且计算了乘法交换后两个乘积的差值范围。等到海森堡从剑桥讲学归来，他们三人对原来的讨论范围进行扩展，共同发表了《论量子力学Ⅱ》，自此彻底建立了新的量子力学体系——矩阵力学。

除了极个别人反对外，矩阵力学赢得了一片赞许之声，因为它能恰如其分地表达量子的离散特征。当矩阵力学在计算上取得了巨大的成功之后，泡利又一如既往地改变自己的看法，他说：“海森堡的力学让我有了新的热情和希望。”爱因斯坦则更为直接地称“海森堡下了一个巨大的量子蛋”。

可是矩阵力学有一个小小的问题——不符合乘法交换律。也就是说 $\boldsymbol{A}\times\boldsymbol{B}\neq\boldsymbol{B}\times\boldsymbol{A}$，可以说这是由矩阵的运算法则决定的，也是对矩阵的运算法则定义后导致的必然结果，但是放到物理学之中就会出现很大的问题。比如先测定物体的速度再测定时间，便可得到物体的位移，但是它与先测定时间再测定速度而得到的位移不一样，算来算去乘法交换后的结果总是有差值，更为奇怪的是这个差值还大于某个特定的值。

这是怎么回事呢?

附一回　爱因斯坦与诺贝尔奖

在物理学理论与实验之外，发生了一件不大不小的事。爱因斯坦在多年的陪跑之后终于在 1922 年获得了诺贝尔物理学奖，而且是补发 1921 年的。准确地说，爱因斯坦是于 1922 年获得了 1921 年的诺贝尔物理学奖。

阿尔弗雷德·诺贝尔（1833—1896）是瑞士著名的化学家和发明家，他的得意之作非炸药莫属。他的父亲也是一位发明家，诺贝尔继承了发明家应有的执着和几家毫无生气的工厂。1859 年，诺贝尔开始研究炸药，他的父母为此很担心，因为这是一项很危险的工作。诺贝尔的回答是：“炸药的利润是非常丰厚的，所以冒险是值得的。”诺贝尔说得没错，当时正处在第二次工业革命前期，许多国家迫切要求发展采矿业，炸药成为了当即之需。

但是诺贝尔猜到了结局，却没有猜到过程。在一次炸药实验中，诺贝尔失去了 4 名助手和自己的亲弟弟。正所谓屋漏偏逢连阴雨，船迟又遇打头风。这次爆炸也惊动了当地政府，他被从市区赶了出去。诺贝尔只好把实验室搬到了船上。天道酬勤，1863 年诺贝尔获得了硝化甘油引爆物的专利，先后成立了 4 家工厂进行生产。到了 19 世纪 70 年代，诺贝尔已经腰缠万贯，他开始投资石油行业——后来财富的重要来源之一。

诺贝尔一生坐拥的财富约折合 920 万美元，今天的 920 万美元不可与此同日而语，要知道当时世界首富、石油大亨洛克菲勒的总资产也不过几亿美元，而玻尔的年薪折算成美元的话也不过区区的 3 位数而已。

在生命的最后几年，诺尔贝不得不面对一个现实：人之将死，钱没花完。所以，他在临终前的一年就立下遗嘱：将存在瑞士银行的钱每年的利息拿出来，奖励头年为世界做出杰出贡献的人。于是世界上最负盛名的奖项诞生了，因为盛名，所以谨慎，因为谨慎，所以不乏保守。基本上，诺贝尔奖有以下两条不成文的规定。

1. 活着（受奖人必须在世，也有几例特殊情况）。

2. 正确。

关于正确性非常好理解，作为最具权威的奖项，草率只能留下笑柄。

因为发表广义相对论而红透了大西洋两岸的爱因斯坦符合以上

两点，尤其当1919年爱丁顿等人观测到光线弯曲的结果出来之后，整个物理学界有头有脸的人都纷纷出来为爱因斯坦喊话。

电子的发现者汤姆逊郑重宣称："爱因斯坦的引力理论是继牛顿之后人类思想上最高的成就之一。"

当时德高望重的洛伦兹也写信称："日食的观测结果无疑为他铺设了通往诺贝尔奖的道路。"

思想上比较保守甚至劝过爱因斯坦"不要搞什么广义相对论，搞出来也没有人信"的普朗克也提名爱因斯坦为候选人，理由是迈出了超越牛顿的第一步。

其他推荐人不胜枚举，比如作为量子力学先驱者之一的玻尔等。

但是诺贝尔奖委员会一直在踌躇观望，因为每年都会冒出一些反对的声音或者证明广义相对论不成立的实验，这其中包括一些哲学家。

1921年，普朗克坚持以广义相对论提名爱因斯坦，也有人以光电效应提名爱因斯坦，因为爱因斯坦的光电效应方程已经在实验中得到证明。1916年，美国实验物理学家罗伯特·密立根（1868—1953）通过多年的实验，验证了爱因斯坦的光电效应方程。值得一提的是，1910年密立根还通过历史上著名的滴油实验论证了普朗克理论，并求出了普朗克常数h的数值，普朗克因此获得了1918年的诺贝尔奖。但有科学家反对爱因斯坦以光电效应获奖，理由是3年前才把奖颁给了量子理论工作者，现在又因量子理论而颁奖，似乎不妥，如果真要以光电效应颁奖，也应该先颁给实验物理学家密立根。在一次次犹豫之后，诺贝尔奖委员会决定干脆不颁发1921年的诺贝尔物理学奖。

1922年，法国物理学家布里渊（1854—1948）的一句话惊醒了诺贝尔奖委员会，他说："试想如果诺贝尔奖获奖者的名单上没有爱因斯坦的名字，那么50年后人们的想法会是怎样的呢？”这确实是一个让人头疼的问题，因为爱因斯坦的名气已经如日中天，如果他没有获得过诺贝尔奖，人们也许不会觉得遗憾，而只会觉得爱因斯坦的威望已经超过了诺尔贝奖。在这样的形势下，诺贝尔奖委员会就必须以某种原因把诺贝尔物理学奖“强塞”给爱因斯坦，哪怕一次也行，最终他们选择光电效应。

1922年，爱因斯坦和玻尔同时获得诺贝尔物理学奖。1923年，密立根获得诺贝尔物理学奖，密立根在领奖的时候毫不讳言他长期对爱因斯坦的光电效应理论持怀疑态度，做这些实验无非是想证明爱因斯坦是错误的，而经典电磁理论是正确的，但是在事实面前他服从了真理。1925年，美国著名物理学家康普顿（1892—1962）提出康普顿效应，再一次证实了爱因斯坦的光量子理论，并为光量子取了个很好听的名字——光子。

叨扰了这么多茶余饭后的话无非是想做一个引子：光首先被认为以微粒的形式存在，后来又被波动说打败，而爱因斯坦的光量子再一次证明将光看成微粒也无不可。光波可以是微粒，那么作为微粒的电子是否可以是波呢？

第四十二回　电子也可以是波

对于玻尔量子化轨道的理论，布里渊在1922年提出了一个新观点：原子核周围的以太会因电子的震动产生一种波，所产生的波互相干涉，只有在电子轨道半径适当时才能形成环绕原子核的驻波，因而轨道半径是量子化的。如果真是这样，电子跃迁后，就不用别人告诉它该待在哪儿、该以什么速度运动了，更为关键的是不必担心电子因运动而辐射能量了（驻波没有能量损失）。

新理论总是令人耳目一新，只是以太的观点过于陈腐。1905年，爱因斯坦用相对论解决了光速不变的问题，以太这尊大神已经被无情地请出了物理学界。请神容易送神难，送走了以后想再请回来难上加难，所以布里渊的理论并没有火起来。然而年轻的法国人德布罗意（1892—1987）在机缘巧合下看了一眼，改变了电子的命运……

德布罗意出生于一个老牌的贵族家庭，他的先祖曾被法国国王路易十四封为公爵，由长子世袭罔替，大约和中国清朝的铁帽子王差不多。第一代公爵又因赫赫战功而被神圣罗马帝国册封为亲王，而且家里每个人都有份，传到德布罗意的兄长时已是第六代。1960年兄长逝世后，爵位传给了他，所以后人常称他为“王子德布罗意”。虽说家世显赫，但是他没有一点傲气，很平易近人，据说一生从未与人红过脸。

德布罗意似乎这辈子注定要和“波”结缘，从第一次世界大战开始，他在无线电部门服役了6年，对电磁波的研究颇深。他的哥哥是一位实验物理学家，拥有私人实验室，该实验室装备精良。德布罗意有事没事就在此做实验，研究一下偶像爱因斯坦的学说。当他发现自己爱上了物理学时，毅然决然地放弃了他心爱的历史学。

大约从1922年起，德布罗意就萌生了新的想法：既然光具有波粒二象性，为什么不能将电子也看成波呢？起先他将电子类比为X

光，但没有什么突破性进展。1923 年，在为博士学位准备论文期间，德布罗意曾和布里渊探讨过，布里渊告诉他曾经的想法。他觉得也许布里渊说得对，只是再也不能提到以太，否则就太“OUT”了。既然没有了以太，那么驻波从哪儿来呢？德布罗意认为只能将波动性赋予运动的电子本身，但是电子怎样才能看成波呢？

根据狭义相对论，一个质量为 m 的静止电子应具有静能（$E=mc^2$）。能量和质量只不过是物质的两种形式，如果将电子的质量看成能量的话，就可以将能量视为频率为 f 的内在周期性现象，即 $E=\mathrm{h}f$，所以 $E=mc^2=\mathrm{h}f$。

假设该电子以速度 v 运动，根据相对论，电子的质量增加，那么电子的内在频率 f 也增大到 f_1。可相对论又告诉我们，对于静止状态下的观察者而言，运动参考系的时间在膨胀，周期变长，内在频率减小到 f_2。不同的频率代表不同的波，这是怎样的两个波呢？如果其中一个代表着电子内在的频率，那么另外一个代表什么呢？德布罗意经过深入思考之后提出一个惊人的假设：一个质点在运动时会伴随着与质点相结合的波，波的频率正是 f_1。另外，他通过计算得出波速为 c^2/v。显然这超过了光速，不过不用担心，这个波不携带能量，并不违背狭义相对论。其实频率为 f 和 f_2 的波也不具有能量，因为此时的电子依然以质量的形式存在。

1926 年 9 月，德布罗意发表论文，提出了“物质波”的概念，后人称为德布罗意波。在其后的两个月里，德布罗意相继发表了两篇论文。第二篇论文论证了物质波与粒子的内在波具有相同的相位，故而又称为相波；第三篇论文从数学上证明了相波的相速度正是 c^2/v，而相波的群速度正好等于粒子的运动速度 v。这 3 篇论文加起来总共才 10 页。

关于相波的解释，举一个并非很恰当的例子。比如拿钻头在墙上钻孔，表面上看钻头不断地进入墙体内，但是实际上并没有那么快。钻头的转动就像一个波，看上去不停往前走的就是波的相速度，而钻头上实际前进的速度便是波的群速度。群速度不可能超过光速，但是相速度可以，因为相速度不代表物体实际运动的速度，自然不含有任何信息量。我们经常听说人类已经找到超越光速的波，实际上大多是指相速度。

德布罗意提出相波概念的初衷是为了解释电子轨道上的问题，简单点说就是电子在某一个轨道上运行，伴随的物质波必须具有特定的相位才能产生驻波。好比我们绕操场跑步，每一步的长度相等，一圈的长度正好是步幅的整数倍。量子理论总是让思维处在经典理论之下的我们觉得不可思议。

从 1922 年的萌芽到 1923 年的孵化，1924 年德布罗意终于将相波理论写进了博士论文里，一举奠定了量子波动力学的基础。

还在为改造量子理论而奋斗的普朗克看到德布罗意的论文后，表示对这位“90 后”（1890 后）失望至极：现在的年轻人一言不合就上天，要和太阳肩并肩，想当初老一辈是多么谨小慎微啊……而德布罗意的老师郎之万（1872—1946）对此不置可否，他把论文寄给爱因斯坦看，让爱因斯坦点评点评。爱因斯坦向来对物理学的对称性满怀信心，光可以是粒子，那么粒子也就可以是波，所以爱因斯坦对德布罗意的想法赞不绝口，并称德布罗意“揭开了大幕的一角”。正所谓人微则言轻，人重则吐沫也能砸个坑，爱因斯坦的赞许让人们纷纷抛开偏见去看待德布罗意的论文，发现别有洞天。

1929年，德布罗意凭借博士毕业论文获得诺贝尔物理学奖，这在诺贝尔奖历史上十分罕见。坊间一直有很多传闻，说他的论文东拼西凑，整篇论文才写了一页纸，而相波的概念也不过是瞎猫碰到了死耗子。很多人认为他获得诺贝尔奖水分太多。究其原因，我想可能与1922年德布罗意为物质波写的3篇论文加起来才10页有关吧。实际上，德布罗意为阐述物质波的概念写了不少论文，其中毕业论文就长达100多页。

当时认为物质波概念是哗众取宠的人极有可能出于羡慕嫉妒恨，就像哥伦布歪打正着地发现了新大陆时也有很多人不以为意。在一次晚宴上，哥伦布清了清嗓门问道：“谁能把我手里的鸡蛋立起来？”众人哑口无言，只见哥伦布把蛋的一头敲碎立在桌子上，然后说：“我知道现在谁都会了，但我是第一个。”是的，第一很重要。

第四十三回　一个鬼魅般的实验

一直以来，干涉与衍射现象是波的专属特性，这个从牛顿时代就定下来的基调在德布罗意时代发生了转折。德布罗意预言干涉与衍射也适合微粒，假如小孔的大小和微粒的物质波的波长一样，那么微粒通过时也可以发生干涉与衍射现象。

1921年，美国物理学家戴维逊和孔斯曼用电子轰击金属镍，发现电子从镍片返回后呈两个角度分布。那时还没有物质波的概念，所以他们认为原子中可能有电子壳存在，从而导致了返回电子的角度分布。后来他们从玻恩的口中知道了德布罗意的物质波。1925 年戴维逊和革末重新做了实验，在观测屏上看到了像牛顿环一样的图案，这说明电子也具有波动性，从而论证了德布罗意的观点。

两年后，著名物理学家老汤姆逊（电子的发现者）的儿子小汤姆逊（1892—1975）在剑桥也做了同样的实验，并记录和计算电子的行为，成功地证明了德布罗意波的存在，更成功地证实了德布罗意波的波长，从此电子的波粒二象性便不再被怀疑。

回顾光的波粒之争，起先光被认为是微粒，其后被认为是波，后来又被认为是微粒。到了 19 世纪初期，托马斯·杨和菲涅尔等人的努力再一次改变了人们的"偏见"，最后爱因斯坦等人证实光具有波粒二象性。但是电子与光不一样，人类认识光从一开始就具有猜测的成分，而电子从进入人类视野的那一刻起就是一个活生生的粒子，理由很简单，当人们发现它时，它就躺在老汤姆逊的显示屏上（如图 43–1 所示）。

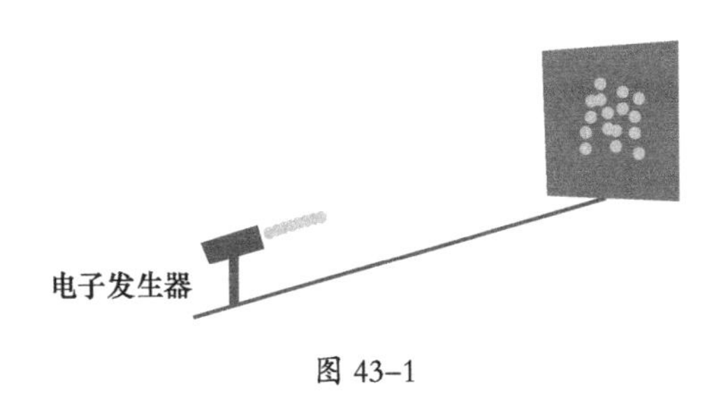

图 43–1

电子束打到屏幕上呈随机分布状态，没有任何理由让人们不相信它是粒子。但如果在屏幕前面加入一个光栅的话，很明显发生了双缝干涉现象（如图 43–2 所示），所以没有任何理由让人们不相信它是一种波，然而更为蹊跷的事情还在后面。

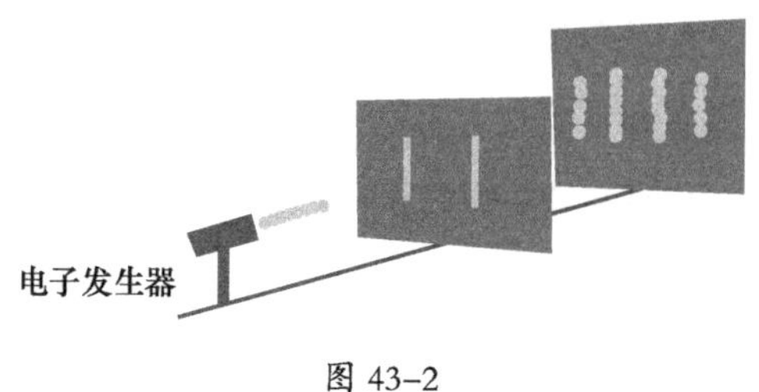

图 43-2

改变电子发生装置，等前一个电子已经打到屏幕后再释放下一个电子。如果没有光栅的话，单个电子在屏幕上呈随机分布。当加入光栅后，单个电子也应该随机地出现在屏幕上的某个位置，只是落在光栅后面的概率大一些，所以会出现两条条纹。可是意外发生了，当很多这样的单电子通过双缝时，最终的结果是也发生干涉（如图 43-3 所示）。

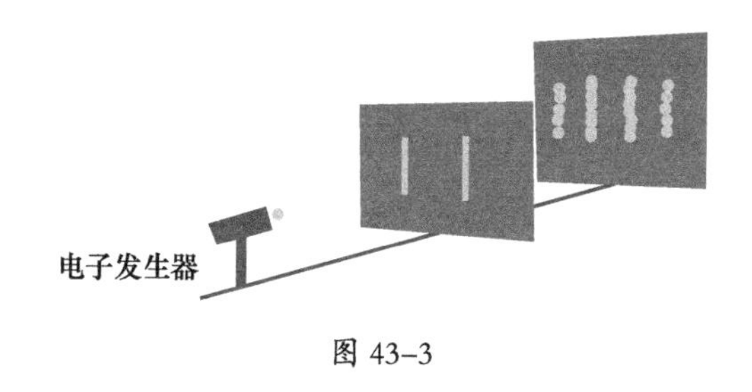

图 43-3

干涉从何而来呢？难道是前后电子？这是不可能的，因为它们不是同时通过双缝的。难道单个电子发生了自我干涉？如果单个电子发生了自我干涉，也就意味着单个电子同时通过了双缝，如果电子是波，干涉则不难理解。可又怎么去理解电子到达屏幕时突然坍缩成一个点呢？这显然是粒子性质的。

电子如幽灵般诡异！

第四十四回　风流才子薛定谔

丝毫没有任何亵渎与不敬，似乎每个爱好物理的人都对薛定谔的情史比对他的成就更感兴趣。如果以 10 个手指计算薛定谔的女朋友的数量，那显然高估了手指的计算能力。结婚前，与之交往甚深的女性中有名有姓的就有很多，然而婚姻并不是他风流生活的终结，恰恰只是个开始，他的兴趣范围扩大为女学生、演员、艺术家、公务员等，也留下诸多私生子。他的妻子甚至还抚养了他的一个私生子，而薛定谔本人却和他私生子的母亲在阿尔卑斯山度假。后人曾调侃波粒二象性，说薛定谔分不清情人与妻子的区别。

言归正传！翻开量子力学发展史，多少英雄出少年！爱因斯坦 26 岁提出光量子的概念，玻尔 28 岁提出量子轨道模型，泡利 25 岁提出不相容原理，海森堡 24 岁发明矩阵力学……在这点上薛定谔似乎算是大器晚成了，直到 39 岁才提出薛定谔方程，而他建立方程的过程也具有风流色彩，据说他当时正和他的情人在阿尔卑斯山上度 1925 年的圣诞假。

薛定谔对玻尔以及后来的索末菲的量子模型很感兴趣，只是他觉得用量子化轨道去解释量化的光谱不能令人满意，光谱应该由某个特征值决定，所以他认为应该从特征函数角度去解释，一时没有什么进展。1925 年 10 月，薛定谔读到爱因斯坦的论文，在论文里他了解到德布罗意的物质波，于是怀着极大的热情拜读了后者的论文。

12 月中旬，薛定谔在发表的论文中说：“如果不从德布罗意的物质波去解释运动的粒子，是没有其他任何途径的。”此后他受好友德拜（1884—1966）的邀请到苏黎世理工大学演讲，其主要内容正是德布罗意的物质波。当薛定谔把物质波讲得无比清晰透彻时，德拜问他：“如果讨论一个波，却没有描述它的波函数，是否太幼稚了？”于是一周之后，薛定谔建立了波动方程。

从 1926 年 1 月开始，在 5 个月内，薛定谔陆续发表 4 篇论文，着重阐述了波动方程的物理意义。他认为粒子运动的物质波形成一个“波包”，波包的群速度与粒子运动一致，在波动方程里有一个函数 ψ，用于描述波包，所以叫波函数。这就像划过天际的流星，电子宛如陨石，波包宛如团团火球，波函数用于描述火球的特性。

为了论证波动方程的正确性，薛定谔还将其与经典力学进行类比，最后得出它们之间具有统一性，也就是说一切经典力学都可以用波动学说来解释，但经典力学的很多公式都是非波动性的，他认为那是因为经典力学在处理一些细微问题上具有局限性。举个例子，经典力学也可以研究机械波，但是如果给定的位移远小于机械波的波长，经典力学无法从宏观上得出波的运行方式。同样，薛定谔还拿几何光学进行类比，尽管光沿直线传播，但当光通过一个比波长还小的孔或者障碍物时，光的传播并非呈现出简单的几何性，托马斯·杨的实验和泊松光斑就是典型例子，此时再讨论光的几何性质就失去意义了。所以，我们有理由相信当电子运动的轨道和电子的物质波的波长差不多时，讨论电子的路径也会失去意义。在这种情况下，薛定谔认为电子绝对不是一个传统意义上的粒子，而是像云彩一样在四周扩展开来的一团波，电子没有具体的位置，也没有具体的轨道路径可言。

“如此说来，电子，原来你是个波啊！”

电子说：“你才是个波，你们全家都是波！”

其实电子说得没错，按照德布罗意和薛定谔的理论，我们都可以是波，只是和我们运动相结合的物质波的波长很短，波动性是显示不出来的。假设人类已经发展到随意克隆的地步，把无数个已经克隆的我同时扔到两个并排的门里，后方的墙上是否出现干涉图样？答案是否定的，因为人的物质波的波长很短，只有当这个门和波长差不多时才能显示波动性，那样的话我就通不过该门，所以讨论宏观物体的物质波没有意义。

但是研究微观粒子时就不能不考虑其波动性了。电子、光子都是微观粒子，它们都是一团一团的波，就像开水锅里的水蒸气，掀开锅盖后落在锅盖上才成了水珠，这些水珠就是人们长期以来误以为的粒子，所以薛定谔认为是时候建立波动力学了。只是没有掀开盖的锅里是什么呢？薛定谔茫然了，因为他也不能在锅盖打开之前钻到锅里考察情况。

对于一个新的理论，有多少人喜欢就有多少人反对。普朗克和爱因斯坦对此欣喜若狂，普朗克称看薛定谔的论文就像一个好奇的孩子在听大人讲解一直苦思冥想的谜语一样；爱因斯坦认为薛定谔是天才人物，其论文富有构思精妙的独创性。独创？薛定谔笑着说：“要不是你爱因斯坦当初硬把德布罗意想法的重要性凑到我的鼻子下，单凭我一个人，整个波动力学根本就建立不起来，恐怕永远也搞不出来。”

研究量子论的科学家们绝对不会对薛定谔方程置若罔闻，这其中自然有量子论的先驱玻尔和矩阵力学的发明者海森堡。

第四十五回　波动力学与矩阵力学

尽管波动力学和量子论有着根本性的冲突，但是在量子阵营里不乏阵阵掌声。这个掌声绝不会来自海森堡，毕竟薛定谔抢了自己的“饭碗”，薛定谔方程的风头盖过了矩阵力学。

当波动方程的地位如众星拱月时，海森堡却认为该方程不能作为物理学方程中的 VIP。薛定谔的回答也不遑多让：“对于那些没有艺术层次的理论（矩阵力学），我感到沮丧。”

双方你一言我一语，各不相让。不过很快海森堡的老师索末菲等人从数学上推导出这两种方法在处理问题时是等价的，最终被“量子力学”所统一。但这种说法就像是在和稀泥，只能是治标不治本，因为两种理论的立足点不同，矩阵力学是“微粒”，薛定谔方程是“波动”，这才是波粒之争的根本所在。这已经不是两种方法上的问题了，而是两个派别之间的问题，他们都针锋相对、相互质疑，尽管他们有些人私下里关系很好，因为这些争论纯粹是学术上的。1926 年 9 月，薛定谔受邀来哥本哈根。作为哥本哈根学派的头号人物，玻尔对他盛情款待。薛定谔在讲学报告中说应该放弃量子跃迁的概念，微观世界也是连续的。玻尔自然不会放过任何一个可以辩论的机会，终于薛定谔的身体招架不住了，住进了医院。玻尔等人去探望，可探望很快转变成一场争论。

尽管争论异常激烈，波动方程还是很受欢迎，即便是在微粒说的派别里。既然已经论证波动方程与矩阵力学等价，那么用波动方程处理问题也无不可。一直以来，人们对理论学家都有很深的误解，以为他们都头发蓬松、不修边幅，一味地搞一些别人看不懂的公式，殊不知他们也和普通人一样"有小鱼就不吃蒸蛋"。比如，若有两种方法，他们肯定会选择容易的，这也是他们喜欢薛定谔方程的最大原因——因为他们个个都是微积分高手。至于形象问题，我想爱因斯坦那犀利的发型、俏皮的大烟斗要负 99% 以及余下 1% 的责任。

言归正传。在微粒派中，越来越多的人都对薛定谔方程示好，其中就包括海森堡的恩师玻恩。玻恩是这样评价薛定谔方程的："在理论物理方面，还有什么能比他的波动力学最初的几篇论文出色呢？"海森堡对老师不坚定的立场感到十分伤心，然而玻恩笑而不语。年轻人到底还是沉不住气，玻恩只是称赞方程，而并没有忘记自己的立场——微粒论。在物理学中任何一个符号都是有其物理意义的，用于描述物质波的波函数 ψ 有什么意义呢？这正是玻恩的出发点。

关于薛定谔本人对 ψ 函数的解释，玻恩肯定不同意，他不能否认自普朗克以来人们对量子论的贡献，所以他认为应该从波粒二象性上去寻找统一的新途径，去解释新的奥秘。玻恩为这个新途径指明了一个方向——概率，因为 ψ 函数的平方就是一个概率分布，类似于麦克斯韦的分子速度分布。

在研究分子运动的时候，麦克斯韦等人引入概率并发展出一个物理学分支——统计物理学。玻恩口中的概率与以往的分子速度概率却有明显的区别：假设两个分子处在同样的环境下，它们最终的归宿将会一样；而电子则不同，即便人们有办法为两个电子创造同样的环境，也没有办法决定它们有相同的归宿。换句话说：以往的统计学是“假如你做得全对，那么我就给你一百分”，这是一个因果关系；而玻恩的概率是指“假如你全都做对，我会根据心情给你打分”，考试与得分的因果律已经不复存在了。如果连因果律都不存在了，还谈什么决定论呢？决定论至此受到了严重的质疑。

爱因斯坦对此深表不满，要知道无论是亚里士多德还是牛顿，无论是电磁学方程还是相对论，一切都建立在牢固的决定论基础之上。尽管他本人提出过光量子的假设，也在量子论发展过程中起到了奠基性的作用，但是爱因斯坦始终坚信量子论只是权宜之计，它在根上还是有毛病的、不够完善的，人们更应该回到严格的符合因果性的决定论上来。最后，他抛出物理学史上最著名的话之一：上帝不掷骰子。

在这么大的哲学命题之前，难道玻恩就不犯嘀咕吗？不可能，但是当断不断反受其乱，怎么办？玻恩说他本人倾向于在研究微观世界时放弃决定论，但这是一个哲学问题，也不是仅凭物理学就能决定的。

抛开哲学，物理学中的波函数被玻恩成功地“嫁接”了，而人们对玻恩的嫁接感到非常满意，毕竟 ψ 函数的平方看上去确实就是概率分布。但薛定谔对此始终持反对态度，最终不免落个“薛定谔不懂薛定谔方程”这样的历史考语。薛定谔的波函数无法解释电子双缝干涉实验中的粒子瞬间坍缩问题，而玻恩的概率论也没有办法解释粒子同时经过两条缝时发生自我干涉的问题，所以争论依旧在持续。

此时，作为哥本哈根学派的领军人物，玻尔也开始有点动摇："难道电子真的是波？"不过海森堡还是一如既往地坚持微粒说，谁要和他提电子波，他就跟谁急，即便是玻尔也不行。1926年物理学界似乎只有一个主题——争吵。玻尔也深陷其中，他和薛定谔争完，又和海森堡吵。他身心俱疲，决定外出度个假，消消乏。

而海森堡还在研究他的矩阵运算中遗留的问题，即 $\boldsymbol{A}\times\boldsymbol{B}\neq\boldsymbol{B}\times\boldsymbol{A}$。

第四十六回　不确定原理和互补原理

一次次争吵之后，海森堡伤心至极，才发表一年不到，矩阵力学几乎就到了无人问津的地步，能想起矩阵的人也是把矩阵改成了波动方程的另类形式。更令他伤心的是，他的同学泡利、他的导师玻尔等人都开始研究起波动方程了，他俨然成了一个光杆司令，而对于这个司令来说，最大的困难不是来自波动方程，而是他内心一直无法挥去的阴影。

前面说过，玻恩等人发现矩阵有个严重的问题，即 $\boldsymbol{A}\times\boldsymbol{B}\neq\boldsymbol{B}\times\boldsymbol{A}$，乘法交换律到此不再适用了。也就是说先测量电子的速度后测量电子的位置，与先测量电子的位置再测量电子的速度会得到不一样的结果。对越简单的理论产生怀疑就越让人感到害怕，弄不好会把物理学的天空捅个大窟窿。

可是该捅还是要捅的，物理学家对未知的好奇绝不亚于任何一个吃货对美食的向往。真要捅破了再来补嘛，补得起来就自己补，补不起来就请个裁缝师傅补，请不到裁缝师傅就请个“补鞋匠”来嘛！此时海森堡想起当年和“补鞋匠”的一段对话。

矩阵力学在创立之初就秉承着“先测量后建理论”的理念，把那些只存在于猜测之中的物理量（如电子轨道）统统踢出了计算范畴。爱因斯坦是这样问海森堡的：“你不会真的相信只有可观察的量才有资格进入物理学吧？”

“为什么不呢？你创立相对论的时候不就是因为‘绝对时间’不可观察而放弃它的吗？”海森堡回答。

爱因斯坦笑道：“好把戏不能玩两次啊！要知道理论决定了我们能够观察的东西。”

这个命题也相当大，到底是理论决定了观测，还是观测决定了理论，这比先有鸡还是先有蛋复杂多了。海森堡对此提出了一个新的构想：如果同时测量电子的位置和速度会如何呢？但是他又意识到这是个伪命题，无法成立。比如拿一个温度计测量一杯水的温度，必定要将温度计放入水中一段时间才能保证测量结果准确，但是温度计又改变了水原本的温度；如果温度计放入水中的时间很短，虽然水温因温度计的变化可以忽略不计，但是温度计测量的结果肯定又不准确。也就是说，要么不测量，要么测量了也不知道水的真实温度，所以我们永远都不知道水的真实温度，这和绝对时间一样。

电子也是如此，要知道电子的具体位置必须用仪器测量。假设人们已经先进到能制作出一台无比厉害的显微镜，能够让肉眼通过显微镜观察到电子。而问题是肉眼必须通过光线才能看到物体，当光线照到电子时，电子的运动特征已经被光子改变了。换句话说，我们无法同时得知电子的位置和速度，先测量速度，位置就有误差，而先测量位置，速度就有误差，也就是测不准。海森堡还通过矩阵测算出这两个误差的乘积不小于某个常数：$\Delta x \times \Delta p \geqslant h/(4\pi)$。这个公式是经过严格推导得出的，换成经验公式是$\Delta E \times \Delta t \geqslant h/(4\pi)$（$E$是能量，$t$是时间，h是普朗克常数）。

1927年3月海森堡发表论文，阐述了该原理——测不准原理，现在翻译成具有普适性的名字就是“不确定原理”。

当时还在度假的玻尔接到了海森堡的来信，匆匆忙忙就赶回了哥本哈根，他意识到问题远比海森堡想的要严重得多。在这么长时间的度假中，玻尔也重新审视了波动方程。当他见到海森堡的时候，海森堡还是坚持认为测不准完全是由电子的微粒性导致的，而且完全否定了电子的波动性。这正是玻尔所要批评海森堡的地方，因为玻尔觉得不确定原理应该建立在波动性与微粒性基础之上，比海森堡想象的更具有广泛性。

顽固的海森堡和玻尔大吵了一架，吵着吵着，海森堡哭了。不怕对手千军万马，只怕队友突然变卦，更何况“变卦”的还是自己的导师玻尔。玻尔再次身心俱疲，1926年是在争吵中度过的，1927年也好不到哪儿去。不同的是，以前的争吵纯属学术探讨，如今已经涉及私人关系了。为此泡利不得不到哥本哈根从中调停，两人关系才恢复如初。

那么电子到底是个什么东西？是波还是粒子呢？很可惜，电子怎么看怎么不像波，但是怎么看也怎么不像粒子。难道它和光一样既是波又是粒子？难道和光一样，用一句波粒二象性就概括了？二象性是个很好的字眼，打不赢、输不了时取中庸之道，谁也不得罪，但是得罪不得罪不是玻尔要考虑的，他给出了新的答案：电子也好，光子也罢，在某个观测的时候，它不会拥有两种性质，电子打在屏幕上时呈现的是粒子性，因为屏幕也是个观测仪器；当电子通过双缝时，它会呈现出波动性，在空间上严格按照薛定谔的波动方程往前走。如果我们强行在两个缝上装个“超级探头”，看看到底电子是从哪个缝中经过的，对不起，这种观测从开始就默认电子是粒子，所以会如愿观测到电子通过了其中一个隙缝。

至于电子到底是什么，无关紧要，那是一种不可观测的状态，既然无法观测，那么就没有意义。只有在观测之后，我们才能知道电子到底是何方神圣。

试想一下，当我们闭上双眼，感觉电子就像雨雾一样遵照 ψ 函数在房间里舒展开来，等我们一睁眼，它又“Duang”地坍缩成一个粒子。难道是人为的观测决定了电子的性质？玻尔认为是的，其实不光是电子，整个世界都是如此，如果某个事物不能给定一种观测手段，那么这个事物就没有任何意义。决定论不是受到了质疑，而是已经不复存在了。

1927 年，玻尔提出互补原理。它和概率波函数 ψ、不确定原理组成了量子力学的三大支柱。还是那句话，有多少人支持就有多少人反对，既然有这么大的分歧，那就开个会讨论讨论吧。

第四十七回　爱因斯坦与玻尔的“战争”

正好热心的比利时实业家索尔维出资办了个会议，会议以他的名字命名，故而叫索尔维会议。索尔维和诺贝尔差不多，都是有钱的实业家，而且把大部分钱都捐给了科学事业。索尔维会议每 3 年一次，第一届是在 1911 年召开的，参会者有洛伦兹、卢瑟福、普朗克、爱因斯坦、居里夫人等众多物理学界知名人物。后来会议因第一次世界大战被迫中断，1921 年重新召开，到了 1927 年已经是第五届了。

第五届索尔维会议的参会人员可谓是科学史上的梦之队，云集了洛伦兹、普朗克、爱因斯坦、玻尔、薛定谔、海森堡、泡利等一批知名科学家，其中还有美丽的居里夫人。论资历洛伦兹算是最老的了，他曾参加过第一届索尔维会议，那时他还在兴致勃勃地与别人讨论电子与原子，而如今年高德劭的洛伦兹心情截然不同。

由于有两位重要人物没有到场，大会耽误了几许。海森堡和泡利因为在旅馆里辩论到忘形的地步，两人的车票连同行李全部被贼偷走了。两人久未出现让哥本哈根的领军人物玻尔着急在心，更让他提心在弦的还有洛伦兹在大会前的一番话语：“在我看来，电子就是个粒子，在确定的时间一定会处在一个确定的位置，那些尝试用概率观点来解释的人绝对是错误的……”对于如今的量子力学，老人激动地说：“我只遗憾我没在 5 年前死去，让我在有生之年看到这些讨厌的东西。”翌年，老人去世，物理学界悲恸良久。

好在海森堡和泡利没有缺席，他们衣冠不整地赶来，让玻尔稍微放松了几许，但是玻尔知道坐在左边小旮旯里一直玩着烟斗的那位绝对是“来者不善”。

会场总算恢复了平静，大会也在短暂的祥和气氛中召开，首先实验物理学家劳伦斯·布拉格（1890—1971）做了关于X光方面的实验报告，其后康布顿就实验与经典电磁理论不一致做了报告，大家都做了些探讨。探讨还没有结束，哥本哈根学派与反哥本哈根学派的人绷不住了。

波动力学派的德布罗意首先发言，他提出一个叫“引导波”的新概念，认为粒子是波包中的一个奇异点，是由引导波引导运动的。他的发言刚结束，泡利就开炮了，他狠狠地批评德布罗意的工作是历史的倒退……泡利还是那么犀利，德布罗意还是那么绅士，他这一生几乎都没有和别人红过脸，而泡利又如同两年前扼杀克罗尼格的自旋一样扼杀了德布罗意的引导波。

其后玻恩和海森堡二人共同介绍了量子力学的新进展；薛定谔紧随其后介绍了波动力学，他仍然没有放弃他的观点。海森堡赶紧对波动力学提出批评，他坚持认为薛定谔的方程是荒谬的，因为不能直接观测到，而波动方程甚至都没有考虑到电子的自旋和相对论——薛定谔本就是从经典力学与几何光学类比入手的，在建立方程之前薛定谔还不知道电子自旋。薛定谔尽管承认波动力学不是完美的，但是哥本哈根学派的量子理论也是不完备的，而且也无法证明那一套一套的量子轨道存在。玻恩听到后回敬薛定谔：量子轨道是不能忽视的……

偌大的会场变成了菜市场，洛伦兹拍着桌子也没有让会场平静下来，最后荷兰物理学家埃伦费斯特（1880—1933）在黑板上写了句话：“上帝使人们的语言变乱了。”这句话出自《圣经》，说犹太人逃离埃及越过红海抵达亚洲时，打算建立通天塔祭奠上天，但是上帝对此感到忧心忡忡，他认为团结起来的人类早晚会通向天庭，于是将人类分派到世界各地，并使用不同的语言。众人都笑了，大会恢复平静，玻尔也发了言。爱因斯坦开始对玻尔的发言点头赞许，但是到了概率论和不确定原理时，他保持着死一般的沉默。

在随后的会议上，爱因斯坦终于开腔，他走上讲台在黑板上画了一条细缝，表示如果电子通过细缝后会随机落在一个位置上——这点他是承认的，但是既然落在了 A 处，就不会落在 B 处，如果能精确控制电子的速度与能量，当速度与位置都确定后，不确定原理就不存在了。玻尔想了想，也走上讲台，在电子旁画了两个光子：电子的速度与能量怎么测量呢？用光子依然会对电子的能量产生影响啊！爱因斯坦闭目若思，在黑板上画了另外一条小细缝，问玻尔该不会一个粒子同时经过两条细缝吧？如果测量出粒子最初的动能，那就完全可以确定它的位置与能量。玻尔回答说："爱因斯坦先生，我想我应该提醒您，它已经发生干涉了。"

据海森堡后来的回忆，这届会议很快就沦为了玻尔与爱因斯坦的论战。玻尔甚至为此晚上睡不着觉，而住在玻尔楼上的爱因斯坦也没有睡好，听皮鞋蹭蹬底板就可以猜出来。住在爱因斯坦楼下的玻尔一直都在提心吊胆地听着爱因斯坦的脚步声，每一声都让自己的心弦紧绷。

这次会议开了很多天，爱因斯坦招招紧逼，玻尔步步化险为夷。爱因斯坦就像打地鼠游戏中的地鼠一般，出来一次被打一次，但爱因斯坦并没有屈服，他们的论战还将持续。如果将二人的论战比作游戏，每人分别有 3 条命，无疑第一局以玻尔胜出而告终。

最后，略显尴尬的爱因斯坦又说了那句名言："上帝不掷骰子！"玻恩听到后则哀叹道："我们失去了我们的领袖。"

时光荏苒，岁月如梭，转眼就到了 1930 年，第六届索尔维会议也如期召开。三年了，什么事情都会发生，量子力学正在蒸蒸日上，玻尔更加老练，海森堡、泡利等人也成为了一代宗师，而爱因斯坦也练就了一身本领，想要一决高下。

爱因斯坦仿佛已经感受到了对方强大的气场，要打败他，除非集中力量一击制胜。而他现在攻击的目标还是不确定原理。爱因斯坦一上来就准备好自己的思维实验——光子箱实验。

如图 47–1（a）所示，一个箱子里面有若干个光子，上面有个开关，它打开的时间可以足够短暂，以致每次只有一个光子逃逸到箱子外。先确定好时间Δt，再用一个理想的秤测量箱子的质量，前后相差Δm，根据质能方程，可以计算箱子损失的能量ΔE。这样说来，ΔE与Δt无关，既然无关，总可以使得$\Delta E\times\Delta t<h/(4\pi)$，所以不确定性荡然无存。

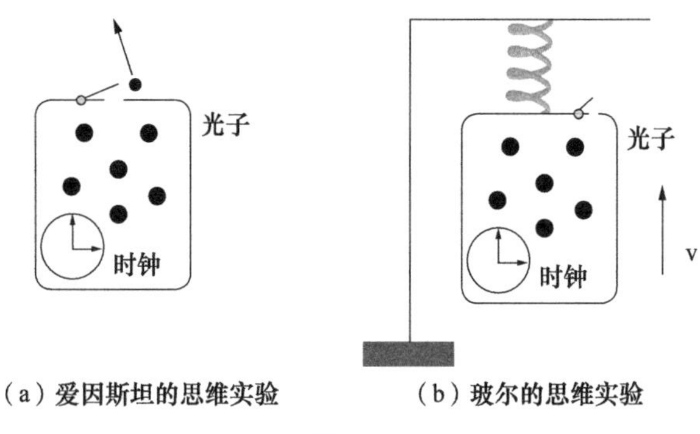

（a）爱因斯坦的思维实验　（b）玻尔的思维实验

图 47–1

对于突如其来的攻击，哥本哈根学派的领袖玻尔有点不知所措，他支吾其词，不知所云。眼瞅爱因斯坦能够扳回一局，孰料第二天早晨玻尔就反应过来，开始接招了。

首先，怎么测量箱子的质量损失呢？将箱子放在引力场中，然后用秤测量才可以，如图 47-1（b）所示。当箱子里的一个光子逃逸时，箱子也要向上运动一段距离。根据广义相对论，逃逸的光子的频率也会发生红移，能量（$E=h\times f$）也不能完全确定。此外，由于箱子在引力场中移动了，在根据广义相对论，箱子里的时钟也会发生变化，所以说ΔE与Δt是相互关联的，而且计算得出$\Delta E\times \Delta t\geqslant h/(4\pi)$。不确定原理依然成立。

玻尔的精彩辩论让所有人惊呆了，包括爱因斯坦本人。曾几何时，意气风发的他几乎凭一己之力创立了广义相对论，可谓独步天下，如今广义相对论却成为他人之利器，而自己倒在了自己铸造的剑下。

遗憾、伤心？总之，玻尔再次胜出。游戏中的爱因斯坦只剩最后一条命，如果不能绝地反击，那么这个游戏将以爱因斯坦“死亡”告终。让我们期待着 1933 年的第七次索尔维会议吧。

可惜 1932 年欧洲乃至世界上发生了一件大事——德国纳粹分子上台，整个欧洲局势陷入紧张状态。12 月，爱因斯坦与妻子打算到美国访问，没想到疯狂的纳粹分子抄了他们的家，爱因斯坦的这次访问也成了永久居住。伤心的爱因斯坦随后加入了美国国籍，再也没有回到德国。

1933 年第七届索尔维会议如期召开，薛定谔和德布罗意出席了会议，但是没有爱因斯坦这个主心骨，他们甚至都没有发言，而远在大西洋彼岸的爱因斯坦正在蓄积力量，准备最后一击。

第四十八回　EPR佯谬与薛定谔的猫

爱因斯坦一生都没有放弃与哥本哈根学派的“斗争”。如今身在美国，隔了个大西洋，面对面争论是不能了，那就隔空喊话吧，必要时还得组团喊话。

1935 年，爱因斯坦（E）“纠集”波多尔斯基（P）和罗森（R）发表题为《能认为量子力学对物理实在的描述是完备的吗》的论文。这次攻击的出发点是粒子的自旋。

前面说过，所有的理论都必须基于一点：原子是稳定的！如果一部分要“这样转”，那么另外一部分就必须“那样转”。假如有个大粒子，它的状态很不稳定，很快衰变成两个小粒子 A 和 B，A 和 B 向两个相反的方向飞去。这两个小粒子都有可能自旋，假设有两种自旋状态可选——向上或向下。先把 A 和 B 称作纠缠粒子。但是根据互补原理，在观测前，A 和 B 均处于“云雾状态”（即不可测），现在我们对 A 粒子进行观测，A 的波函数瞬间坍缩成一个粒子，它随机地选择一种自旋状态，假设为向上。为了保持守恒，B 会别无选择地“Duang”地一下子向下自旋了。然而，我们并没有对 B 粒子进行观测啊！如果对 A 进行观测就能影响到 B 的状态，B 何以知道 A 被观测的时间呢？就算有什么心灵感应，以某种原因观测了 A，B 就能感应到，假设 A 与 B 的距离达到 10 万光年，二者之间怎么做到瞬间通信？就算这种通信存在，显然也超过了光速（包含信息量时不能超过光速），这又和相对论严重不符。这就是史上著名的“EPR佯缪”。

此时，物理学界都在观望，有人等着看玻尔的精彩辩论，当然肯定有人等着量子力学出丑，比如薛定谔，他看到EPR佯缪后称爱因斯坦抓到了量子力学的“小辫子”。玻尔听到爱因斯坦的隔空喊话时，先是大吃一惊，不过很快就冷静下来，他有充分的理由来证明爱因斯坦揪住的不是小辫子而是大腿，而胳膊是拧不过大腿的。

第二天，玻尔指出爱因斯坦的破绽所在：A粒子在哪儿，B粒子又在哪儿呢？不是说好了吗？在观测前它们都不存在，它们都只能用波函数描述，也就是说这个问题根本就是错误的。这就好比我为了发家致富，决定和银行的工作人员沟通一下，在沟通之前我得先备一份小礼物——枪，但我到枪店时傻了眼，因为我没钱，所以说发家致富这一命题对我来说从一开始就不成立。

看官，也许你已经笑了，但是如果把故事中的“我”换成“路人甲”“过客乙”“酱油男C”，我想故事的可笑度要大大打个折扣。同样，也许你也和我一样毫不关心粒子的状态，除非它能和一只猫的命运挂钩，于是史上最可怜的猫诞生了。

玻尔的解释能让人心服口服吗？不管别人信不信，反正爱因斯坦肯定不信，所以这局还不算完。很快，薛定谔又抓住了玻尔解释中的小辫子，提出了一个惨绝人寰的思维实验——薛定谔的猫（见图48-1）。

一只可怜的猫被孤单单地关在盒子里，它的旁边有一瓶剧毒无比的毒气，毒气的阀门上连着一个开关，开关由上面的放射性原子控制。当原子发生衰变时，开关打开，锤子落下打碎毒气瓶，猫必

图 48-1

死无疑；当原子不发生衰变时，开关不会打开，猫依旧活蹦乱跳。现在的问题是，我们不知道原子是否会衰变，也不知道原子何时会衰变，只知道原子有一半的概率会衰变，猫有一半的概率会存活。

猫到底是死还是活呢？打开看看啰！当薛定谔打开盒子时，猫非死即活。假设猫已经死了，薛定谔可以通过猫尸体的温度，甚至请个法医来确定死亡的时间。也就是说，猫是死是活都与薛定谔没有关系。

但是玻尔就没有那么幸运了。根据哥本哈根学派的理论，在观测之前，原子是一团“云雾”，处于衰变 / 不衰变的状态，那么猫也就处于死 / 不死的状态。当玻尔打开盒子的时候，意味着对原子进行观测，那么原子瞬间坍缩，取衰变和不衰变其中一个状态。换言之，在打开盒子的瞬间（被观测），猫的状态也坍缩了，取死和不死其中一个状态。从根本上说，玻尔的观测决定了猫最终的状态——死或不死。如果玻尔不观测，那么猫将永远处于死 / 不死的状态。

何必这么麻烦，如果法律允许，放个人进去不就行了？实际上，里面的人与外面的世界无法通信，所以外面的人也不知道里面到底是什么情况。如果里面的人喊了一句“啊，我死了”，这又违背了实验的初衷，因为这样等同于观测了，而薛定谔的猫论证的是观测者与未观测世界的关系，说到底就是意识与客观世界的辩证关系。

长久以来，人们在潜意识里拟定了一个客观存在的世界，人作为客观世界的一部分，只能有限度地改造世界，不能决定客观世界。比如烛火在风中摇曳，可以说是风动，也可以说烛火在动，和人看不看没有关系，它们不以人的意志为转移，而是被自然规律决定好的。承认世界客观存在且符合因果规律便是决定论，又称拉普拉斯信条。决定论起源于法国数学家拉普拉斯，他曾骄傲地对拿破仑说：如果给定了宇宙的初始和边界条件，他就能计算出宇宙中任何一点在任何时刻将要发生的事。他们都如此幸运，没有活到量子时代，毕竟没有人在临死的时候才发现被世界欺骗了一辈子。

然而佛家说：风没动、烛火也没动，而是心在动。心者，意识也，当我们心如冥茫时，风动烛火动，对于我们没有任何意义，这可能是王阳明“心外无物”的缩影，但是它最终没解释，当我们心如明镜时，风、烛光“Duang”地一下子又跑到了眼前。玻尔的本意应该是无法观测的世界的状态对于人而言没有意义，可是薛定谔巧妙地借助了他的猫将玻尔等人推向了风口浪尖——意识决定客观世界的存无？

如果玻尔等人回答“是”，那么又是谁的意识呢？上帝的意识？在无神论者眼中，上帝不过是一个拟人化的宗教形象，而在信徒的眼中，或许上帝就等同于客观世界了，所以归为上帝太牵强。是人类的意识？那么人类以前的世界呢？要知道从进化角度，“人”不过才存在了几百万年，相对于宇宙，那不过是短暂的一瞬。是玻尔的意识？那么玻尔出生以前和去世以后，宇宙该如何自处呢？

不管怎样，决定论出现了危机！也许这个时候拉普拉斯很想让人扶他起来与玻尔辩论，或者修改自己的哲学。在量子力学面前，1+1=2 都显得那么费力。

第四十九回　爱因斯坦的忧伤

在一系列辩论之后，爱因斯坦也不完全否认哥本哈根学派的量子力学，只是他认为这种对自然的解释不够完备，那怎样才算完备呢？爱因斯坦和他的追随者提出了“隐变量”的概念。

早在 1927 年的第五届索尔维会议上，德布罗意就认为人们对于诡异的电子行为认识不清，主要是没有把一个“未知因素”加进去，一旦加进去，问题就迎刃而解了。就像现在很多对不确定原理产生怀疑的人认为的一样，不确定是因为人类的测量还没有达到某种水平，一旦人类达到了这种水平，不确定因素也就确定了，然而是什么水平呢？目前未知。

可是未知因素是什么？不知道，故而称为“隐变量”（1952 年，隐变量理论由戴维·玻姆正式提出）。怎么解释隐变量？有一个不很成熟但很形象的比喻，比如一桌麻将，虽然充满着随机性，但毫无疑问，每家的牌和其他三家都有说不清道不明的关系。比如其中坐在东边的爱因斯坦已经听牌并且押三条，而三条已经被别人暗杠了，那么这局他就别想和了。

如果将一桌麻将看成一个系统，那么它必须满足下面三点。

1. 决定论。当别人打出了三条之后，爱因斯坦才能和。

2. 局域性。简单点说，信息不能超过光速，更别说“Duang”了，也就是说和牌不能和出牌同时瞬间发生。

3. 实在性。大意是指可以将某个物理系统孤立起来。也就是说这一桌麻将和别的桌没关系，当爱因斯坦听到有人喊三条时，千万别急着和牌，有可能是邻桌的玻尔出的。

这是爱因斯坦向往中的物理理论，三者缺一不可。对于 EPR 佯谬中的 A 粒子和 B 粒子，如果真能瞬间同时坍缩的话，爱因斯坦认为也是隐变量导致的，就像一副分开的手套，无论在哪儿看见左手的，就知道另外一只是右手的，决定论依然有效。而玻尔认为它们之间的关系就像两枚在不同地方旋转的硬币，当其中一个倒下正面朝上时，另外一个则必然瞬间倒下反面朝上，决定论荡然无存。

到底谁对谁错？爱因斯坦的粉丝贝尔（1928—1990）在得知玻姆的隐变量理论之后，认为隐变量正是爱因斯坦所需要的，如果能找到它，也就找到了量子力学完备性的最后一块拼图。

1964 年，他从数学方法上推导出一个不等式——贝尔不等式。假设粒子自旋的方向定义为“前后、左右、上下”，放在坐标系中即 $|P_{xz}-P_{zy}| \leqslant 1+P_{xy}$（$P_{xz}$ 表示的是向 x 方向转和向 z 方向转的相关性）。贝尔认为：如果不等式成立，则预示着宇宙还是像爱因斯坦的手套。可惜让贝尔失望的是越来越多的实验证明宇宙更像玻尔的硬币。

从 1972 年起，人们就不断通过实验证明贝尔不等式在多个场合下不成立。1998 年，人们甚至让一对纠缠的光子分离 400 米远，验证了贝尔不等式不成立。尽管很多人对实验的准确度产生怀疑，但是越来越的证据显示爱因斯坦当年真的错了。不管未来如何，玻尔和爱因斯坦的游戏应该收场了。

1955 年 4 月 18 日，爱因斯坦蒙上帝的召唤回到了上帝的身边，也许此时的爱因斯坦早已经搞清了宇宙的真相，也许爱因斯坦看见了上帝的抽屉里摆满了骰子……

1961 年 1 月 4 日，薛定谔躺在奥地利最美的小山村阿尔卑巴赫，也许他并没有死，只是处在“薛定谔状态”中。

玻尔也没有活到证明贝尔不等式不成立的那一刻。1962 年 11 月 18 日，玻尔在丹麦去世，据说他逝世当天还在黑板上画着当年与爱因斯坦辩论时所画的光子逃逸图……

1970 年 1 月 5 日，玻恩离开了人世，或许他在天堂碰见了爱因斯坦，寒暄拥抱后，从口袋中掏出一款玩具对爱因斯坦说：“来，我们玩一局大富翁……”

1976 年 2 月 1 日，海森堡与世长辞，这位伟大的量子力学缔造者的生涯中有个污点——曾为纳粹研制过原子弹，但后人认为他只是出工不出力，从而导致纳粹在灭亡之前都没有研制出原子弹。

95 岁高龄的德布罗意王子于 1987 年 3 月 19 日去世，他总是那么彬彬有礼，而他的引导波理论正在被人们尝试接受。

相对于德布罗意，泡利的寿命实在太短暂。1958 年 12 月 15 日泡利带着他的狙击枪离开了人们，以至于后人还时常感慨：若泡利还在，不知道他有什么高见。

一场伟大的辩论就此画上句号，他们共同缔造了一段物理学的黄金时代，以至于后人在谈论这些名字的时候依旧热泪盈眶。如果将这段峥嵘岁月拍成一部电影，那么绝对值得我们按上循环键反复播映。我知道，我只是一个写故事的人，也不知道有没有把量子力学的故事写清楚。看官，不知道你是否看得明白，如果你看明白了，那一定是我写得不好，因为玻尔曾说过：“谁不对量子力学感到困惑，那么他肯定不懂它。”

爱因斯坦终其一生都没能将物理学统一到万有理论之下，而且在量子力学的道路上越走越远，晚年的他几乎不看物理学的新发现。有人曾开玩笑说 1925 年后的爱因斯坦选择做渔夫也不会影响物理学的进程，但是一个人的成功需要朋友，一个人要获得巨大的成功需要的是对手，只是不幸让这位物理学的大明星客串了“反派角色”，至少目前看来是这样。

量子力学与相对论是 20 世纪最伟大的两套理论，尽管二者之间有着不可调和的矛盾，但是在大统一理论到来之前，似乎人们可以巧妙地避开这些矛盾：研究宏观宇宙时用广义相对论，而研究微观世界时则用量子理论。然而在处理黑洞问题时，这个小小的愿景又化为了泡影。

第七部分 宇宙学

第五十回　宇宙在运动

再回到爱因斯坦创立广义相对论之初。

尽管爱因斯坦提出引力的本质是时空弯曲，但依然没有办法解决坍缩的问题。危言耸听一点，如果不考虑地球与太阳的生命，长此以往，地球总有一天会转到太阳上，其实这也是从万有引力被提出来第一天起就有的问题。爱因斯坦常为此担忧，于是他提出与引力相对的物理概念——“斥力”。与引力与物质相关不同，斥力贯穿于整个宇宙空间，与物质无关，为此他在广义相对论方程中增加了一项宇宙常数（Λ）。有了这个宇宙常数，爱因斯坦认为宇宙应该是静止的、永恒不变的，所以 1917 年他提出了一个没有边际的有限宇宙模型，就像我们的地球一样，如果一个人始终沿着一个方向走，只要不掉进海里，他总能回到出发点。在一次讲座中，爱因斯坦阐述了自己的理论，底下坐着一位主教，他用颤颤巍巍的声音问爱因斯坦：如果宇宙恒定且有限，那么宇宙之外是不是就意味着上帝的存在？几百年过去了，仍有人在为替上帝安排一个合适的住所而操心。

广义相对论方程是相当复杂的，复杂到爱因斯坦本人都有可能会解错，要知道爱因斯坦的数学并非登峰造极。1922 年，数学家弗里德曼（1888—1925）在没有增加宇宙常数的情况下解广义相对论方程，解后发现宇宙空间存在多种可能性，有可能是爱因斯坦提出的封闭的球状结构，还有可能是平直结构或者双曲马鞍面结构（见

图 50-1），关键是不管哪种宇宙空间模型，宇宙都在动，更为奇怪的是动态的宇宙不仅仅会收缩，也有可能会膨胀。

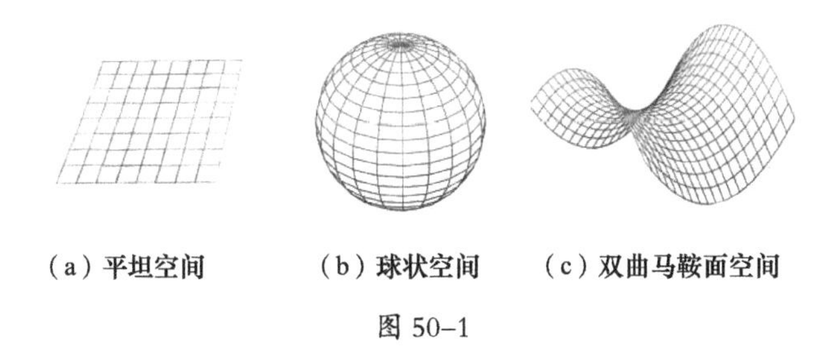

（a）平坦空间　　（b）球状空间　　（c）双曲马鞍面空间

图 50-1

对此，爱因斯坦表示，如果有人和他本人的解不一样，那么别人肯定是错误的。弗里德曼算了几遍，实在找不出什么地方出了错，于是连同计算稿纸全部寄给了爱因斯坦。爱因斯坦通过计算，才知道原来自己算错了。他立刻给杂志社写信澄清自己算错的问题，但是他依然坚持宇宙是静止的，而弗里德曼的解是没有任何物理意义的，只是数学上的手法而已。看来薛定谔不懂薛定谔方程，爱因斯坦也解不好爱因斯坦方程。

差不多也在此时，比利时的一位牧师勒梅特（1894—1966）在完全不知道弗里德曼工作的情况下独自解广义相对论方程，不同的是他考虑了宇宙常数。最后他算出虽然爱因斯坦增加了宇宙常数，但是只要稍微扰动一下，宇宙就不平静了——不是收缩就是膨胀。只是爱因斯坦暂时还不需要为此感到担心，因为勒梅特的方程解发表在一些小杂志上，爱因斯坦根本就不知道。此后勒梅特到美国求学去了。

话说美国在南北战争之后进入了飞速发展的黄金时期，虽然在自然科学研究上还不是世界的中心，但是他们正在为天文研究建立

很好的实验环境。当时欧洲顶尖的科学家都在研究量子力学，比如泡利、海森堡在权衡二者之后都选择了量子学作为主攻方向，不知道他二人若从事天文研究，能否加快天文物理学的进程，但是可以肯定量子力学没有今天的成就。

在天文方面有个人是不得不提的。爱德温·哈勃（1889—1953）生于美国长于美国，大学毕业后前往牛津大学攻读学位，后来又成为了律师，不过最终他选择研究天文学。哈勃获得博士学位之后当了几年兵，退伍后就一心在威尔逊天文台做研究。哈勃有个很大的优点，善于捕捉一些细节，这可能是出于律师的操守，所以如果他一直干律师这行的话，估计也同样出色。只是他并不善于动手，幸运的是他的助手恰巧弥补了这一点。

当时人们对宇宙的理解仅限于银河系，也就是说银河系即宇宙。哈勃注意到，在所有的星云中，有些星云是固定不动的。为什么有些动而有些不动呢？因为这些星云距离地球太远，人感觉不到它们在动。那时候人们早已经观测到河外星系，但是只当它是一团星云。哈勃意识到银河系不等于宇宙，宇宙应该有更多的星系，星系之间非常遥远。为了证明自己的结论，他必须找到一种办法测量那些“不动的星云”到地球的距离。

1924 年，哈勃利用造父变星成功测量了仙女星系到地球的距离，此后哈勃用同样的方法一口气找到了 9 个星系。哈勃对这些星系的光谱进行研究，结果让他大吃一惊，这些星系的光谱大部分都发生了红移。根据多普勒效应，这意味着这些星系都在离我们而去。哈勃还发现离我们越远的星系红移越厉害，也就是离开我们的速度更快。这足以说明宇宙是运动的，而且不是在收缩而是在膨胀。1929

年，哈勃将宇宙膨胀的依据发表，并算出了星系远离的速度和距离成正比关系。消息传到欧洲，爱因斯坦还特意到美国跑了一趟，在事实面前，他也只好承认宇宙不是静态的，并称宇宙常数是他一生中最大的错误。然而在暗能量被提出以后，否定宇宙常数又成了爱因斯坦的错误。

那么问题来了，所有的星系都远离我们，是不是意味着地球、太阳系或者银河系是整个宇宙的中心呢？宇宙就像一个炸弹一样，从中间炸开呢？结果是否定的，因为所有星系之间都在相互远离，宇宙更像一个膨胀的气球，每个质点都在相互远离开来。

第五十一回　探索宇宙起源

哈勃用事实告诉人们一个真理：这个世界唯一不变的就是在不断变化。既然变化，那么就存在哲学问题：生从何来，死往何处？

假设有人将宇宙的膨胀拍成电影，再把电影倒序播放，那么宇宙就像放气的气球一样慢慢收缩、收缩……最终收缩成一个点。这样，宇宙中所有的物质也会慢慢靠近、靠近……最终也聚在这个点上。

所以，我们有理由相信，如果沿着时间往上追溯，总会发现在足够早的某个时刻宇宙处于很密集的状态，这就是宇宙的起点。这个点有多小呢？1927年，勒梅特在得知宇宙膨胀的情况下提出了一个假说：宇宙起源于一个“原始原子”。他还初步计算了原始原子的大小——不大，但是密度大得吓人。试想如果把地球缩小到弹珠大小，密度自然大得不得了，而这仅仅是地球成为黑洞的基本条件而已，和原始原子比起来简直让我找不到任何形容词。

但是问题来了，现在的宇宙又是怎么由原始原子演变过来的呢？按照正常的逻辑思维无非有以下两点。

1. 如细胞般自我复制，这显然是不可能的。

2. 一次痛痛快快的“大爆炸”。

大爆炸！这种假说无疑是“丑陋”的，人们无法想象世界万物的起跑线都是同一个点。除此之外还有个哲学命题，在大爆炸前那谁——不能直接称为宇宙——在干啥呢？换句话说宇宙诞生于一个没有昨天的某天，实在让人匪夷所思。

有多少人喜欢就有多少人反对，霍伊尔（1915—2001）就是大爆炸假说最忠实的反对者。弗里德·霍伊尔出生于英国，逝于英国，在漫长的人生岁月里，他始终都在反对大爆炸理论。霍伊尔的性格有以下两个特点。

1. 坚持自己的想法，所以从不人云亦云。

2. 坚持自己的想法，所以显得有些固执。

但霍伊尔不能因为太丑陋就排斥大爆炸假说，做人是要讲道理的。他反对是因为大爆炸理论本身存在很多悖论，他抓住了这些悖论，将大爆炸理论往死揍。

大爆炸理论的第一个悖论是年龄问题。根据哈勃的估算，宇宙年龄大约为 20 亿年，而当时地质学家通过对地球上最古老岩石的测算，得出地球的年龄是 40 亿年以上。如果说儿子比爹的年龄还大，那么爹肯定是不会答应的。

年龄的悖论一度让人们对大爆炸假说失去信心，而霍伊尔始终坚持的稳恒态宇宙理论却顺风顺水。稳恒态宇宙理论认为，宇宙是永恒的。既然永恒，就不存在年龄问题，但是稳恒态宇宙理论又怎么解释宇宙中星系正在远离的问题呢？霍伊尔认为星系间是交错的，不会撞到一起，只会擦肩而过，就像空间中的两条线，它们不平行，却也没有交点，星系间的距离来回振荡，此时处在相互远离的状态上。

年龄的悖论很快就烟消云散了。20 世纪 30 年代天文学家重新对造父变星的亮度进行测量，发现原来哈勃估算亮度时出了问题，明明是 200 瓦灯泡，哈勃却把它当成了 100 瓦，宇宙的年龄大约是 70 亿年（现在比较公认的说法是 140 亿年左右），那么大爆炸假说中的年龄悖论就不存在了。尽管如此，霍伊尔还在任性地反对它，并在努力寻找反对的理由。

同样，有多少人讨厌就有多少人喜欢。乔治·伽莫夫（1904—1968）生于俄国的世代军官家庭，受过良好的教育，其中包括读小说，这为他以后写作打下了很好的基础。他曾写过很多物理学科普读物，比如《物理学发展史》《物理世界奇遇记》等，语言诙谐幽默，举例形象生动，都是不可多得的佳作。1928 年，从列宁格勒大学获得博士学位后，他先后去过哥本哈根大学和英国剑桥大学从事物理研究。这两个地方是玻尔和卢瑟福（他在 1919 年接替了汤姆逊的工作留在了剑桥）的大本营。我们知道战斗民族皆好饮，所以伽莫夫是这样形容量子力学的："要么不喝，要喝就喝一瓶。"不过，他没有参与量子力学后来的大辩论，而是把核物理学带入恒星研究中，用于研究恒星的生老病死。正好人们发现了原子核中的一种新粒子，为推演恒星的过去未来提供了理论基础。

第五十二回　神奇的中子

在量子物理中，人们一直都以光子、电子和原子核（其中的质子）作为研究对象，因为在 1932 年以前，人们确实只知道这些粒子的存在。

1911 年，卢瑟福用 α 粒子轰击金箔原子，得出了“原子 = 原子核 + 电子”的结论。3 年后，他又如法炮制，用阴极射线（高速电子）轰击氢原子，得到带正电的阳离子，这就是氢原子的原子核，带电量为 1 个单位，质量也是 1 个单位。他认为这就是与阴极射线对应的阳极射线，并将其命名为“质子”。质子出自希腊语，意为“第一”。1924 年，他用实验证明了质子的存在。

那么，一个最基本的问题来了：电子的质量只有质子的千分之一，所以在计算原子质量时，电子的质量可以忽略不计，那么原子质量应为质子质量的总和。比如氮原子的质量是 14 个单位，也就意味着它应由 14 个质子组成，每个质子的带电量为 1 个单位，所以氮核带 14 个单位的正电荷，但是在稳定状态下，氮原子的电子数仅为 7。这样的话，原子就不能呈电中性了，显然认为氮核由 14 个质子组成是错误的。但是，如果氮核由 7 个质子组成，那么剩下的质量该算到谁的头上呢？

那时候正值量子理论发展的高峰时期，那些反对量子力学的物理学家以此为突破口攻击量子理论，但是没有人对原子核的构造进行更多的探索，再次探索的人正是卢瑟福。卢瑟福假设一个质子和一个电子可以组合在一起构成新粒子，新粒子的质量和质子差不多，但不带电。因为不带电，所以无法将它密封在磁场中。既然不能密封，那么新粒子就会有很强的穿透力。1920 年，卢瑟福在美国贝克利的演讲中提到了这个假说。

1930 年，德国物理学家博特和贝克用 α 粒子轰击较轻的原子时，得到一种能量很强的粒子。这种粒子在磁场中不偏转，并且在通过很厚的铅板时，数量并未减少，说明其有很强的穿透力，而这种强穿透力是 α 和 β 射线都做不到的。这和卢瑟福的预言十分相似，但是他们不知道，仅仅猜测它是一种类似于 γ 射线的粒子。1932 年，居里夫人的女儿和女婿约里奥·居里夫妇重复了博特和贝克的实验，不同的是他们使产生的粒子通过石蜡，测算出的速度比博特和贝克估计的速度还要大很多，但是他们同样延续了博特和贝克的思考方式，认为产生的粒子是质子的某种效应。

卢瑟福的学生查德威克（1891—1974）在看到小居里夫妇的论文后咨询卢瑟福，卢瑟福对小居里夫妇的论断表示怀疑，他认为这极有可能就是当年在贝克利演讲中提到的粒子。由于这种粒子不带电，所以很难在磁场中测量其速度。查德威克用这种粒子撞击原子核，测量被撞击后原子核的速度，从而确定了该粒子的质量和质子相当。结合 1920 年卢瑟福的预言，他认为这是就卢瑟福当年所提到的粒子。由于不带电，他将其命名为“中子”。1935 年，查德威克获得诺贝尔奖，而小居里夫妇得知消息后则遗憾地感慨道：“要是我们夫妻俩听过卢瑟福在贝克利的演讲的话，就不会让查德威克捷足先登了。”人生往往如此，遗憾并不源于我输了，而是我差一点赢了。

至此，原子核的内部可以描述为：由质子和中子组成，质子带一个单位的正电荷，中子不带电，质子与中子的质量差不多（不是相等）。中子不带电，库仑力就完全失效，那么质子和中子又怎么在原子核里和平相处呢？在中子之前，人们已经认识了引力和电磁力这两种力，而且它们都有很好的理论基础，但这两种力似乎都不适合原子核，应该有一种新的自然力支配着原子核，人们将其命名为“强作用力”。与之对应的还有“弱作用力”，比如常说的电子与原子核之间的作用力。

强作用力的作用范围很小，大约只有一个核子的直径那么大。事实上，把核子聚集在一起的强作用力只在相邻核子（质子与中子）间起作用。中子有核吸引力，没有电排斥力，从而缓和了质子之间排斥力的影响。质子越多，就需要有更多的中子来保持原子核的稳定，因此在大而稳定的原子核中，中子的数量多于质子。在已知的118种化学元素中，83号以后元素的原子就开始不稳定，它们会自动衰减成更小的原子；92号铀元素以后的原子十分不稳定，有些甚至无法在自然状态下存在，需要人工合成。铀有3种同位素，其中中子数较少的铀235是制造核武器的主要原料之一。关于核反应，下面简单演示一二。

如图52–1所示，一个中子点火，重元素原子核发生裂变，变成小而稳定的原子核和多个中子，裂变后的中子又激发其他的原子核，从而产生链式反应。在反应的同时，原子核产生质量亏损，释放出巨大的能量。

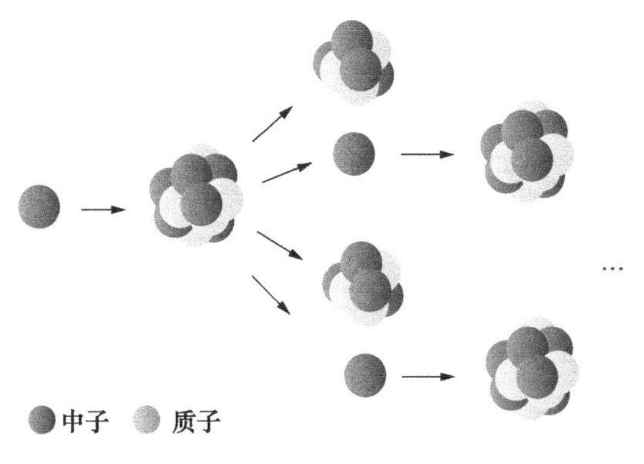

图 52–1

核反应除了核裂变之外还有核聚变。如图 52–2 所示，氢的两个同位素（与氢的质子数相等，中子数不等）氘、氚在高温情况下发生聚变，聚变成氦原子和一个中子，同样产生质量亏损，释放出比裂变更大的能量。氢弹基本上就是依据上述核聚变原理制成的。

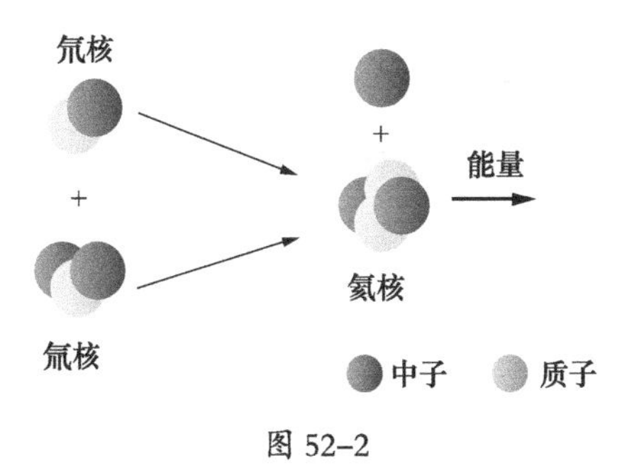

图 52–2

核反应释放能量的原理源于爱因斯坦的质能方程，人们往往将爱因斯坦和核武器挂钩，实际上爱因斯坦写信给罗斯福总统提到过研究核武器的必要性，因为纳粹那边已经着手计划了，但他本人并没有参加“曼哈顿计划”。

第五十三回　恒星的命运

1934年，中子的发现让核研究进入高峰期，核反应也在理论上成为可能。与此同时，伽莫夫移居美国。1938年，他在美国的一次学术研讨会上探讨核物理学与天体物理学的联系，当时底下坐着一位叫汉斯·贝特（1906—2005）的年轻人。这个年轻人很激动，他想原来大师们也在研究这个问题。

长久以来，人们就在思考几个问题：太阳就像大火炉一样给地球提供能量，但是这个大火炉是谁点的？它的燃料是什么？什么时候会熄灭？我们要不要在它熄灭前找一个新的居住地，那里椰林婆娑、鸟语花香，当然还有个新的大火炉……

经过6周的思考，贝特针对太阳以及恒星的燃料提出假说。贝特认为恒星的能量来源于星体核心部分的核反应，由于星体中心的温度极高，原子核也拥有无比巨大的速度，这些速度完全高于库仑斥力的极限，所以原子核之间会发生碰撞。当两个较轻的原子核碰到一起时就会发生核聚变，同时释放巨大的能量。那时，人们早已通过光谱得知太阳中含有大量氢。1939年贝特通过估算太阳核心温度，给出了太阳上核聚变的3个步骤，如图53-1所示。

两个氢核发生碰撞，组成一个氘核并释放正电子和中微子。一个氘核与氢核发生碰撞，组成一个氦的同位素核并释放 γ 射线，两

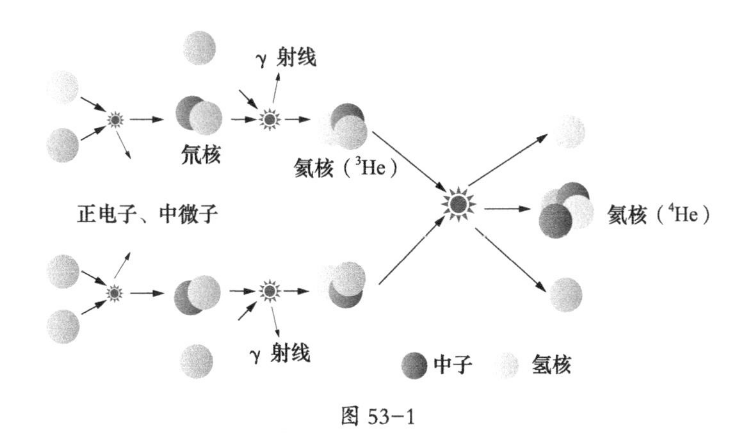

图 53-1

个氦同位素核继续组合成氦核并释放两个氢核。在整个过程中，核聚变会释放出巨大的能量来维持恒星的运转。

早在 1919 年，爱丁顿提出恒星的能量来源于核聚变，但是没有实际根据，为此他和当时的另外一位天文学家金斯展开了一场旷日持久的争论，这场争论因贝特的理论而结束。尽管后来人们知道了贝特对太阳温度的估算过高，但是他的方法依然有很大的意义，并且开创了物理学的新分支——核天体物理学。

那么恒星是怎么点燃的呢？这就是恒星诞生的问题，宇宙中星云的大部分都是由最简单的、只有一个质子的原子（即氢原子）组成的。这些氢原子相互结合形成一个球体，球体不断滚动，像滚雪球似的越滚越大。同时在引力的作用下，球体逐渐变小，温度升高。等温度高到一定程度时，氢原子核之间的聚变发生了，同时聚变又产生巨大的能量，于是恒星被点燃了。

那么恒星的归宿呢？恒星内部的氢原子核先于表面的氢原子消耗殆尽，这预示着恒星光辉灿烂的一生走向了终点，进入了一个大动荡的时期，但是恒星的命运不尽相同。我们以太阳为例，50 亿年后，太阳内部的氢原子将处于缺失状态，由于没有核反应，太阳中心的温度降低，从而导致引力占据上风，太阳内部开始收缩，同时产生高温，高温又使得太阳外部那些未发生核反应的氢原子继续燃烧，其结果是里面在收缩，外壳在膨胀。太阳的直径变成现在的 200 倍，同时壳的温度也将下降，变成通红通红的红巨星。到那时，地球将成为太阳的一部分，不过人类犯不着为那一刻感到担心，因为人类或许早就在自戕自伐中灭亡了，亦或许早已逃到别的星球上建立了新的居住地。

太阳的命运远没有结束，红巨星内核不足以吸引外面的壳，导致壳会在一次大震荡后化为灰烬，最终消失在茫茫宇宙中，只剩下一个和地球差不多大小的白色天体。这个白色天体逐渐变暗，太阳最终在忙碌而劳累的一生之后变得安静。而此时，太阳系中的行星要么被吞噬，要么已经远离太阳飞走了，只留下一个火星孤独地绕着它运转。如果人类技术真的能够发达到移民到其他行星上，那么肯定会有技术观测到太阳的死亡。

还有一些比太阳大的恒星，它们不会变成红巨星。由于引力非常大，恒星的体积一直在收缩，同时温度不断升高，氢核聚变产生的氦元素也会继续发生核变，进而产生碳、氧等元素。这些元素还会继续发生核变，直至铁元素诞生。此时的恒星称为超新星。这也是宇宙中铁以下元素含量丰富而铁以上元素含量较少的原因。古人对超新星的观测记录不少，比如 1572 年第谷发现的那颗。

那么比铁更重的元素又是怎么产生的呢？超新星的引力不足以维持内部核反应产生的高温，它将会用一次爆炸来结束自己的生命。超新星在爆炸的同时产生极高的温度，是太阳核心温度的千亿倍，同时产生金、银等其他人类已经找到的元素。爆炸后，产生的固体又与星云中的氢元素以极大的速度碰撞。当这些物质结合时，又会像滚雪球一样越滚越大，逐渐形成行星。行星本就是由运动的石头相互撞击形成的，自然有了自转的初速度——地球自转的初速度也缘于此。行星在宇宙中自由驰骋，当行星被宇宙中大质量的星体（未必只有恒星）俘获时，会进入一个绕其运转的轨道。由于行星具有初速度，所以行星轨道是椭圆形而非正圆。

霍伊尔在研究宇宙演化的过程中做出了杰出的贡献。据他的推算，太阳系中原有两个恒星，消亡的那个正是超新星，它爆炸后形成了太阳系中的行星，地球上组成生命的元素都来自于这个恒星的爆炸，而太阳在这次爆炸之后正式形成。太阳在点燃的瞬间产生强大的冲击力，把超新星爆炸的残留全都冲到了小行星带，为地球的演变铺平了道路。如果真是这样的话，我们不仅仅要感谢正照耀着我们的母亲，还要感谢曾经为我们献出宝贵生命的父亲。

第五十四回　寻找大爆炸的证据

恒星演化的过程实际上也是宇宙元素演化的过程，这个过程由霍伊尔和他的合作者进行了详细的阐述。他们的计算过程也给大爆炸理论带来了致命一击。

宇宙中含量最多的元素是氢，其次是氦，氦元素大约占整个宇宙的 1/4。如果这些氦原子都是在恒星中燃烧得到的，那么夜晚就会

比我们现在看到的白天还要亮。这是大爆炸理论的一大不足之处。

1946年，对于霍伊尔提出的新悖论，大爆炸理论的拥护者伽莫夫另辟蹊径提出了氦元素的一个新来源：宇宙依旧起源于一次大爆炸，不过在大爆炸后的万分之一秒，宇宙的温度超过1万亿摄氏度，在这样的高温条件下，物质能以光子、中子、质子等基本粒子的形式存在。随后温度下降，大约在大爆炸后的100秒时，极不稳定的中子的大部分都找到了伴侣——质子，形成氦原子核。当自由中子全部被结合后，剩下的就是氢核，所以氢原子与氦原子是在这次大爆炸中产生的，而其他的原子是在恒星内部产生的。如此，霍伊尔提出的悖论再一次被化解。

经过两年的研究，伽莫夫和他的助手拉尔夫·阿尔菲（1921—2007）得出以上结论。此外，伽莫夫凭借优秀的口才成功说服了贝特在题为《化学元素起源》的论文中署名，不为别的，只为他们姓氏的首字母正好是希腊语中的 α、β、γ——发音也很相似，所以这个假说也叫 αβγ 假说，宇宙大爆炸作为理论正式被提出。

此时，人们对宇宙起源已经有两种态度：大爆炸说和稳恒态说。这两种学说相互对立，争论自然不可避免，而围观者也莫衷一是。为了让人们更深入地了解大爆炸说的荒谬，霍伊尔走进了广播电台的采访室。由于这期节目事先预告过，所以听众甚多。1949年，霍伊尔在这次广播采访中直言不讳，他亲口告诉收音机前的听众："The Big Bang"的想法是多么荒谬。他本想用"The Big Bang"来嘲笑大爆炸理论，没想到一谑成真，"The Big Bang"就成了"大爆炸"的专属词汇。笑归笑，霍伊尔仍旧无法用事实推翻 αβγ 假说，于是他又逆向提出了新的悖论：如果宇宙真的是大爆炸的产物，那么肯定还有爆炸的残留物——宇宙微波背景辐射。也就说在大爆炸之后，宇宙会向外辐射电磁波，在经历了十几亿年之后，热辐射的温度约为 3 开（约为零下 270 摄氏度），但不会消失。其实，伽莫夫和他的伙计们也预言宇宙微波背景辐射存在，如果能把宇宙微波背景辐射找到，相信霍伊尔该不会再固执下去了吧？

第二次世界大战后，世界在重建，物理学也是如此。虽然爱因斯坦和玻尔还在为量子力学的完备性争论不休，但是量子力学带来的社会发展是不容置疑的。当很多精密仪器投入实验的时候，大部分物理学家认为：少提理论，多计算。这也导致很多科学家不太关注最前沿的理论，毕竟不是每个人都喜欢看那种烧脑大碟，更何况还要在里面当编剧。

时光荏苒，说话间就到了 20 世纪 60 年代，美国科学家彭齐亚斯（1933—）和威尔逊（1937—）为改进卫星通信建立了高灵敏度的天线。他们在使用中发现有一些噪声始终存在，并根据噪声的频率计算出其温度大约是 3 开。噪声让他们感到很焦躁，于是他们将仪器拆了又装，装了又拆，甚至把天线锅上的鸟粪都清扫得干干净净，然而噪声依然存在。在一次吃饭的时候，彭齐亚斯告诉他的朋友这件诡异的事。他的朋友告诉他，这可能就是普林斯顿大学一个小组正在苦苦寻找的宇宙微波背景辐射。众人寻他千百度，我却得来全不费工夫，彭齐亚斯和威尔逊如释重负。

当普林斯顿大学的电话铃响起时，负责寻找微波背景辐射的小组的组长兴奋地听完了彭齐亚斯的研究结果。当电话挂上时，这位组长显得很落寞，他告诉小组成员：“我们被人抢先了一步。”尔后两支队伍很快会晤，并确定了这个噪声就是宇宙微波背景辐射。时间是1965年，这一年也是宇宙学历史上最重要的年份之一。

后来，他们把这个好消息告诉了勒梅特。勒梅特欣慰地笑了，看来当年他提出的宇宙起源于“没有昨天的那天”是正确的，不过不幸的是，他即将到达生命中“没有明天的那天”。1966年6月20日，勒梅特与世长辞。

此时，霍伊尔或许有些哑然。不过上帝已经原谅了他的任性，并允许他继续任性下去。全世界的人们都支持大爆炸理论又能怎样？许你一匡天下，就许我四海为家，这正是物理学的魅力所在——在辩证中求生存。后来很多支持大爆炸、研究大爆炸而取得成功的学者都认为是霍伊尔给了他们最初的灵感。依旧反对大爆炸学说的霍伊尔又提出一个致命的问题：怎么才能让人相信如此之大的宇宙会集中在一个点上呢？除非有人能证明这个点可以存在。

广义相对论最大的好处是，当我们讨论新宇宙时不必再回到亚里士多德时代或者牛顿时代，而直接回到广义相对论即可。

第五十五回　黑洞

广义相对论的发表正值第一次世界大战期间，当时有人在战场上拼命，有人在解广义相对论方程，还有人在战场上拼命解广义相对论方程。

卡尔·史瓦西（1873—1916）是德国的一位物理学家，第一次世界大战爆发后，他在德国军队中服役。1916年，他正在前线计算炮弹的轨道曲线（不只是抛物线，还要考虑地球自转所带来的惯性力）。可能是因为简单到不过瘾的地步，他开始研究起广义相对论。广义相对论的方程十分复杂，在当时能解出来很不容易，但是仅仅在广义相对论发表 3 个月后，史瓦西做到了。这个解也被称为史瓦西解，可能是广义相对论中最重要的一个解。

根据这个解得到了一个“黑洞洞”：假如星体的质量聚集在一个很小的空间里，那么时空将会发生严重的弯曲，任何靠近的物体都不能逃脱它的引力，光也不例外。既然没有光，那对于外面的观测者来说就什么也看不见，既然看不见，它就像黑洞洞一般，这也就是我们日常说的黑洞。不过“黑洞”一词是 1967 年才正式使用的，1916 年的史瓦西称它为“黑星”或者“冰星”。

其实，在很早以前就有人猜测黑洞的存在。1783 年，英国天文学家米歇尔提出过这样的猜测：假设恒星质量很大，大到光都跑不掉（那时盛行光的微粒说），就形成了一片什么也看不见的区域。法国数学家拉普拉斯也曾提到过这样的观点，不过后来他又将假说从著作中删除，可能他觉得太荒谬了，宇宙根本就不允许这样的星体存在。当光的波动说第一次打败微粒说后，关于这个空洞洞的东西也就付之于落满尘埃的书籍中了。

那么怎样的星体才能成为黑洞呢？史瓦西认为星体质量除以星体半径必须超过某个临界值才能产生黑洞。这个半径称为史瓦西半径。若照此计算，太阳成为黑洞的史瓦西半径为 3 千米，地球为 9 毫米，与弹珠的大小差不多。

史瓦西将论文邮寄给爱因斯坦，爱因斯坦很高兴，也将其成功发表，只可惜史瓦西没有成功地度过 1916 年。正是：出师未捷身先死，长使英雄泪满襟。

实际上，宇宙中大部分恒星的半径都比史瓦西半径大得多，所以黑洞只是在理论上成为可能。前面说过，太阳最终的命运就不是黑洞，自身的引力不足以让它一直收缩下去，所以先成为红巨星。由于体积、质量等因素不同，恒星的命运也不一样，一位来自印度的研究生钱德拉塞卡（1910—1995）给出了恒星命运的另外一种模型。

1928 年，钱德拉塞卡打算远渡重洋到剑桥大学跟爱丁顿学习广义相对论。在旅途中，他开始计算熄灭的恒星（冷恒星）需要什么样的条件才能对抗自身的引力而继续维持下去。他从泡利不相容原理出发计算原子靠近时的斥力，当斥力与冷恒星的引力平衡时，这颗冷恒星就能维持下去。钱德拉塞卡也给出了一个极限，后来称之为钱德拉塞卡极限。钱德拉塞卡极限约为太阳质量的 1.5 倍（现在认为是 1.44 倍），若某恒星的质量低于此极限，恒星的引力将会拉着它继续坍缩，最终成为一颗白矮星。白矮星的半径大约为 1 万千米，密度大约相当于一咖啡杯子几万吨，太阳最终也会变成白矮星。

高于该极限的冷恒星的命运将会如何呢？钱德拉塞卡认为在某种情形下，它们会先自我瘦瘦身，发生一次爆炸或者以其他方式甩掉多余物质，让自己保持在极限之内。那么问题来了，恒星怎么知道减掉多少“赘肉”呢？另外，就算恒星有这样的意识，假设一颗流星不小心撞到了正处于临界点的白矮星上，难道白矮星会继续坍缩成一个点？钱德拉塞卡的老师爱丁顿拒绝相信所谓的极限，这也代表了大部分人的观点。虽然钱德拉塞卡得到了泡利等研究量子力学的科学家的支持，但是迫于爱丁顿的名望，他们大多缄默不言。更为关键的是爱因斯坦也发表文章声称恒星不会坍缩到一个点上。后来，当人们在银河系中找到了很多的白矮星时，才想起当年这位印度大师的观点是值得去研究的，不过这是 30 年后的事情了。真理有时掌握在少数人手里，但是命运则往往相反，得不到众人支持的钱德拉塞卡转而研究星体运行，直到 1983 年，钱德拉塞卡才因此获得诺贝尔奖。

也就是在那几年，来自苏联的物理学家朗道（1908—1968）提出了新的冷恒星归宿模型。从出生年份上一看就知道朗道没能赶上量子力学发展的黄金时期（1926 年他才 18 岁），所以才华横溢的他不无羡慕地感慨道："漂亮姑娘都和别人结婚了，现在只能追求一些不太漂亮的姑娘了。"到了 20 世纪 30 年代，中子已然进入了科学范畴，泡利不相容原理也不只为电子而设，后被证实对质子、中子同样有效，所以朗道从质子、中子的不相容原理出发计算出，当一个恒星的质量约为太阳的两倍时，它可能还有别的归宿——中子星。中子星的最终体积会更小，半径为 10~20 千米，密度为白矮星的 100 万倍。

体积如此之小，质量却又如此之大，根据广义相对论，它们势必会造成空间扭曲，强引力场改变了光的传播路径，光线变得更红更黯淡。1939 年，美国科学家奥本海默（1904—1967）和他的助手沃尔科夫通过观测研究得出：当冷恒星继续收缩到某一临界值时，光线则完全逃逸不了——这就是传说中的黑洞。奥本海默给出了光线不能逃逸的临界值，称之为奥本海默 - 沃尔科夫极限。1942 年，美国开启"曼哈顿计划"研制原子弹，奥本海默也成为该计划的领军人物。1945 年，两颗原子弹在日本升起了蘑菇云，正式宣告第二次世界大战结束。

那么，黑洞是否真的存在呢？如果黑洞真的存在，能把它找出来么？它可不像白矮星或者中子星那样，我们只要有耐心，方法正确，架个望远镜就能找到。黑洞是看不见的，要在深邃浩瀚的宇宙中寻找黑洞就像在煤堆里找乌鸦一般，看来得想点法子才行。

第五十六回　奇点可以存在

有一点是肯定的，人类到目前为止还无法确定黑洞的存在，不过很多天体现象用黑洞解释则要痛快得多。20 世纪 60 年代，关于黑洞人们一直在思考一个问题：黑洞那么“黑”，当它把更多的物质吞没下去以后，它的命运将会如何呢？毋庸置疑，质量越大将会导致黑洞引力越大，引力越大，黑洞将会继续收缩，在收缩的同时引力越来越大，最终它只能坍缩到一个点上。那么这个点会存在吗？

1965 年，宇宙微波背景辐射的发现为宇宙大爆炸理论提供了有力的支持。就在那一年，有一位英国天才正在剑桥大学攻读他的博士学位，而他的博士论文也与宇宙和爱因斯坦的广义相对论有关。

这位天才叫斯蒂芬・霍金（1942—），生于英国牛津，有趣的是他的生日正好是伽利略逝世 300 年的纪念日，不过这只是传奇的小小开始。霍金 17 岁上大学，获得学位后转入剑桥大学研究宇宙学，21 岁时他被确诊患有一种怪病。这种病的名字很长，简单点说就是肌肉萎缩导致行动不自如。当时医生十分肯定他只能再活两年，不过幸亏医生错了，要不然就看不到如此励志的人生了。

攻读博士学位的时候，他本想拜霍伊尔为师，但是霍伊尔已经不再招收学生了。于是他开始拜希尔玛为师，希尔玛原本是霍伊尔稳恒态宇宙理论的支持者，但是他不像霍伊尔那么“犟”，他的立场被大爆炸理论渐渐动摇。希尔玛很赏识霍金的才华，并把霍金推荐给自己的好朋友罗杰·彭罗斯（1931—），当时彭罗斯正在研究爱因斯坦的广义相对论方程，他从方程中推导出黑洞中必然存在一个密度无限大、时空无限弯曲的点，这个点被称为“奇点”。在奇点上，时间空间变得无效，一切物理定律都会失去意义。用一个简单数学例子类比，$y=1/x$，$x=0$ 可以看作方程的奇点，因为在正常情况下，$x=0$ 使得方程在算术上失去意义。

霍金从彭罗斯的理论中受到了很大的启发，他把黑洞演化看成宇宙大爆炸的逆过程。如果在黑洞中奇点可以存在，那么宇宙在大爆炸的前一刻也就可以存在。1970 年，霍金与他的老师彭罗斯在论文中证明：如果广义相对论正确，那么宇宙中存在时空的奇点，所以黑洞与大爆炸都不是天方夜谭，而是不可避免的。如果这一切都是正确的话，我们可以初步下个结论：时空起源于大爆炸，而终结于黑洞。

长久以来，人们都在用广义相对论思考或者计算天文学尺度的问题，但是在黑洞问题上，根据广义相对论得到的结果又不能忽视量子方面的特性，这是两个从根本上存在矛盾的理论。且不说什么决定论、因果律这些哲学范畴的矛盾，单说广义相对论与不确定原理之间的冲突。根据广义相对论，时间是平滑的，也就是说可以找到某个时间差Δt，让$\Delta t\rightarrow 0$；而根据不确定原理：$\Delta E\times\Delta t\geqslant h/(4\pi)$。

如果$\Delta t \to 0$，那么$\Delta E \to \infty$，显然这是不成立的。现在认为Δt不能小于10^{-43}秒（称为普朗克时间），也就是说广义相对论必须在$\Delta t \geqslant 10^{-43}$秒上才有意义，而不能像牛顿当年处理数学问题那样——小于任何一个给定的值。

广义相对论认为物质产生的引力场改变了时空，没有物质意味着时空是平直的，有物质时时空也是一种平滑的弯曲，但是不确定原理又适用于万物，引力场也不能例外，虽然在宏观尺度上是平滑的，而到微观尺度上就毫无平滑可言了。比如一个玻璃球，肉眼看过去觉得它平滑无比，怎么摸都不伤手，但是假设人能变化成一个小爬虫，玻璃球上的坑坑洼洼就呈现在眼前了。如果人继续变化下去，变成和分子一样大小，那么肉眼就会看到由一个个圆咕隆咚的球挤在一起组成的世界。如果我们还能继续变成电子的亿分之一，那么我们将会看到一个喧闹如广场舞的世界，在这里毫无规律可言。

大尺度的天体符合着广义相对论一路走来，到最后却需要用量子理论解释。经典理论与量子力学的矛盾不可调和，归根到底还是基本思想上的不统一。如果真的有一种统一的理论，那么它势必会将已知的4种自然力（引力、电磁力、强作用力和弱作用力）囊括其中。

第八部分

量子场论及弦理论概述

第五十七回　量子场论概述

如果仔细比较经典理论和量子理论，就会发现它们的研究对象并不相同：经典理论一直以场（电磁场、引力场）为研究对象，而量子理论研究的是单个粒子（电子等）。物理学家们为了化解“分歧”，尝试将场量子化，比如量化电磁场。英国科学家保罗·狄拉克在场量子化方面做出了杰出的贡献。

保罗·狄拉克（1902—1984）出生于瑞士的一个讲法语的家庭，他的父亲非常严厉，严厉到孩子们只准讲法语，除非不说话。于是固执的狄拉克经常选择沉默，可能是因为童年环境的缘故，长大后的狄拉克时常被形容为“害羞得像一只羚羊”。他讨厌名声，以至于在得知获得诺贝尔奖时，他对好友卢瑟福说他不想去领奖，因为他不想出名。卢瑟福则笑着告诉他：“那样的话，你会更出名……”于是狄拉克害羞地上了领奖台。狄拉克的沉默是出了名的，如果能用一个字回答问题，他绝对不会用两个字，如果能用两个字，他绝对不会浪费一句话，所以他写的《量子力学原理》言简意赅。杨振宁先生曾评价说：“秋水文章不染尘。”

言归正传。1927年，狄拉克率先将电磁场量子化。在新理论中，电磁场不再是经典理论意义上的场了，而是被看成某种谐振子的谐振动，这种谐振动便产生了电磁波。谐振子的运动如电子运动一般，也符合薛定谔方程。同理，在处理电子问题上，人们仿照狄拉克处理电磁场的方法，引入了“电子场”的概念，并将其量子化。

关于电子场的表述，还得从薛定谔方程中的波函数 ψ 说起。ψ 函数到底是什么？是波还是概率？抛开哲学问题，也许它是什么并不重要，重要的是怎么看待它。比如在约尔当等人的眼中，ψ 函数表述的是一种经典理论里的场量，场有不同的状态，有高有低，当场由低态转向高态时，电子就被激发了，反之则电子湮灭。

在量子化的场理论中，每个微观粒子都有一个与之对应的量子化场，反过来，每一份量子化的场就代表一个粒子。比如量子化的电磁场是一份一份被激发的，每一份代表一个光子。此时的粒子已经不再是传统意义上的粒子了。不同粒子之间的相互作用也就被看成了场与场之间的相互作用，比如一个正电子邂逅一个电子后，它们会一起消失并释放出光子。反过来说，场与场之间的相互作用也是通过粒子传递的。

中子进入物理学之后，人们开始认为质子、中子和电子是构成物质的基本粒子，然而随着高能实验的开展，人们又发现对基本粒子的结论下得太早，因为自然界中的粒子实在太多了。20 世纪中叶，新粒子一个一个地呈现在人们眼前，粒子物理学也被催生。在这些粒子当中，夸克是值得一提的。1964 年，美国科学家默里·盖尔曼（1929—）和乔治·茨威格（1937—）分别提出了夸克模型，该模型于 1968 年在实验中得到证实。夸克是一种基本粒子，通过不同的组合就会构成不同的粒子，这种复合粒子叫强子，我们所熟知的强子莫过于质子和中子，如图 57-1 所示。

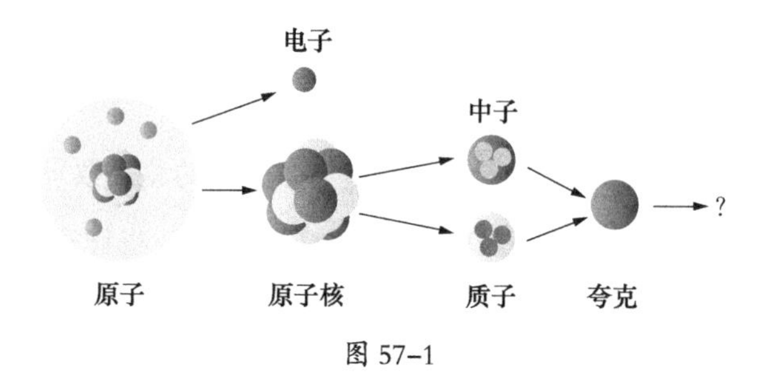

图 57-1

在量子场论中，基本自然力的相互作用也是通过粒子传递的。

1. 光子：电磁力的媒介。

2. W 及 Z 玻色子：弱作用力的媒介。

3. 胶子：强作用力的媒介。

4. 引力子：引力的媒介。

在这些粒子中，前 3 种都已经找到并从实验中得到验证，而且电磁力和弱作用力已经被统一，称为电弱作用力。目前为止，引力子还处于预言阶段，尚未在实验中找到，即便传说中的引力子已经找到，还需要建立新的理论让 4 种粒子都统一起来。粒子物理学任重而道远。

第五十八回　最后的统一？

再仔细比较 4 种自然力，就会发现它们的强度有很大的差别，如果说电磁力是猫，那么强作用力就是老鼠，弱作用力便是老鼠身上的跳蚤，而引力可能就是跳蚤身上的细菌，这可能是目前还没有找出引力子的主要原因。理论物理学家们早已料到这一点，所以如果想要将 4 种粒子统一，我们观察物体的尺度还要继续缩小，是目前粒子尺度的百万分之一甚至亿分之一。在那种尺度下，粒子也就不存在了，看到的是一个一个“弦”。这便是弦理论。

话说 1967 年有一位意大利的学生为了博士论文煞费苦心，他的论文的研究方向是强作用力，因此他需要找一个能够描述强作用力的方程。有一天，他在一本两百多年前的古书上找到了数学家欧拉（1707—1783）的一个公式，他认为这个方程恰如其分地描述了强作用力，这个方程描述的图像像一根开口的橡皮筋（弦）。不久之后，该“橡皮筋方程”被美国物理学家苏士侃（1940—）发现并带入了物理学。然而在发展之初，弦理论并没有引起人们的注意，当人们又煞费苦心寻找引力子时，弦理论被从废弃的垃圾桶里捡了回来，正式上了物理学的台面，那已经是 20 世纪 80 年代的事了。

在弦理论看来，自然界的基本单元不是电子、光子和夸克之类的点状粒子，而是很小很小的线状的弦，弦的尺度是原子的亿分之一，但它是组成宇宙的根本。所有宇宙现象都可以通过弦的振动来解释，就像拨动一根琴弦会发出不同的音律一样。弦的不同振动方式会造就不同的粒子。同样，弦的振动越剧烈，能量就越大，反之则越小。弦有闭弦和开弦之分，弦可以分裂，还可以相互碰撞成为更长的弦，物质与能量的交换都可以通过弦的分裂和碰撞进行解释。既然弦如此灵活，解释 4 种自然力也就不在话下了。

在短短的 30 年里，弦理论经历了两场革命，如今诞生了“M 理论”和“膜理论”。但是，这些理论依然摆脱不了无法用实验验证的弊端，可以说就目前而言，弦理论只是一种数学处理方法，而这门学科会让人头疼不已，甚至连高深的弦理论学家也不例外。总之，现在的物理学已经进入了“肉食者谋之”的时代。弦理论有怎样的前景呢？笃信者认为它将是明天物理学的太阳，但也有一些人害怕漫长的黑夜让意外先降临。

因为弦理论无法证实，很多学者将其归为哲学，还有人认为是伪科学。至于是什么不重要，怎么看才最重要。还是那句话，有多少人反对就有多少人喜欢。路漫漫其修远兮，人们追求大统一的万有理论的过程也许会举步维艰，但梦想总是要有的，万一实现了呢？

鉴于作者水平有限，不再多述。

至此终，谢谢阅读！